新型肉制品加工技术

XINXING
ROUZHIPIN
JIAGONG
JISHU

许瑞 杜连启 主编

化学工业出版社

·北京·

本书在简要介绍了各类畜禽产品基本知识的基础上，重点介绍了肠类制品、火腿制品、腌腊制品、酱卤制品、熏烧烤制品、干制品、油炸制品、罐藏制品和其他制品的加工工艺。本书力求以清晰的条理、通俗的语言来叙述畜禽产品加工的生产技术，做到重点突出，同时注重加工技术的先进性、实用性和可操作性，期望对提高科技人员的水平、进一步发展我国畜禽产品加工事业起到有益的作用。

本书适于从事肉制品加工企业的专业技术人员和管理人员、肉制品加工作坊及餐饮企业的从业人员使用，也适用于广大城乡家庭使用，同时也可供相关院校食品专业的师生阅读参考。

图书在版编目（CIP）数据

新型肉制品加工技术/许瑞，杜连启主编．—北京：化学工业出版社，2016.8（2021.9重印）
ISBN 978-7-122-27574-5

Ⅰ．①新… Ⅱ．①许…②杜… Ⅲ．①肉制品-食品加工 Ⅳ．①TS251.5

中国版本图书馆CIP数据核字（2016）第155198号

责任编辑：张　彦　　装帧设计：韩　飞
责任校对：王素芹

出版发行：化学工业出版社（北京市东城区青年湖南街13号　邮政编码100011）
印　　装：北京七彩京通数码快印有限公司
850mm×1168mm　1/32　印张10½　字数294千字
2021年9月北京第1版第9次印刷

购书咨询：010-64518888　　售后服务：010-64518899
网　　址：http://www.cip.com.cn
凡购买本书，如有缺损质量问题，本社销售中心负责调换。

定　　价：45.00元

前言

FOREWORD

我国猪肉加工已有3000多年的历史，远在游牧时代就有了肉干，随后是灌肠制品。相传腊肉始于唐朝，火腿始于宋末。在长期的生产实践中，人们积累了猪肉加工的丰富经验，创造了许多风味别致、独具一格、深受国内外人们喜爱的名特风味猪肉制品。清朝期间，猪肉制品加工种类更加丰富，《随园食单》一书中记载的肉制品加工有50多种，同时记录了腊肉、肉干、烧烤、酱汁类加工方法。民国时期，一些沿海发达城市引进了西方肉品加工技术，一些肉品加工厂开始使用绞肉机、烟熏炉等。此时我国开始出现了真正意义上的肉品加工业，但大部分还是以家庭加工和手工作坊为主，发展缓慢。新中国成立后逐步开始了肉品加工的研究，设计制造了许多肉品加工机械，并建成我国第一批肉联厂，肉品加工业开始发展。

我国猪肉深加工业规模不断扩大，2015年我国前三位猪肉深加工企业年猪肉制品加工量合计350万吨，占全国猪肉加工量两成左右。但是我国深加工肉制品比重仍偏低，2014年我国猪肉深加工率仅为25%，相比之下发达国家深加工率已达50%以上，因此我国深加工猪肉制品的发展空间很大，可走持续发展之路，不断提升深加工效率和副产物利用程度。

同时，随着肉制品科学技术的不断发展，新的加工技术和产品不断得到推广和应用。本书是为了及时反映猪系列制品加工的最新技术和方法，适应开发和加工猪系列制品的需求而编写的。为了减少屠宰对环境的污染，提高生猪屠宰后副产品（血液、内脏、骨头、毛发等）综合利用程度，本书中还对猪屠宰后的副产品加工利用也有一定的介绍，借此希望对提高我国猪副产物综合利用程度具有很好的借鉴和启发作用。

本书由许瑞、杜连启任主编，郭朔、赵希艳任副主编，参加编写工作的还有梁建兰、孟军、许高升、王宁。具体分工：第一章第一节，许高升、孟军，第二节，许瑞、杜连启，第三节，杜连启；第二章第一节，梁建兰、王宁；第三章第一节和第四章第一节，郭朔；第七章和第八章第一节，郭朔、赵希艳；其余章节由许瑞编写，全书由许瑞和杜连启统稿。

本书在编写过程中，参考了有关猪肉制品生产的专著及发表在相关杂志上的论文，在此对这些专著和论文的作者致以衷心的感谢。由于笔者水平有限，书中不足之处在所难免，敬请广大读者批评指正。

编者
2016 年 7 月

目录

CONTENTS

第四章 腌腊制品 106

第五章　酱卤制品 138

第八章 油炸制品 240

第九章 罐藏制品 258

第一章
肉制品加工基础知识简介

第一节　肉的基本组成和特性

一、肉的概念

对于肉的概念，根据研究的对象和目的不同可有不同的理解。从生物学观点出发，研究的是其组织学构造和功能，可把肉理解为肌肉组织，它包括骨骼肌、平滑肌和心肌。而在肉品工业生产中，从商品学观点出发，研究其加工利用价值，就把肉理解为胴体，即家畜屠宰后除去血液、头、蹄、尾、毛和皮、内脏后剩下的肉尸，也叫“白条肉”，它包括肌肉组织、脂肪组织、结缔组织、骨组织及神经、血管、淋巴结等。根据骨骼肌颜色的深浅，肉又可分为红肉（如牛肉、猪肉、羊肉等）和禽肉（如鸡肉、鸭肉、鹅肉等）两大类。屠宰过程中产生的副产物如肠、胃、心、肝等称作脏器，俗称“下水”。脂肪组织中的皮下脂肪称作肥肉，俗称“肥膘”。

在肉品工业生产中，把刚屠宰后不久体温还没有完全散失的肉称为热鲜肉。经过一段时间的冷处理，使肉保持低温（0～4℃）而不冻结的状态称为冷却肉；而经过低温冻结后（－23～－15℃）称为冷冻肉。肉按不同部位分割包装称为分割肉，如经剔骨处理则称剔骨肉。如肉经过进一步的加工处理生产出来的产品称为肉制品。

二、肉的组织结构

肉由肌肉组织、脂肪组织、结缔组织和骨组织四大部分组成。这些组织的构造、性质及其含量直接影响到肉品质量、加工用途和商品价值，它受到屠宰动物的种类、品种、性别、年龄和营养状况等因素不同而有很大差异。一般来讲，成年动物的骨组织含量比较恒定，约占20%，而脂肪组织的变动幅度较大，低至2%～5%，高者可达40%～50%，主要取决于家畜的肥育程度；肌肉组织占40%～60%，结缔组织约占12%（表1-1）。除动物的种类外，不同年龄的家畜其胴体的组成也有很大差别（表1-2）。

表1-1　肉的各种组织占胴体重量的比例　　单位：%

组织名称	牛肉	猪肉	羊肉
肌肉组织	57～62	39～58	49～56
脂肪组织	3～16	15～45	4～18
骨骼组织	17～29	10～18	7～11
结缔组织	9～12	6～8	20～35
血液	0.8～1	0.6～0.8	0.8～1

表1-2　不同月龄猪胴体各组织的比例　　单位：%

月龄	肌肉组织	脂肪组织	骨骼组织
5	50.3	30.1	10.4
6	47.8	35	9.5
7.5	43.5	41.4	8.3

肌肉组织为胴体的主要组成部分，因此了解肌肉的结构、组成和功能对于掌握肌肉在宰后的变化、肉的食用品质及利用特性等都具有重要意义。

(一) 肌肉组织

家畜体上大约有600块以上形状、大小各异的肌肉，但其基本结构是一样的。肌肉的基本构造单位是肌纤维，肌纤维与肌纤维之间有一层很薄的结缔组织膜围绕隔开，此膜叫肌内膜；每50～150条肌纤维聚集成束，称为肌束；外包一层结缔组织鞘膜称为肌周膜或肌束膜，这样形成的小肌束也叫做初级肌束，由数十条初级肌束集结在一起并由较厚的结缔组织膜包围形成次级肌束（又叫二级肌束）。由许多二级肌束集结在一起即形成肌肉块，外面包有一层较厚的结缔组织称为肌外膜。这些分布在肌肉中的结缔组织膜既起着支架的作用，又起着保护作用，血管、神经通过三层膜穿行其中，伸入到肌纤维的表面，以提供营养和传导神经冲动。此外，还有脂肪沉积其中，使肌肉断面呈现大理石样纹理。

（二）脂肪组织

脂肪组织是仅次于肌肉组织的第二个重要组成部分，具有较高的食用价值。对于改善肉质、提高风味均有影响。脂肪在肉中的含量变动较大，决定于动物种类、品种、年龄、性别及肥育程度。

脂肪的构造单位是脂肪细胞，脂肪细胞或单个或成群地借助于疏松结缔组织连在一起。细胞中心充满脂肪滴，细胞核被挤到周边。脂肪细胞是动物体内最大的细胞，直径为 30～120μm，最大者可达 250μm，脂肪细胞越大，里面的脂肪就越多，因而出油率也高。脂肪细胞的大小与畜禽的肥育程度及不同部位有关。如牛肾周围的脂肪直径，肥育牛为 90μm，瘦牛为 50μm；又如猪脂肪细胞的直径，皮下脂肪为 152μm，而腹腔脂肪为 100μm。

（三）结缔组织

结缔组织是肉的次要成分，在动物体内对各器官组织起到支持和连接作用，使肌肉保持一定弹性和硬度。结缔组织由细胞、纤维和无定形的基质组成。细胞为成纤维细胞，存在于纤维中间；纤维由蛋白质分子聚合而成，可分为胶原纤维、弹性纤维和网状纤维三种。

结缔组织的含量决定于年龄、性别、营养状况及运动等因素。老龄、公畜、消瘦及使役的动物，结缔组织含量高，同一动物不同部位也不同，一般来说，动物前躯由于支持沉重的头部而结缔组织较后躯发达，下躯较上躯发达。羊肉各部的结缔组织含量见表 1-3。

表 1-3 羊胴体各部位结缔组织含量

部位	前肢	颈部	胸部	后肢	腰部	背部
结缔组织含量/%	12.7	13.8	12.7	9.5	11.9	7

结缔组织为非全价蛋白，不易消化吸收，增加肉的硬度，食用价值低，可以利用加工胶冻类食品。牛肉结缔组织的吸收率为 25%，而肌肉的吸收率为 69%。

由于各部位的肌肉结缔组织含量不同，其硬度也不同，见表1-4。背最长肌、腰大肌、腰小肌这两种纤维都不发达，肉质较嫩；半腱肌的纤维都比较发达，肉质较硬；股二头肌外侧弹性纤维发达而内侧不发达，颈部肌肉胶原纤维多而弹性纤维少。肉质的软硬不仅决定于结缔组织的含量，还与结缔组织的性质有关。老龄家畜的胶原蛋白分子交联程度高，肉质硬，此外，弹性纤维含量高，肉质就硬。

表 1-4　牛肉 105℃煮制 60min 的硬度

肌肉	胶原蛋白含量/%	剪切力值/kPa
背最长肌	12.6	220
半膜肌	11.2	230
前臂肌	14.5	260
胸肌	20.3	260

（四）骨组织

骨组织是肉的极次要成分，食用价值和商品价值较低，在运输和贮藏时要消耗一定能源。成年动物骨骼的含量比较恒定，变动幅度较小。猪骨占胴体的 5%～9%，牛骨占 15%～20%，羊骨占 8%～17%，兔骨占 12%～15%，鸡骨占 8%～17%。

骨由骨膜、骨质和骨髓构成。骨膜是由结缔组织包围在骨骼表面的一层硬膜，里面有神经、血管。骨质根据构造的致密程度分为密质骨和松质骨，骨的外层比较致密坚硬，内层较为疏松多孔；按形状又分为管状骨和扁平骨，管状骨密质层厚，扁平骨密质层薄，在管状骨的管骨腔及其他骨的松质层孔隙内充满有骨髓。骨髓分为红骨髓和黄骨髓，红骨髓中含血管、细胞较多，为造血器官，幼龄动物含量高；黄骨髓主要是由于含有脂类，成年动物含量多。

三、肉的化学组成

肉的化学成分主要是指肌肉组织中的各种化学物质的组成，包括水分、蛋白质、脂类、碳水化合物、含氮浸出物及少量的矿物质和维生素等。哺乳动物骨骼肌的化学组成列于表1-5。

表1-5 哺乳动物骨骼肌的化学组成

化学物质	含量/%	化学物质	含量/%
水分(65～80)	75	非蛋白含氮物	1.5
蛋白质(16～22)	18.5	肌酸与磷酸肌酸	0.5
肌纤维蛋白	9.5	核苷酸类	0.3
肌球蛋白	5	游离氨基酸	0.3
肌动蛋白	2	肽	0.3
原肌球蛋白	0.8		
肌原蛋白	0.8	碳水化合物(0.5～1.5)	1
肌浆蛋白	6	糖原(0.5～1.3)	0.8
可溶性蛋白和酶	5.5	葡萄糖	0.1
肌红蛋白	0.3		
血红蛋白	0.1	无机成分	1
脂类(1.5～13)	3	钾	0.3
中性脂类(0.5～1.5)	1	总磷	0.2
磷脂	1	硫	0.2
胆固醇	0.5	钠	0.1

(一) 水分

水分在肉中占绝大部分，可以把肉看作是一个复杂的胶体分散体系。水为溶剂，其他成分为溶质以不同形式分散在溶剂中。

水在肉中分布是不均匀的，其中肌肉含量为70%～80%，皮肤为60%～70%，骨骼为12%～15%。肉中水分含量多少及存在状态影响肉的加工质量及贮藏性。水分含量与肉品贮藏性呈函数关系，水分多易遭受细菌、霉菌繁殖，引起肉的腐败变质，肉脱水干缩不仅使肉品失重而且影响肉的颜色、风味和组织状态，并引起脂肪氧化。

(二) 蛋白质

肌肉中除水分外主要成分是蛋白质，占18%～20%，占肉中固形物的80%，肌肉中的蛋白质按照其所存在于肌肉组织上的位置不同，可分为四类，即肌原纤维蛋白质、肌浆蛋白质、肉基质蛋白质和颗粒蛋白质。

肌原纤维蛋白质是构成肌原纤维的蛋白质，通常利用离子强度0.5以上的高浓度盐溶液抽出，但被抽出后，即可溶于低离子强度的盐溶液中，属于这类蛋白质的有肌球蛋白、肌动蛋白、原肌球蛋白、肌原蛋白等。

（三）脂肪

动物的脂肪可分为蓄积脂肪和组织脂肪两大类。蓄积脂肪包括皮下脂肪、肾周围脂肪、大网膜脂肪及肌肉间脂肪等；组织脂肪为肌肉及脏器内的脂肪。家畜的脂肪组织90%为中性脂肪，7%～8%为水分，蛋白质占3%～4%，此外还有少量的磷脂和固醇脂。

肉类脂肪有20多种脂肪酸，其中饱和脂肪酸以硬脂酸和软脂酸居多；不饱和脂肪酸以油酸居多，其次是亚油酸。硬脂酸的熔点为71.5℃，软脂酸熔点为63℃，油酸熔点为14℃，十八碳三烯酸熔点为8℃。不同动物脂肪的脂肪酸组成也不一致，相对来说鸡脂肪和猪脂肪含不饱和脂肪酸较多，牛脂肪和羊脂肪含饱和脂肪酸多一些，见表1-6。

表1-6　不同动物脂肪的脂肪酸组成

脂肪	硬脂酸/%	油酸/%	棕榈酸/%	亚油酸/%	熔点/℃
牛脂肪	41.7	33	18.5	2	40～50
羊脂肪	34.7	31	23.2	7.3	40～48
猪脂肪	18.4	40	26.2	10.3	33～38
鸡脂肪	8	52	18	17	28～38

（四）浸出物

浸出物是指除蛋白质、盐类、维生素外能溶于水的浸出性物质，包括含氮浸出物和无氮浸出物。含氮浸出物为非蛋白质的含氮物质，如游离氨基酸、磷酸肌酸、核苷酸类及肌苷、尿素等。这些物质影响肉的风味，为香气的主要来源，如ATP除供给肌肉收缩的能量外，逐级降解为肌苷酸，是肉香的主要成分。磷酸肌酸分解成肌酸，肌酸在酸性条件下加热则为肌酐，可增强熟肉的风味。

无氮浸出物为不含氮的可浸出的有机化合物，包括糖类化合物和有机酸。糖类化合物主要有糖原、葡萄糖、麦芽糖、核糖、糊精，有机酸主要是乳酸及少量的甲酸、乙酸、丁酸、延胡索酸等。

（五）矿物质

矿物质是指一些无机盐类和元素，含量占1.5%。这些无机物在肉中有的以单独游离状态存在，如镁、钙离子，有的以螯合状态存在，有的与糖蛋白和酯结合存在，如硫、磷有机结合物。肉中各种矿物质含量见表1-7。

表1-7　肉中主要矿物质含量　　单位：mg/100g

矿物质	Ca	Mg	Zn	Na	Fe	Cl
含量	2.6～12	14～32	1.2～8	36～85	1.5～6	34～91
平均含量	4	21.1	4.2	38.5	2.7	51.4

（六）维生素

肉中维生素主要有维生素A、维生素B_1、维生素B_2、维生素PP、叶酸、维生素C、维生素D等。其中脂溶性较少，而水溶性较多，如猪肉中B族维生素特别丰富，猪肉中维生素A和维生素C很少，详细内容见表1-8。

表1-8　肉中某些维生素含量　　单位：mg/100g

畜肉	维生素A(IU)	维生素B_1	维生素B_2	维生素PP	泛酸	生物素	叶酸	维生素B_6	维生素B_{12}	维生素C	维生素D(IU)
牛肉	微量	0.07	0.2	5	0.4	3	10	0.3	2	0	微量
猪肉	微量	1	0.2	5	0.6	4	3	0.5	2	0	微量
羊肉	微量	0.15	0.25	5	0.5	3	3	0.4	2	0	微量
牛肝	微量	0.3	0.3	13	8	300	2.7	50	50	30	微量

第二节　肉的品质

一、肉的颜色

肌肉的颜色是重要的食用品质之一。事实上，肉的颜色本身对肉的营养价值和风味并无多大的影响。颜色的重要意义在于它是肌肉的生理学、生物化学和微生物学变化的外部表现，因此可以通过感官给消费者以好或坏的影响。

肉的颜色本质上由肌红蛋白和血红蛋白产生。肌红蛋白为肉自身的色素蛋白，肉色的深浅与其含量多少有关。血红蛋白存在于血液中，对肉颜色的影响要视放血的好坏而定。放血良好的肉，肌肉中肌红蛋白色素占80%～90%，比血红蛋白丰富得多。

二、肉的风味

肉的风味又称肉的味质，指的是生鲜肉的气味和加热后食肉制品的香气和滋味。它是肉中固有成分经过复杂的生物化学变化，产生各种有机化合物所致。其特点是成分复杂多样，含量甚微，用一般方法很难测定，除少数成分外，多数无营养价值，不稳定加热时易被破坏和挥发。呈味性能与其分子结构有关，呈味物质均具有各种发香基团，如羟基、羧基、醛基、羰基、氨基、苯基等。这些肉的味质是通过人的高度灵敏的嗅觉和味觉器官而反映出来的。

(一) 气味

肉的气味是肉中具有挥发性的物质，随气流进入鼻腔，刺激嗅觉细胞通过神经传导反映到大脑嗅区而产生的一种刺激感。愉快感为香味，厌恶感为异味、臭味。气味的成分十分复杂，约有1000多种，牛肉的香气经实验分析有300种左右。主要有醇、醛、酮、酸、酯、醚、呋喃、含氮化合物等，见表1-9。

表 1-9　与肉香味有关的主要化合物

化合物	特性	发现于何种肉食	由何种反应产生
羰基化合物(醛、酮)	脂溶、挥发性	鸡肉和羊肉的特有香味、水煮猪肉、浅烤猪肉	脂肪氧化、美拉德反应
含氧杂环化合物(呋喃和呋喃类)	水溶、挥发性	煮猪肉、煮牛肉、炸鸡、烤鸡、烤牛肉	维生素 B_1 和维生素 C 与碳水化合物的热降解，美拉德反应
含氮杂环化合物(吡嗪、吡啶、吡咯)	水溶、挥发性	浅烤猪肉、炸鸡、高压煮牛肉、加压煮猪肝	美拉德反应，游离氨基酸和核苷酸加热形成

续表

化合物	特性	发现于何种肉食	由何种反应产生
含O、N、杂环化合物(噻唑、噁唑)	水溶、挥发性	浅烤猪肉、煮猪肉、炸鸡、烤火鸡、腌火腿	氨基酸和 H_2S 分解
含硫化合物(硫醇、噻吩、少量 H_2S)	水溶、挥发性	鸡肉基本味、鸡汤、煮牛肉、煮猪肉、烤鸡	含硫氨基酸热降解、美拉德反应
游离氨基酸、单核苷酸(肌苷酸、鸟苷酸)	水溶	肉鲜味、风味增强剂	氨基酸衍生物
脂肪酸酯、内酯	脂溶、挥发性	种间特有香味、烤牛肉汁、水煮牛肉	甘油酯和磷脂水解、羟基脂肪酸环化

（二）滋味

滋味是由溶于水的可溶性呈味物质，刺激人的舌面味觉细胞——味蕾，通过神经传导到大脑而反映出味感。舌面分布的味蕾，可感觉出不同的味道，而肉香味是靠舌的全面感觉。

肉的鲜味成分，来源于核苷酸、氨基酸、酰胺、肽、有机酸、糖类、脂肪等前体物质。关于肉风味前体物质的分布，近年来研究较多。如把牛肉中风味的前体物质用水提取后，剩下不溶于水的肌纤维部分，几乎不存在有香味物质。另外在脂肪中人为地加入一些物质如葡萄糖、肌苷酸、含有无机盐的氨基酸（谷氨酸、甘氨酸、丙氨酸、丝氨酸、异亮氨酸），在水中加热后，结果生成和肉一样的风味，从而证明这些物质为肉风味的前体物质。呈味物质的强弱表现见表1-10。

表1-10 呈味物质强弱表现

项目	谷氨酸钠	氨基酸,酰胺	5′-肌苷酸	5′-鸟苷酸	琥珀酸
畜肉	+	++	++++		
禽肉		+	++++	++	
贝类	+++	+++			+++
虾类	+	+	++		++
奶类		++			+

注：+表示强弱程度。

三、肉的嫩度

肉的嫩度是消费者最重视的食用品质之一，它决定了肉在食用时口感的老嫩，是反映肉质地的指标。

我们通常所谓肉嫩或老实质上是对肌肉各种蛋白质结构特性的总体概括，它直接与肌肉蛋白质的结构及某些因素作用下蛋白质发生变性、凝集或分解有关。肉的嫩度总结起来包括以下四个方面的含义。

① 肉对舌或颊的柔软性，即当舌头和颊接触肉时产生的触觉反应。肉的柔软性变动很大，从软乎乎的感觉到木质化的结实程度。

② 肉对牙齿压力的抵抗性，即牙齿插入肉中所需的力。有些肉硬的难以咬动，而有的柔软的几乎对牙齿无抵抗性。

③ 咬断肌纤维的难易程度，指的是牙齿切断肌纤维的能力，首先要咬破肌外膜和肌束，因此这与结缔组织的含量和性质密切有关。

④ 嚼碎程度，用咀嚼后肉渣剩余的多少以及咀嚼后到下咽时所需的时间来衡量。

四、肉的保水性

肉的保水性也叫系水力或系水性，是指当肌肉受外力作用时，如加压、切碎、加热、冷冻、解冻、腌制等加工或贮藏条件下保持其原有水分与添加水分的能力。它对肉的品质有很大的影响，是肉质评定时的重要指标之一。保水性的高低可直接影响到肉的风味、颜色、质地、嫩度、凝结性等。

肌肉中的水不是以海绵吸水似的简单存在的，它是以结合水、不易流动水和自由水三部分形式存在的。其中不易流动水部分主要存在于肌丝肉、肌原纤维及膜之间，我们度量肌肉的保水性主要指的是这部分水，它取决于肌原纤维蛋白质的网格结构及蛋白质所带净电荷的多少。蛋白质处于膨胀胶体状态时，网格空间大，保水性就高，反之处于紧缩状态时，网格空间小，保水性就低。

第三节　肉制品加工的辅料

肉制品品种繁多，风味各异，但无论哪一种肉制品都离不开调味料和香辛料。肉制品加工过程中，各种辅助材料的使用具有重要的意义，它能赋予产品特有风味，引起人们的嗜好，增加营养，提高耐保藏性，改进产品质量等。正是由于各种辅料和添加剂的不同选择与应用，才生产出许许多多各具风味特色的品种。

一、调味料

调味料主要包括咸味调味料、酸味调味料、甜味调味料、鲜味调味料等。

（一）咸味料

1. 食盐

咸味是食盐的味，在调味上，咸味则是许多食品的基本味，食盐的阈值一般为0.2%。食盐不能多吃，通常成人每日平均为6g。食盐贮存于体内，对渗透压不利，故摄取后的食盐由肾脏进入尿中，或者变成汗液排泄出体外。肉品加工中宜采用精制盐，含氯化钠97%以上；白色结晶体，无可见的外来杂物，在加工中具有调味、防腐保鲜作用。一般不采用粗制盐，因粗制盐含有钙、镁、铁的氯化物和硫酸盐等，可影响制品的质量和风味。

2. 酱油

酱油不仅是人体重要的食盐补充源，也是日常饮食中使用最多的液体调料。肉品加工中宜采用酿造酱油，主要含有食盐、蛋白质、氨基酸等。优质酱油具有正常的色泽、气味和滋味，无不良气味，不得有酸、苦、涩等异味和霉味，不混浊，无沉淀。浓度不低于22°Bé，食盐含量不超过18%。酱油的作用主要是增鲜增色，改良风味。在中式肉制品中广泛使用，使制品呈美观的酱红色并改善其口味。在香肠等制品中，还有促进其成熟发酵的良好作用。

（二）酸味料

酸味是无机酸、有机酸及酸性盐中特有的一种味，呈酸味的本体是氢离子。酸在水溶液中离子化成为阳离子和阴离子。阳离子一般以 H^+ 表示。例如常用的醋酸，$CH_3COOH \rightleftharpoons CH_3COO^- + H^+$，$H^+$ 就是酸味的本体。

常见的酸味物质是醋酸、乳酸、琥珀酸、苹果酸、酒石酸、柠檬酸等有机酸。这些酸类物质除能给食品带来酸味外，还降低食品的 pH 值，推迟食品腐败的效果。

（三）甜味料

甜味是以蔗糖为代表的味，呈甜味的物质除糖类外，还有许多种类，范围很广。无机盐中的铅化合物呈甜味，氨基酸中的甘氨酸、丙氨酸有甜味，硝基胺衍生物等也有甜味，但糖类是甜味剂的代表。

最常用的甜味调味料是砂糖，此外还有蜂蜜、葡萄糖、糖稀（麦芽糖）等，这些属于天然甜味料。合成甜味料，众所周知的有糖精、环烷酸钠等。

（四）鲜味料

鲜味料作为调味料添加在食品中，其直接的代表性物质有谷氨酸钠和肌苷酸钠。它们可以适当的比例制成复合调味料。

（五）酒类

乙醇是酒精性饮料中的主要成分之一。纯乙醇应有芳香和强烈的刺激性甜味。乙醇往往对其他味道有影响，如蔗糖溶液中加入乙醇会使甜味变淡，而酸味中加入乙醇会增加酸味。乙醇添加到食品中会产生两种效果，一是增强防腐力；二是起调味作用。通常，使用1%的乙醇可以增强食品的风味，但这种浓度没有防腐作用。提高乙醇浓度可以增加防腐效果，但它的刺激性气味会影响食品的香味。

黄酒和白酒是多数中式肉制品所必不可少的调味料，主要成分是乙醇和少量的酯类。它可以除去腥味、膻味和异味，并有一定的杀菌作用，给制品以特有的醇香气味，使制品食用时回味甘美，增加风味特色。

二、香辛料

香辛料的种类很多，诸如葱类、胡椒、桂枝、花椒、八角茴香、桂皮、丁香、肉豆蔻等。

香辛料是某些植物的果实、花、皮、蕾、叶、茎、根中所含的物质成分，这些成分具有一定的气味和滋味，赋予产品一定的风味，抑制和矫正食物的不良气味，增进食欲，促进消化。很多香辛料有抗菌防腐作用，同时还有特殊生理药理作用。香辛料还有相当数量的防止氧化的物质，但人们广泛地用于食品中的目的在于利用其香味。在欧洲香辛料和调味品属于同一含义。

(一) 香辛料的种类

1. 根据利用的部位不同分类

根或根茎类：姜、葱、蒜、葱头等。

皮：桂皮等。

花或花蕾：丁香等。

果实：辣椒、胡椒、八角茴香、茴香、花椒等。

叶：鼠尾草、麝香草、月桂叶等。

2. 根据气味不同分类

依据其所具有的辛辣或芳香气味的程度，可分为以下两类。

辛辣性香辛料：胡椒、辣椒、花椒、芥子、蒜、姜、葱、桂皮等。

芳香性香辛料：丁香、麝香草、肉豆蔻、小豆蔻、茴香、八角茴香、月桂叶等。

3. 根据化学性质分类

根据辛味成分的化学性质可分为以下三类。

酰胺类（无气味香辛料）：辛味成分是酰胺类化合物，这是不挥发性化合物，食用时感到强烈的辛味刺激部位仅仅是口腔内的黏膜，如胡椒、辣椒等。

含硫类（刺激性香辛料）：辛味成分是硫氰酸酯或硫醇，是含硫的挥发性化合物，在食用时一部分挥发掉，不仅刺激口腔，也刺激鼻腔，如葱、蒜等。

无氮芳香族（芳香性辛味料）：辛味成分是不含氮的芳香族化合物，和辛味同时存在于芳香物质中，一般辛味较弱，香味成分主要来源于萜烯类化合物或芳香族化合物，如丁香、麝香草等。

（二）常见香辛料的特性

1. 大茴香

大茴香俗称大料、八角，系木兰科的常绿乔木植物，叶如榕叶，花似菜花，其果实有八个角，所以俗称八角茴香。由于所含芳香油的主要成分是茴香脑，因而有茴香的芳香味。味微甜而稍带辣味，是一种味辛平的中药。具有促进消化、暖胃、止痛等功效。因此芳香味浓烈，是食品工业和熟食烹调中广泛使用的香味调味品。在制作酱卤类制品时使用大茴香可增加肉的香味，增进食欲。

2. 小茴香

小茴香俗称谷茴、席香，系伞形科小茴香属越年生草本植物的成熟果实，干形像干了的稻谷，含挥发油3%～8%，其主要成分为茴香醚，可挥发出特异的茴香气，其枝叶可防虫驱蝇，是一种用途较广的香料调味品之一。在烹调鱼、肉、菜时，加入少许小茴香，味香且鲜美。

3. 花椒

花椒又名秦椒、川椒，为芸香科灌木或小乔木植物花椒树的果实，生长于温带较干燥地区，适应性较强。其果实成熟、干燥后球果开裂，黑色种子与果皮分离即为市售花椒。花椒果皮中含有挥发油，油中含有异茴香醚及香茅醇等物质，所以具有特殊的强烈芳香气。味辛麻持久，是很好的香麻味调料，花椒籽能榨油（出油率25%～30%），有轻微的辛辣味，也可调味。花椒也是一味中药，味辛性温，具有温中散寒、除湿、止痛和杀虫等功用。

4. 肉桂

肉桂俗称桂皮，系樟科常绿乔木植物天竺桂、细叶香桂、川桂等的干燥树皮。皮呈赭黑色，有灰白色花斑，气清香而凉似樟脑，味微甜辛，取皮薄、呈卷筒状、香气浓厚者为佳品，是一种重要的调味香料。桂皮中含有约1%的挥发油，油中含有桂皮醛、丁香油酚等化合物，其性温，具有暖胃、散风寒、通血脉等功效。由于桂皮有芳香味，是一种重要的调味香料。加入烧鸡、烧肉、酱卤制品中，更能增加肉品的复合香气风味。

5. 白芷

白芷系伞形科的多年生草本植物的干燥根部，根圆锥形，外表呈黄白色，切面含粉质，有黄圈，以根粗壮、体重、粉性足、香气浓者为佳品，因其含有白芷素、白芷醚等香豆精化合物，故气味久香，具有除腥祛风止痛及解毒功效，是酱卤制品中常用的香料。

6. 山柰

山柰又称三柰、山辣、沙姜，为姜科山柰属多年生木本植物的根状茎，切片晒制而成干片。根块状茎含挥发油，油中主要成分为龙脑、桉油精、对甲氧基桂皮酸等。按中医理论，山柰味辛性温，温中化湿，引气止痛。由于具有较浓烈的芳香气味，在炖、卤肉品时加入山柰，则别具有香味。

7. 丁香

丁香系桃金娘科常绿乔木的干燥花蕾及果实。花蕾叫公丁香，果实叫母丁香，以完整、朵大、油性足、颜色深红、香气浓郁、入水下沉者为佳品。因为含有丁香酚和丁香素等挥发性成分，故具有浓烈的香气。其味辛性温，在中医治疗上具有镇痛驱风、温胃降压作用。是卤肉制品时常用的香料，磨成粉状加入制品中，香气极为显著。

8. 胡椒

胡椒又名古月，系胡椒科常绿藤本植物胡椒的珠形浆果干制而成。胡椒有黑胡椒、白胡椒两种。果实开始变红时摘下，经充分晒干或烘干即为黑胡椒，全部变红时以水浸去皮再晒干即为白胡椒。胡椒含有8%～9%胡椒碱和1%～2%的芳香油，这是形成胡椒特殊辛辣味和香气的主要成分。因为挥发性成分在外皮含量较多，因而黑胡椒的风味要好于白胡椒，但白胡椒的外观色泽较好。由于胡椒味辛辣芳香，是广泛使用的调味佳品。

9. 砂仁

砂仁系姜科多年生草本植物的干燥果实，以个大、坚实、呈灰色、气味浓者为佳品，含约3%的挥发油，油的主要成分为龙脑、右旋樟脑、乙酸龙脑酯、芳梓醇等，气味芳香浓烈，味辛性温，具有健胃、化湿、止呕、健脾消胀、行气止痛等功效，是肉制品加工中一种重要的调味香料。含有砂仁的食品食之清香爽口，风味别致并有清凉口感。

10. 豆蔻

豆蔻亦称玉果、肉蔻、肉果、肉豆蔻。其果实卵圆形，坚硬、呈淡黄白色，表面有网状皱纹，断面有棕黄色相杂的大理石花纹。以个大、体重、坚实、表面光滑、油性足、破开后香气强烈为佳品。气味芳香，味辛性温，具有健胃、促进消化、化湿、止呕等功效。西式香肠中使用很普遍。

11. 莳萝子

莳萝子也有称石落子，系伞形种植物莳萝的果实，形似小茴香，香气浓烈，味辛性温。具有驱寒和理气和胃的作用，是灌制灌肠必不可少的调味香料。

12. 甘草

甘草系豆科多年生草本植物的根。外皮红棕色，内部黄色，味道很甜，所以叫甜甘草。以外皮细紧，有皱沟、红棕色、质坚实、粉性足、断面黄白色、味甜者为佳。含6%～14%甘草甜素、甘草苷、甘露醇及葡萄糖、蔗糖、淀粉等。味甘性平，具有补气、解毒、润肺、祛痰、利尿等功效。常用于酱卤制品，以改善制品风味。

13. 陈皮

陈皮为茴香科常绿小乔木植物橘树的干燥果皮。含有挥发油成分，主要为右旋柠檬烯、橙皮苷、川陈皮素等，故气味芳香。有行气、健胃、化痰等功效，常用于酱卤制品，味苦、辛，性温，可增加制品的复合香味。陈皮各地均有出产，但以广东新会县出产的较好。

14. 白豆蔻

白豆蔻系姜科植物白豆蔻的干燥种子。含挥发油约2.4%，油中主要成分为右旋龙脑及右旋樟脑，气味芳香，以个大饱满、果皮薄而完整、气味浓者为佳品。味辛性温，可化湿和胃，行气宽中，芳香健胃。

15. 草果

草果系姜科多年生草本植物草果的果实。果实变为红褐色而未开裂时采收，晒干或微火烘干。干燥果实呈椭圆形，具有三钝棱，表面灰棕色或红褐色，有显著纵沟及棱线。作为烹饪香料，主要用于酱卤制品，特别是烧炖牛肉放入少许，可压膻味。

16. 甘松

甘松别名甘松香，系败酱科甘松香及匙叶甘松香的干燥根及根状茎。地下根茎含挥发油成分，有浓烈香气，辛香味甘。有疏肝解郁、理气止痛等功效。

17. 姜黄

姜科多年生草本植物的根茎，呈长圆条形，稍弯曲，形似生姜，分枝少，长 3～4cm，表皮黄棕色，质坚硬不折断，断面黄色。味辛苦，咀嚼后唾液呈黄色，在肉制品中有发色发香作用，使用时须切成薄片。此外，从姜黄中可提炼姜黄素，是一种天然黄色素，可作食品着色剂。

18. 辛夷

辛夷属于木兰科落叶灌木，未开放的干燥花蕾。呈圆锥形，很像毛笔尖。长约 2～3cm，直径 1cm 左右，顶尖底粗，下有一果柄。表皮有黄色绒毛，剥去苞片，内有花瓣六个，上有黄色绒毛，中有花蕊，质脆易剥开，有香气，味辛辣。具有祛风发散等功效，能通鼻塞。

19. 辣根

辣根属于十字花科多年生作物。叶片深绿色，长卵形，先端钝尖，叶缘有钝锯齿，食用部分为地下根状茎，皮浅黄色，肉白色，多侧根，以根状茎粗壮、无空心、无根须、无泥沙、不带叶者为佳。因辣根的根状茎含有芥菜的葡糖甙，它分泌出辛辣的丙烯基的芥菜油，故有辛辣味。一般用做罐头食品调味，也可加其他调味料后拌凉菜。

20. 月桂叶

月桂叶属于樟科植物，常绿乔木，以叶及皮作为香料。含月桂油 1%～3%，其中桉油精约占 35%～40%，此外含有丁香酚。常用于西式产品或在罐头生产中作矫味剂。

21. 咖喱

咖喱系外来语，这是一种混合性香辛料。它是以姜黄粉、白胡椒、芫荽子、小茴香、桂皮、姜片、辣根、八角、花椒等配制研磨成粉状，称为咖喱粉。色呈鲜艳黄色，味辛辣，为西菜、江浙菜、粤菜的调味品之一。肉制品的咖喱牛肉干和咖喱肉片等即以此作调味料。

三、食品添加剂

为了增强或改善食品的感官性状，延长保存时间，满足食品加工工艺过程的需要或某种特殊营养需要，常在食品中加入天然的或人工合成的有机或无机化合物，这种添加的有机或无机物统称为添加剂。

下面介绍几种肉制品中常用的添加剂。

（一）发色剂

所谓发色剂，其本身一般为无色的，但与食品中的色素相结合能固定食品中的色素，或促进食品发色。在肉制品中以硝酸盐和亚硝酸盐为发色剂，历史悠久，使用广泛。

在腌肉中少量使用硝酸盐已有几千年的历史，亚硝酸盐是由硝酸盐生成，也用于腌肉生产。腌肉制品的颜色对消费者有很大的影响，肉经腌制后，由于肌肉中色素蛋白和亚硝酸盐发生化学反应，会形成鲜艳的亮红色，在以后的热加工中又会形成稳定的粉红色。腌肉中使用亚硝酸盐主要有以下几个作用。

① 它可以抑制肉毒梭状芽孢杆菌的生长，并且具有抑制许多其他类型腐败菌生长的作用。

② 它具有优良的呈色作用。

③ 它具有抗氧化作用，延缓腌肉腐败，这是由于它本身具有还原性。

④ 对腌肉的风味有极大的影响，如果不使用它们，那么腌制品仅带有咸味而已。

亚硝酸盐是唯一能同时起到上述几个作用的物质，现在还没有发现有一种物质能完全取代它，据报道曾研究试用了700种物质以取代亚硝酸盐，但都没有成功。

亚硝酸很容易与肉中蛋白质分解产物二甲胺作用，生成二甲基亚硝胺。亚硝胺可以从各种腌肉制品中分离出来，这种物质具有致癌性，因此在腌肉制品中，硝酸盐的用量应尽可能降低到最低限度。按国家食品卫生法标准规定，硝酸钠在肉类制品的最大使用量为0.5g/kg，亚硝酸钠在肉类罐头和肉类制品的最大使用量为0.15g/kg；残留量以亚硝酸钠计，肉类罐头不得超过0.05g/kg，肉制品不得超过0.03g/kg。

（二）发色助剂

在肉的腌制中发色助剂经常使用抗坏血酸钠和异抗坏血酸钠。抗坏血酸盐被广泛应用于肉制品腌制中，以起到加速腌制和助呈色的作用，而更重要的作用是减少亚硝胺的形成。研究表明，用550mg/kg的抗坏血酸钠可以减少亚硝胺的形成，但确切的机理还未知。目前许多腌肉都将亚硝酸盐和抗坏血酸钠结合使用。

另一种发色助剂是烟酰胺。烟酰胺作为肉制品的发色助剂使用，其添加量为0.01%～0.02%。烟酰胺可与肌红蛋白相结合生成稳定的烟酰胺肌红蛋白，很难被氧化，可以防止肌红蛋白在从亚硝酸生成亚硝基期间的氧化变色。如果在肉类腌制过程中同时使用抗坏血酸与烟酰胺，则发色效果更好，并能保持长时间不褪色。

（三）抗氧化剂

肉制品在存放过程中常常发生氧化酸败，因而可加入抗氧化剂，以延长制品的保藏期。抗氧化剂种类很多，天然存在的如维生素C、维生素E等均具有良好的抗氧化效果。目前，用于肉制品的化学抗氧化剂有丁基羟基茴香醚（BHA）、二丁基羟基甲苯（BHT）和没食子酸丙酯（PG）。实验证明，在肉制品中使用BHT的效果较好。

（四）着色剂

在肉制品生产中，为使制品具有鲜艳的肉红色，常常使用着色剂，目前国内大多使用红色素。红色素分为天然和人工合成两大类。

天然红色素中尤以红曲色素最为普遍。红曲米及红曲色素是将红曲霉接种在米上，经发酵培育而成，其主要呈色成分是红斑素和红曲色素，它的毒性极低。实验证明，它是一种安全性比较高、化学性质稳定的色素。使用时，可将红曲米研磨成极细的粉末直接加入。

我国批准使用的天然色素除红曲米外，尚有姜黄素、虫胶色素、红花黄色素、叶绿素铜钠盐、β-胡萝卜素、红辣椒红素等，但这些色素在肉制品生产中并不常用。

（五）防腐剂

1. 苯甲酸

苯甲酸亦称安息香酸。白色晶体，无臭，难溶于水，钠盐则易溶于水。苯甲酸及其钠盐在酸性条件下，对细菌和酵母有较强的抑制作用，抗菌谱较广，但对霉菌较差，可延缓霉菌生长，pH 值中性时，防腐能力较差。这种苯甲酸及其钠盐进入人体后在肝脏自行解毒，没有积累，适用于稍带酸性的制品。允许使用量为 0.2～1g/kg。

2. 山梨酸

山梨酸及其钾、钠盐被认为是有效的霉菌抑制剂，对丝状菌、酵母、好气性菌有强大的抑制作用。能有效地控制肉类中常见的许多霉菌。山梨酸是一种不饱和六碳脂肪酸，白色结晶，可溶于多种有机溶剂，微溶于水。其钾、钠盐极易溶解于水。由于山梨酸可在体内代谢产生二氧化碳和水，故对人体无害，其使用量不超过 1g/kg。

（六）品质改良剂

1. 增稠剂

在肉制品生产中，使用最普遍的增稠剂是淀粉，加入淀粉后，对于制品的持水性、组织形态均有良好的效果。这是由于在加热过程中，淀粉颗粒吸水、膨胀、糊化的结果。淀粉颗粒的糊化温度较肉蛋白质变性温度高，当淀粉糊化时，肌肉蛋白质的变性作用已经基本完成并形成了网状结构，此时淀粉颗粒夺取存在于网状结构中结合不够紧密的水分，这部分水分被淀粉颗粒固定，因而持水性变好，同时淀粉颗粒因吸水而变得膨润而有弹性，并起着黏着剂的作用，可使肉馅黏合，填塞孔洞，使成品富有弹性，切面平整美观，具有良好的组织形态。同时在加热蒸煮时，淀粉颗粒可吸收融化成液态的脂肪，减少脂肪流失，提高成品率。

2. 保水剂

大多使用的为碱性磷酸盐类。在效果上以焦磷酸盐、三聚磷酸钠和六偏磷酸钠为最好。

焦磷酸钠（$Na_4P_2O_7 \cdot 10H_2O$）对稳定制品起很大作用，增加与水的结着力和产品的弹性，并有改善食品口味和抗氧化作用，用量不超过 1g/kg。

三聚磷酸钠（$Na_5P_3O_{10}$）对多种金属有较强的螯合作用，对 pH 值有一定的缓冲能力，并能防止酸败，效果比焦磷酸钠更好。聚磷酸盐在肠道不被吸收，但至今尚未发现有什么不良后果，其最高用量应控制在 2g/kg 以内。

六偏磷酸钠［$(NaPO_3)_6$］能促进蛋白质凝固，常与其他磷酸盐混合成复合磷酸盐使用，也可单独使用。pH 在 5.8～6.8 的西式火腿、香肠等制品使用六偏磷酸钠的效果较其他磷酸盐好，用量不超过 1g/kg。

3. 乳化剂

一般猪肉肌肉中含水量大约为 70%，大部分为自由水，这部分水在加工中很容易流失。因而在肉品加工中（特别是香肠制品）为了吸附更多的水和脂肪，除添加磷酸盐外，还要添加一些乳化剂或黏着剂，如奶粉、酪蛋白酸钠、大豆蛋白等。这些黏合剂添加能减少产品的成本，并能改善肉的组织状态和产品风味。

第二章
肠类制品加工

在现代人们生活中，肠类制品是一种优质的方便食品，它是肉类加工的一种古老形式，在历史发展的不同时期，都一直备受欢迎。灌肠（sausage）拉丁语的意思为保藏，意大利语为盐腌，而由于其要使用动物肠衣，故我国称之为灌肠或香肠。

我国灌肠技术是由国外传入的。我国最早的灌肠品种是小红肠和大红肠，我国各地在国外传入的灌肠配方基础上，结合我国特点和口味，改用中式口味的配料，并用纯猪肉为配料，逐渐形成了一大批中式口味的灌肠新品种。

第一节　肠类制品简介

一、肠类制品的分类

肠类制品是将肉切碎之后，加入调味品、香辛料等均匀混合之后灌入肠衣内制成的肉类制品的总称。

由于添加辅料不同而使风味各异，所以肠制品品种名目也很多。有些地区还往往用产地命名，如德国法兰克福肠，博洛尼亚肠、意大利萨拉米肠，中国的哈尔滨红肠、北京蛋清肠、天津火腿肠、广东香肠等，各有其特殊的制法和风味。据报道，国外的灌肠大约有 300 多种。

国内按其加工特点分为中式的和西式的。按生熟来分，有生制灌肠和熟制灌肠两大类，有的灌肠在加工过程中经过烟熏，称为烟熏肠。

我国各地的肠制品生产上，习惯上将中国原有的加工方法生产的产品称为香肠或腊肠，把国外传入的方法生产的产品称灌肠。表2-1为中式香肠和西式灌肠之间在加工原料、生产工艺和辅料要求等方面的不同点。

表 2-1 中式和西式肠制品的区别

项 目	中式香肠	西式灌肠
原料肉	以猪肉为主	除猪肉外，还可以用牛肉、马肉、鱼肉、兔肉等
原料肉的处理	瘦肉、肥肉均切成肉丁	瘦肉绞成肉馅，肥肉切成肉丁或瘦肉肥肉都绞成肉馅
辅调料	加酱油，不加淀粉	加淀粉，不加酱油
日晒、熏烟	长时间日晒、挂晾	烘烤、烟熏

不能将国外肠制品生产都和表2-1对照比较，因国外许多灌肠不经过烟熏，并和我国香肠加工有许多相同之处，如干制肠和半干肠制品的加工，有些不经过烟熏。

二、肠类制品加工的原理

肠类制品的种类很多，各种产品的加工工艺基本相近，下面为灌肠加工的基本工艺。

1. 原料的选择和初加工

（1）原料肉的选择　牛肉和猪肉是灌肠的主要原料，羊肉、兔肉、马肉、禽肉等都可做灌肠的原料。供作灌肠原料的肉都必须是健康动物屠宰后的质量良好的并经兽医卫生检验合格的肉。一般常用冻肉和冷却肉。猪肉在灌肠生产中，一般是用瘦肉和皮下脂肪作为主要原料。太肥或太瘦都不适合作灌肠的原料。牛肉在灌肠生产中，只利用瘦肉部分，不用脂肪。

其他动物肉及其副产品：除了猪肉和牛肉以外，马肉、兔肉也是灌肠的很好原料，可以制作各种风味灌肠。另外头肉、肝、心、血液等也都可作为灌肠的原料，增加灌肠的新品种。

（2）原料肉的初加工　灌肠生产所用的原料肉一般是鲜肉、冷却肉、冻肉。冻肉在加工前首先进行解冻，充分洗涤后再剔骨、切块初步加工。

2. 肉的切块

剔骨后的大块肉，还不能直接作灌肠的原料，必须剔除不适宜灌肠用的皮、筋腱、结缔组织、淋巴结、腺体、软骨、碎骨等，然后把大块肉按生产需要切成大小不等的小块肉。

3. 肉的腌制

生产灌肠时所有肉都要经过预先腌制，腌制主要用精制食盐、硝石（硝酸钠或硝酸钾），腌制可提高肉的稳定性，增加保水性，并提高肉制品的弹性，使肉变成鲜红色，提高商品性。

（1）肌肉的腌制　食盐用量为3%～4%，硝酸盐的用量为0.1%，根据季节的不同，食盐和硝酸盐的用量可增可减。夏季为控制微生物的繁殖盐的用量要增加一些。腌制温度4～10℃，腌制72h左右。

（2）脂肪的腌制　用盐量为3%～4%，一般不加硝酸盐，如果加硝酸盐时用量为0.1%。去皮小块脂肪腌制方法与肌肉的腌制方法相同。大块带皮脂肪的腌制方法是，用手将食盐均匀地擦在脂肪的表面上，然后移入腌制室内码垛好进行腌制。腌制3～5d，脂肪坚实，不绵软，切开检查深层与外表一致即可使用。

4. 制馅

（1）肌肉块搅拌　腌制好的肌肉块需要用绞肉机绞碎，绞碎的程度随肠的种类不同而不同，多数灌肠使用直径2～3mm筛孔的绞肉机将肉绞成小颗粒状。绞肉的结果使余下的结缔组织、肌膜随同肌肉被绞碎，同时增加肉的保水性和黏着性。

（2）斩肉　将绞碎的肉用斩肉机进一步斩碎以提高保水性，增加黏着性。在斩肉过程中应防止肉馅温度上升，避免微生物繁殖引起的肉馅变质，所以在斩肉时向肉馅中添加7%～10%的冰屑（冰的数量应包括在向肉馅中添加的水的总量中），使斩完的肉馅温度不高于8～10℃，斩肉时间一般为8～10min。

（3）脂肪切块　切脂肪丁有两种方法，即手工法和机械法。切脂肪丁是一项细致的工作，要有较高的刀工技术，才能切出正立方形的脂肪丁。机械切效率高，但缺点是切的脂肪大小不均，多数不成正立方体。另外，由于机械的摩擦生热，有脂肪融化现象，影响灌肠的质量。手工切不存在机械切块的缺点，特别在生产特殊品种的灌肠时手工切块非常适用。

(4) 拌馅　首先将大蒜去皮研磨成碎末，干淀粉用制品原料总量的20%～30%的清水调成稀糊状，清除上浮物和下沉物。然后将肉馅倒入拌馅机时开机搅拌，随搅拌随将稀淀粉糊倒入拌馅机内，待搅拌均匀后按配料标准把肥肉丁、味精、胡椒面等调料倒入拌馅机内继续搅拌，共搅拌10～15min，待全部拌均匀即可。肉馅的质量应该是80%以上的瘦肉泥变红，并有弹性和黏着力，馅中的水分适宜，肥肉丁分布均匀，肉馅温度不超过10℃。

5. 灌制

灌肠的品种不同，所以用的肠衣也不相同，灌肠前应先将肠衣用温水浸泡，再用清水反复冲洗并检查有无漏洞。肉制品厂一般都用灌肠机进行灌制，其方法是，把肠馅倒入灌肠机内，再把肠衣套在灌肠机的灌筒上，用线扎好末端。开动灌肠机将肉馅灌入肠衣内，再将肠按20～25cm结扎，然后挂在木杆上晾干。灌肠机有两种，活塞式灌肠机和连续真空式灌肠机。灌肠时要注意，灌入肠衣的肉馅不能过多或过少，松紧要适中，过紧在煮沸时由于蛋白质膨胀使肠衣破裂，灌的过松煮后肠出现凹陷变形；其次灌完水煮前要立即用针扎孔放气，防止煮制时肠衣破裂。

6. 烘烤

经晾干后的灌肠送烘烤炉内进行烘烤，烤炉温度为70～90℃，时间25～60min。用木材烘烤时，要用不含树脂的木材，如柞木、椴木、榆木、柏木等，不能用松木，因松木含有大量油脂，燃烧时产生大量黑烟，使肠衣表面变黑，影响灌肠的质量。近年来各肉制品厂利用无烟煤和焦炭代替木材烘烤，获得良好的效果。

经过烘烤的灌肠，肠表面干燥，有湿感，有沙沙声音；肠衣开始透明，肠馅红润色泽已显露；肠衣表面和肠头无油流出。

7. 煮制

除生熏制灌肠外，其他所有灌肠全部都有煮制过程。煮制方法有两种，一种是蒸汽煮制，适合于较大的肉制品厂；另一种为水煮制法，我国大多数肉制品厂采用水煮法。锅内水温升到95℃左右时将灌肠下锅，以后水温保持在80～85℃，水温如太低不易煮透，温度过高易将灌肠煮破裂，待肠内温度达到70℃即可。

鉴别灌肠是否煮好的方法有两种，一是测肠内温度，肠内温度达到74℃可认为煮好；二是感官检查，用手捏肠体，肠挺硬，弹力很强说明已煮好。

8. 熏烟

灌肠煮制后要进行烟雾熏制，因为灌肠经煮制后变成湿软状态，而灌肠的色泽变得暗淡无光，这种灌肠不易保存，所以要经过烟熏。

熏烟的温度与时间要根据灌肠的种类而定。煮制灌肠，熏烟室内温度35～45℃，熏烟时间为12h；半熏煮香肠，熏烟室内温度为35～50℃，熏制12～24h；生熏灌肠，熏烟室内温度为30～43℃，熏制48h。

第二节 肠类制品加工技术

一、猪血香肠

1. 配方

猪血4kg，肥肉3.5kg，猪皮1.5kg，熟淀粉0.5kg，肉肠0.5kg，食盐300g，白糖200g，大曲酒、味精各100g，胡椒粉200g，五香粉50g，茴香粉40g。

2. 工艺流程

肥肉、猪皮清洗→绞碎→猪血采集→凝固→拌料→灌肠→刺孔→扎结→漂洗→烘烤→包装→成品

3. 操作要点

(1) 猪血的采集与凝固　在干净的铝盆内放适量清水（每头猪的血液需200g水），加入少量食盐，宰猪时将猪血放入铝盆内搅拌使食盐与猪血混匀，静置15min，浇入1kg沸水，以加速猪血凝固。猪血必须采自健康的猪。

(2) 肥肉、猪皮的清洗与绞碎　肥肉选用背脊部位的肉，配料后制成香肠经得起烘烤，不易走油，产品外观好，质量高。将肥肉上的血斑、污物等清洗干净，沥干水，在低温环境中静置3～4h，使肥肉硬化，以利于肥肉切分。将肥肉切成6mm见方的粒状。切

粒的目的是便于灌肠，并增加香肠内容物的黏接性和断面的致密性。仔细除去猪皮上的污泥、粪便、残毛，用清水洗净。将猪皮切成2～3cm宽、5～6cm长的条状，置于绞肉机中绞碎。

（3）拌料　将碎猪皮和肥肉粒混匀，加入适量的熟淀粉、猪血块及各种配料，拌匀。血馅不宜久置，否则会变成褐色，影响成品色泽。在拌料前将凝固的猪血搅拌捣碎，以便拌料均匀。

（4）灌肠、刺孔、扎结　将猪肉猪血馅灌入肠衣后，用铝丝或绳索将猪血香肠每20～25cm长扎成一节。先把猪血馅从两端挤捏，使内容物收紧，并用针将肠衣扎若干个孔，以排除空气与多余水分。对香肠进行适当整理，使猪血香肠大小、紧实均匀一致，外形美观。

（5）烘烤　烘房温度65～80℃，时间约为10min。

4. 成品质量标准

（1）感官指标　长短均匀，外表呈金黄色略带淡棕色或枣红色，色泽均匀，切面粉红均匀，鲜嫩富有弹性。

（2）微生物指标　菌落总数≤10000个/g，大肠菌群≤30个/100g，致病菌不得检出。

二、湘南血灌肠

1. 配方

猪血1kg，井水1.5kg，食盐50g。

2. 工艺流程

原材料准备→灌肠→煮制、冷却→成品

3. 操作要点

（1）原材料准备　宰猪时用盆装猪血，每千克猪血加干净水（井水）1.5kg、食盐50g左右，充分拌均匀。猪屠宰后，取出猪大肠冲洗干净，滤干备用，然后进行灌肠。

（2）灌肠　灌肠时先将大肠一端用稻草扎紧。血水拌均匀后灌肠。25～30cm前后用稻草及时分节扎紧，避免血满烂肠。肠灌好后，再把猪肠口用稻草扎紧。从头至尾按顺序轻轻地放入已装满井水的铁锅。

（3）煮制　生火煮肠。注意井水要浸没血灌肠。先大火煮，注意翻动，当肠内的猪血煮成血块，用竹筷刺破猪肠，猪血不外流便可取出。

(4) 冷却　放入干净井水中冷却，冷却后取出便可切成1cm厚左右的血灌肠片炒食或煮汤。

4. 成品质量标准

(1) 感官指标　外观呈枣红色，切面深红，间有均匀分布的白膘丁，肉质鲜嫩。

(2) 微生物指标　菌落总数≤5000个/g，大肠菌群≤30个/100g，致病菌不得检出。

三、涂抹型肝泥肠

1. 配方

猪肝脏10kg，猪背脂30kg，猪精肉60kg，食盐3kg。

2. 工艺流程

原料→原料修整→腌制→绞碎→斩拌→灌肠→熟制→冷却→成品

3. 操作要点

(1) 原料　所用原料均符合国家有关卫生标准，精肉要求新鲜良好；脂肪选用猪背脂，要求洁白无污物；猪肝脏选用大家能普遍接受的红褐色的肝脏。

(2) 原料修整　剔除肝脏和精肉中的筋、腱和脂肪，特别注意肝脏中异常部位的剔除，如混浊肿胀、槟榔肝、寄生虫、出血点、坏死斑点等。修整成为纯粹的精肉和肝脏。

(3) 腌制　采用干腌法，在4℃的温度下腌制24h以上。

(4) 斩拌　利用冰水控制斩拌温度。控制斩拌终温不超过16℃。

(5) 熟制、冷却　采用水浴加热法，使制品的中心温度超过75℃。然后冷却到0～4℃即为成品。

4. 成品质量标准

(1) 感官指标　外观呈枣红色，有皱纹，干爽，切片性强，有浓郁的肉香味。

(2) 微生物指标　菌落总数≤3000个/g，大肠菌群≤20个/

100g，致病菌不得检出。

四、猪肝肠

1. 配方

猪肝 60%，肥肉 15%，猪皮 12%，改性淀粉 5%，白糖 4%，食盐 2%，胡椒粉 1%，大曲酒 0.5%，味精 0.5%。

2. 工艺流程

原辅料选择→清洗→预处理→绞切→拌料→斩拌→灌制→漂洗→放气→打结→煮制→烘干→冷却→包装→成品

3. 操作要点

(1) 原辅料选择　选择经检疫合格的新鲜猪肝作为原料，肥肉一般选用背脊部位，因其脂肪熔点高，硬实，配料后制成香肠经得起烘烤，不易走油，产品外观好，质量高。

(2) 清洗及预处理　将猪肝、肥肉及猪皮清洗干净，除净上面的血斑、污垢及残毛等，清洗后沥干水。先将猪肝及猪皮切成 2～3cm 宽、5～6cm 长的条状，再将肥肉在 2～4℃环境中静置 3～4h，使肥肉硬化，切成约 $6cm^3$ 肉粒。

(3) 绞切　将长条状的猪肝及猪皮置于绞肉机中绞碎。

(4) 拌料　首先将定量的碎猪皮和肥肉粒混匀，再加入定量的改性淀粉。然后，将碎猪肝及 4%的白糖、2%的食盐、1%的胡椒粉、0.5%的大曲酒及 0.5%的味精等辅料加入，搅拌均匀。拌好的料馅不宜久置，否则，猪肝馅儿会很快变成褐色，影响成品色泽。

(5) 斩拌　将拌好的料馅儿加入斩拌机的肉盘内，启动斩拌机，先低速进行斩拌约 30s，加入适量冰屑，控制整个斩拌过程中肉馅儿的温度不超过 10℃，再高速斩拌约 30s，斩拌结束，出盘卸料。

(6) 灌制　将猪肝馅儿灌入猪小肠肠衣内，灌制时注意松紧适度，以防止烘烤时出现干瘪或爆肠现象。同时，还应对香肠进行适当整形，使其大小均匀、紧实美观。

(7) 漂洗、放气及打结　用 30℃左右的温水对肠体表面进行漂洗，洗去黏附在肠衣表面的一些污垢、脂肪等杂质。然后用棉线将猪肝香肠按每 20cm 左右长扎成一节。扎结时应先把扎结处的肉馅挤捏到两端，尽量使内容物收紧扎上两个结，再从中间剪开。最后用针将肠衣表面扎些孔，排除空气和多余水分。

(8) 煮制及烘干　将漂洗整形的猪肝香肠采用水煮法进行熟化，在水温升至95℃左右时将猪肝肠下锅煮制，然后使水温在85℃左右保持30min，注意水温不能太低或太高，否则易导致煮不熟或脂肪融化游离，甚至爆肠。将煮熟的猪肝肠出锅，摊摆在香肠干燥机内的不锈钢支架上，肠身不能相互靠得太近，支架之间距离不宜过小，以挂两层为宜。烘干开始时，烘房温度应迅速升至45℃，如果升温时间太长，会引起香肠酸败变质。烘干温度应保持在45℃左右，干燥6h左右，直至香肠干制均匀，最后温度缓慢降至室温，香肠即可运出干燥机。

(9) 冷却及包装　将冷却至室温的猪肝肠随即进行包装，以防再次吸水转湿，成品置于2～4℃冷藏库内进行保藏。

4. 成品质量标准

(1) 感官指标　表皮枣红色，味清香，切面粉红色，光润有弹性。

(2) 理化指标　水分＜60%，食盐≤3.5%，亚硝酸盐≤30mg/kg。

(3) 微生物指标　菌落总数≤10000个/g，大肠菌群≤25个/100g，致病菌不得检出。

五、黑米香肠

1. 配方

猪瘦肉800g，猪脂肪200g，黑米50g，玉米淀粉60g，红曲10g。

2. 工艺流程

原料的选择→修整与切块→腌制→瘦肉绞肉→拌馅→灌制→烘烤→煮制→熏制

3. 操作要点

(1) 原料的选择　选择新鲜的猪臀腿肉（剔去小骨头和肥油等）和皮下脂肪。将黑米放到35℃温水中浸泡4h左右。然后将米水按质量比1∶1.7的比例放入饭锅中，在常压下蒸熟，用10℃的清水漂洗2遍。

（2）修整与切块　修去筋腱与脂肪，瘦肉切成长12cm、宽5cm、厚5cm的长条，猪脂肪切成$1cm^3$肉丁。

（3）腌制　预先配好的腌制料，掌握好肉与腌制料的比例，将猪瘦肉块与腌制料搅拌均匀后置于10℃条件下进行低温腌制，腌制约48h。

（4）瘦肉绞肉　通过绞碎机把猪瘦肉绞成肉糜，并添加玉米淀粉、大豆分离蛋白等，充分乳化。

（5）拌馅　首先将猪肉糜染成红色，加入黑米、调味料和定量水，混合均匀，并混合10min，待肉馅富有黏结性和弹性时为好。

（6）灌制　肉馅倒入灌汤机中，启动一下把上次余下的其他肉馅顶出后在出料杆上套上肠衣，之后即可灌制。注意用手控制灌制的速度，控制好松紧度，不要局部过紧或过松而造成煮制中的爆裂。

（7）烘烤　一般选用干燥的无烟煤为燃料，温度控制在65℃，并烘烤20min。

（8）煮制　将灌好的肠放入热水中，装锅后恒温80℃，煮制50min。

（9）熏制　熏制时肉制品摆挂间隙要均匀，避免互相贴靠，熏制温度为65℃，熏制时间4h左右。

（10）冷却包装　烟熏完成后冷却到室温，即可真空包装出售。

4. 成品质量标准

（1）感官指标　表面枣红色，内部玫瑰红，脂肪乳白色，黑色米粒分布均匀；带有米香，组织紧密而细致。

（2）理化指标　水分≤75%，食盐2.5%，亚硝酸盐≤0.03g/kg。

（3）微生物指标　菌落总数≤53个/g，大肠菌群≤25个/100g，致病菌不得检出。

六、蛋清香肠

1. 配方

猪瘦肉100kg，蛋清10kg，白砂糖1.5kg，胡椒面100g，味精100g，食盐2kg，面粉3kg，淀粉3kg，硝酸钠50g。

2. 工艺流程

原料整理→绞碎→灌制→烘烤→煮制→熏制

3. 操作要点

(1) 原料整理、腌制　将猪瘦肉切成长7～8cm，宽2～3cm小块，按配料标准将食盐、硝酸钠掺拌均匀，撒在肉面上，拌匀后放在1～5℃冷库中，腌制3～5d。

(2) 绞碎、拌馅　将腌制好的肉，用1.3～1.5mm漏眼的绞肉机绞碎，按配料标准加入蛋清、调味料、面粉、淀粉和适量的水拌匀。

(3) 灌制　使用羊套管灌肠，灌肠内如有气泡，用针刺皮放气，把口扎紧。

(4) 烘烤　将灌制好的肠子吊挂，推入65～80℃温度的烘房烘烤90min，至肠外表面干燥、呈深核桃纹状，手摸无黏湿感觉即可。

(5) 煮制　将烘烤后的肠子放入温度90℃清水中煮70min，用手捏时感到肠体较硬并富有弹性时出锅。

(6) 熏制　将煮好的肠子放入熏炉中熏制。将刨花锯末放在地面上摊平，点燃，关闭炉门，炉温保持在70～80℃，时间40～50min，待肠子熏至浅棕色即为成品。

4. 成品质量标准

(1) 感官指标　外观红润而有光泽，弹性良好，风味浓郁。

(2) 微生物指标　菌落总数≤2000个/g，大肠菌群≤10个/100g，致病菌不得检出。

七、糯玉米猪肉发酵香肠

1. 配方

猪肉80kg，猪肥膘20kg，盐3kg，糖2kg，抗坏血酸钠0.08kg，味精0.2kg，白胡椒粉0.25kg，五香粉0.1kg，淀粉2.5kg。

2. 工艺流程

原辅料→绞碎→斩拌→腌制→接种→灌肠→发酵→干燥→成熟→成品

3. 操作要点

(1) 原辅料预处理　鸡肉和猪背膘肉切成 $0.2\sim0.5cm^3$ 的肉丁，并把糯玉米碾碎成细小的颗粒状。

(2) 配料　将绞碎的原料肉和糯玉米称重后按比例混合，加入糖、食盐、抗坏血酸钠、亚硝酸钠、味精、白胡椒粉等。

(3) 斩拌　将肉馅和糯玉米的混合物充分斩拌均匀，时间不宜过长，防止温度升高造成馅料变质。

(4) 腌制　发酵香肠加入 0.004%嫩化剂木瓜蛋白酶后在 55℃下嫩化 1h，然后置于 0～5℃的冰箱中腌制 15～25h，不需要嫩化的直接腌制。

(5) 灌肠　把 3%混合发酵菌种接入到馅料中，把接种好的馅料灌入肠衣。

(6) 发酵　发酵温度 37℃，发酵时间 20h，防止杂菌进入。

(7) 终止发酵　将发酵好的香肠放入 60℃的恒温培养箱中烘烤 30min 即终止发酵。

(8) 干燥成熟　将发酵好的香肠置于恒温培养箱中，温度控制在 40℃左右，直至香肠失重 20%为止。

4. 成品质量标准

(1) 感官指标　同普通灌制品的感官指标，只是具有特殊的酸味。

(2) 微生物指标　菌落总数≤3000 个/g，大肠菌群≤10 个/100g，致病菌不得检出。

八、蒜味香肠

1. 配方

① 原料：鲜猪肉 10kg，鸡大胸 5kg，肥膘 20kg，猪八路肠衣、冰水 50kg。

② 腌料：三聚磷酸钠 0.45kg，亚硝酸钠 0.01kg，食盐 2kg，高粱红 1.2g，诱惑红 0.4g，味精 0.4kg。

③ 滚揉用料：食盐 1kg，白砂糖 2.2kg，玉米淀粉 15kg，白胡椒粉 0.3kg，滚揉型卡拉胶 0.6kg，乳酸钠 3.2kg，滚揉型蛋白

2kg，味精 0.2kg，生蒜 1kg，五香粉 0.05kg，乙基麦芽酚 0.04kg，头香香精 0.15kg，葡萄糖 1.7kg，冰水 50kg。

2. 工艺流程

原料肉选修→绞肉→静腌→滚揉→灌装→热加工→包装→杀菌

3. 操作要点

（1）原料肉选修　剔除筋膜、腱、软骨、淋巴、淤血、脂肪、污物等，0～6℃保存备用。

（2）绞肉　将选修好的鲜猪肉和鸡大胸肉一起放入绞肉机，用 13mm 箆子绞制，肥膘用 4mm 箆子绞制。

（3）静腌　将绞好的鲜猪肉、鸡大胸肉与腌料混合均匀，0～4℃静腌 12h。

（4）滚揉　将静腌好的鲜猪肉、鸡大胸肉以及肥膘和滚揉用料装入滚揉罐，盖好滚揉盖，检查是否严密，抽真空，查看机身控制柜内真空显示器是否达到 90kPa 以上。滚揉方式为，工作 40min，暂停 20min，滚揉总时间 8h。

（5）灌装　将滚揉罐中的肉馅出罐，放入灌装机用猪八路肠衣灌装，单根长度 25～26cm。

（6）热加工　将灌装好的香肠挂杆整齐摆放到架子车上，摆放不宜太过紧密；放入烟熏炉进行干燥、烟熏、蒸煮、排气。65℃干燥 20min；65℃烟熏 10min；80℃蒸煮 60min；排气 5min 后出炉，推入冷却间冷却。

（7）包装　将冷却好的香肠分根装入包装袋抽真空包装。真空包装机的真空度设定－0.1MPa，热封温度为 170～220℃，封口时要将包装袋袋口污物擦净，放平整，减少皱褶。

（8）杀菌　将包装好的香肠放入杀菌锅进行灭菌，90℃，30min，剔除胀袋、漏气产品。冷却至中心温度 15℃以下入库贮存、销售。

4. 成品质量标准

（1）感官指标　外观红润而有光泽，弹性良好，蒜香浓郁。

（2）微生物指标　菌落总数≤700 个/g，大肠菌群≤15 个/100g，致病菌不得检出。

九、微型香肚

1. 配方

猪前后腿去皮肉 50kg，芝麻 1.5kg，盐 1.5kg，糖 1kg，蛋白粉 0.5kg，五香粉 100g，异抗坏血酸钠 30g，亚硝酸盐 4g，酱油粉 100g，味精 50g，红曲粉 50g，磷酸盐 150g，卡拉胶适量，水 10kg。

2. 工艺流程

原料肉整理→配料→装模→煮制→冷却→包装

3. 操作要点

（1）原料肉整理　瘦肉去筋去骨，切成 0.5cm 大小颗粒。鸡嗉子翻洗，修割干净。

（2）配料　芝麻淘洗干净，烘干后炒熟，按芝麻：盐＝3：1 量加盐，粉碎。将配方中的原料一次混合后，放在 0～4℃下腌 12h。然后灌入鸡嗉内，每个 110g。

（3）装模　灌装后的肉球放入模具，通过折压将灌料口封牢。

（4）煮制　进蒸煮锅，在 95℃下煮制 40min。此外，另用酱油粉 100g，红曲粉 100g，添加开水适量拌匀，配成上色液待用。

（5）烘烤　将煮制好的肉球脱模，稍放几分钟后，浸入配好的上色液中 1～3min。上过色的半成品放竹箅上，在 85～90℃环境下烘烤 30min。

（6）冷却　而后冷却至室温，进行真空包装，每袋 3 个，真空压力掌握在 0.01MPa。包装好的产品搁置 1～2h，随后挑去不合格品即可出售。

4. 成品质量标准

（1）感官指标　外观椭圆形，色泽棕红色，切片性好，味道清香。

（2）微生物指标　菌落总数≤10000 个/g，大肠菌群≤30 个/100g，致病菌不得检出。

十、复合保健灌肠

1. 配方

猪肌腿肉 40kg，猪肋条肉 20kg，大豆蛋白粉 2kg，新鲜胡萝卜4kg，青椒4kg，食盐3kg，淀粉7kg，白糖750g，魔芋精粉25g，胡椒粉260g，食用明胶20g，琼脂25g，味精50g。

2. 工艺流程

原料肉预处理→清洗→绞肉→灌制→烘烤→蒸煮→烟熏→成品

3. 操作要点

(1) 原料肉预处理　猪肉切成1cm的小方块，猪肋条肉切成6cm左右的肉型。将切好的肉加入肉重3%的食盐和0.015%的亚硝酸钠搅拌均匀，然后装入不锈钢容器内，置于5℃左右的环境中腌制20h左右。肥膘肉的腌制与瘦肉分开，只加盐腌制，用盐量与其相同。

(2) 清洗　胡萝卜洗净后加入2%～4%的NaOH热碱液去皮，用清水冲洗后切成0.5cm的厚片，再放入2%氯化钠和0.15%抗坏血酸混合液中浸泡5min，以防变色。捞出冲洗干净，再入沸水中预煮4min，而后冲凉切碎。青椒去除籽柄后放入0.1%盐酸溶液中浸泡30min捞出，再放入沸水中热烫2～3min，然后捞出冷却、切碎。

(3) 绞肉　将腌制好的肥瘦肉分别放入绞肉机中绞碎，然后将肉馅与菜丁放入斩拌机中混合搅拌，同时加入大豆蛋白、魔芋精粉和溶解好的琼脂、食用明胶、淀粉，然后加入其他配料，拌馅是把肉纤维中的可溶性蛋白质进行乳化，以增加肉馅的黏力和弹性，一般拌馅时间为10～15min左右，肉温控制在8℃左右。

(4) 灌制　采用灌肠机灌馅，灌肠要松紧适度，每灌制15cm用细绳结扎，灌好的肠体用小针扎若干小孔，以便烘烤时肠内水分和空气的排除。

(5) 烘烤　将灌制好的灌肠放入烤炉内烘烤5～10min将肠上下翻动一次，保证烤得均匀，烤炉温度为80℃，烘烤时间为2h。

(6) 蒸煮　当水温升至90～95℃时将灌肠放入蒸煮锅内，锅内水温应保持在78～84℃，待肠体中心温度75℃，用手触摸肠体硬挺，弹力充足即可出锅。煮制时间30min左右。

(7) 烟熏　将蒸煮好的灌肠放入熏烟室熏制。用木料加木屑燃烧，进行烟雾熏制，熏制温度35～45℃，熏制时间掌握在待肠体表面干燥光泽，有均匀的红色即为成品。

4. 成品质量标准

（1）感官指标　表面干燥光泽，有均匀的红色。

（2）微生物指标　菌落总数≤8000 个/g，大肠菌群≤20 个/100g，致病菌不得检出。

十一、流行色拉香肠

1. 配方

优质牛肉肉泥 30kg，猪瘦肉 30kg，猪五花肉 40kg，精盐 1.25kg，硝酸钠 25g，胡椒粒 65g，色拉米香料 500g，磷酸盐 400g，味精 100g，鲜蒜 100g。

2. 工艺流程

原料预处理→斩拌→烟熏→蒸煮→冷却→成品

3. 操作要点

（1）原料预处理　前一天将猪瘦肉、五花肉（按 3∶7 比例）切成小块，放入－18℃的冷库冻起来。

（2）斩拌　将牛肉肉泥进入斩拌机中斩拌，然后将猪瘦肉倒入慢速斩拌几圈，随后加入五花肉继续慢速斩拌，同时加入食盐、硝酸钠和其他配料。

（3）灌制　斩拌均匀后灌入直径为 45～60mm 的纤维肠衣。灌制后按每根 45cm 长用细绳扎紧分节。

（4）烟熏　将香肠放入温度为 12～14℃、湿度为 80%～100% 的室内 24h，再在 55℃下干燥 30～50min，然后在 60℃下烟熏至金黄色。

（5）蒸煮　将烟熏后的香肠放在 75～80℃的水上蒸煮，蒸煮至肠体中心温度达 70℃即可。如颜色不够，可再次烟熏。

4. 成品质量标准

（1）感官指标　外表红褐色，有皱纹，质地干燥坚实，肉馅呈酱红色，有明显的蒜味。

（2）微生物指标　菌落总数≤15000 个/g，大肠菌群≤18 个/100g，致病菌不得检出。

十二、一种新型烟熏香肠

1. 配方

五花肉（肥瘦比 50∶50）70kg，精瘦牛肉 20kg，食盐 1.6kg，三聚磷酸盐 250g，$NaNO_2$ 15g，维生素 C 60g，混合调味料 750g。

2. 工艺流程

原料肉选择→原料肉修整→牛肉斩拌（五花肉绞制）→搅拌→充填→打节→挂杆入炉→干燥→烟熏→二次干燥→冷却→真空包装→冷藏入库

3. 操作要点

（1）原料肉选择　必须符合国家规定的有关卫生标准，五花肉脂肪含量在 50%左右。牛肉脂肪含量不超过 6%，如果使用冻肉必须先解冻，要求中心温度在 0～4℃。

（2）原料肉修整　去皮、碎骨、筋键、肌膜及多余脂肪，并去除淤血、淋巴结等杂质。

（3）绞制　将修好的五花肉用 8mm 孔板的绞肉机绞细，要求呈颗粒状，直径大约在 4～7mm 之间。

（4）斩拌　具体顺序为牛肉→冰水→磷酸盐→食盐、亚硝酸钠→冰水→调味料、维生素 C→冰水，在 0～7℃条件下斩拌。

（5）搅拌　将绞细的五花肉置于搅拌机内，边搅拌边加入斩碎的乳化肉糜，当确认混合均匀并有一定的黏着性时即可停机，注意搅拌时间不能过长，防止盐溶性蛋白提取过多影响感官质量。

（6）充填　将搅拌均匀的肉馅用灌肠机灌入可食的蛋白肠衣。如果使用套缩性蛋白肠衣可不必提前用水浸泡，充填程度不易过松或过紧。

（7）打节　每节长度 12cm，需要时可刺孔排气，但不宜过多，否则会造成肉馅挤出，影响成品外观。

（8）挂杆入炉　保持杆与杆之间距离在 15cm 以上，每节产品之间不能贴得太近，以利于烟气循环。

（9）干燥烟熏二次干燥　其三步程序均在烟熏炉内完成，具体参数如下。

① 干燥　温度 50℃，湿度 15%，时间以半成品颜色达到要求

而定。

② 烟熏　温度50℃，湿度25%，时间以半成品颜色到要求而定。

③ 二次干燥　温度75℃，中心温度达到68℃时即可取出产品。

(10) 冷却　先用水冷却，将产品置入水温为1℃的循环冷却水中，当产品中心温度降至25℃以下时，沥干水分放入0～4℃的冷藏库内继续降温。

(11) 真空包装　当产品中心温度降至2～6℃时，用热收缩膜抽真空包装。真空度在98%以上，然后置于90～92℃的水中杀菌1～2s。

(12) 冷藏入库　将成品放入0～4℃的冷藏库中储存待售。

4. 成品质量标准

(1) 感官指标　肠体饱满，有弹性，有光泽，表面呈棕红色，组织紧密，切片性好，肉感强烈，具有浓郁的烟熏香味。

(2) 微生物指标　菌落总数≤300个/g，大肠菌群≤28个/100g，致病菌不得检出。

十三、优质香肠制作

1. 配方

瘦猪肉90kg，白砂糖5kg，肥猪肉10kg，精盐3kg，味精200g，白酒750g，鲜姜末（或大蒜泥）150g。

2. 工艺流程

切丁→漂洗→腌渍→灌肠→晾干→成品→保藏

3. 操作要点

(1) 切丁　将瘦肉先顺丝切成肉片，再切成肉条，最后切成0.5cm的小方丁。

(2) 漂洗　瘦肉丁用1%浓度盐水浸泡，定时搅拌，促使血水加速溶出，减少成品氧化而色泽变深。2h后除去污盐水，再用盐水浸泡6～8h，最后冲洗干净，沥干。肥肉丁用开水烫洗后立即用凉水洗净擦干。

(3) 腌渍　洗净的肥、瘦肉丁混合，按比例配入调料拌匀，腌渍8h左右，每隔2h上下翻动一次使调味均匀，腌渍时防高温、防日光照、防蝇虫及灰尘污染。

(4) 灌肠　干肠衣先用温水浸泡15min左右，软化后内外冲洗一遍，另用清水浸泡备用，泡发时水温不可过高，以免影响肠衣强度。将肠衣从一端开始套在漏斗口（或皮肠机管口）上，套到末端时，放净空气，结扎好，然后将肉丁灌入，边灌填肉丁边从口上放出肠衣，待充填满整根肠衣后扎好端口，最后按15cm左右长度扎结，分成小段。

(5) 晾干　灌扎好香肠挂在通风处使其风干约半月，用手指捏试以不明显变形为度。不能曝晒，否则肥肉会冒油变味，瘦肉色加深。

(6) 保藏　保持清洁不沾染灰尘，用食品袋罩好，不扎袋口朝下倒挂，既防尘又透气不会长霉。食时先蒸熟放凉后切片，味道鲜美。

4. 成品质量标准

(1) 感官指标　外表呈红色，切面粉红色，肉香清淡，味鲜肉嫩，无皱纹、饱满，切片性好。

(2) 微生物指标　菌落总数≤100个/g，大肠菌群≤30个/100g，致病菌不得检出。

十四、香肚

1. 配方

配料Ⅰ：猪瘦肉3.5kg，猪肥膘1.5kg，白砂糖250g，硝酸钠5g，五香粉5g

配料Ⅱ：猪瘦肉3.5kg，猪肥膘1.5kg，白砂糖250g，酱油50g，精盐200g，高粱酒150g，花椒粉20g，味精20g，硝酸钠1g。

2. 工艺流程

肚皮处理→制馅→装馅扎口→晾晒发酵→成品拌油

3. 操作要点

(1) 肚皮处理　选择新鲜猪膀胱，除去杂物后加10%食盐两次擦涂，第一次用70%盐涂于肚皮内外，然后放入腌缸中，加盖密封贮藏。10d后，再用剩下的30%盐进行第二次擦涂后腌制3个月，再放少量干盐搓揉腌制，放入蒲包中晾挂，备用。

(2) 制馅 瘦肉切成细长条，肥膘切成小肉丁，将酒、盐、糖、硝酸钠及调味品等撒入肉中搅拌均匀，静置30min左右，充分渗透后装入肚皮内。

(3) 装馅扎口 每个肚皮装馅200g，使肉馅与肚皮黏合，用细麻绳打活扣儿，套在肉肚球形上扎好口。

(4) 晾晒发酵 气温16℃以下晾晒2～3d，晒好的香肚肚皮透明，肥膘与瘦肉颜色鲜明，肚皮和扎口干透。然后剪去扎口长头，每10只香肚串挂一起，放入通风干燥库内，过40d左右转入发酵，可将库房紧闭，防止过分干燥发生变形流油现象。

(5) 成品拌油 每四只香肚连一起，100只香肚加麻油2kg，肚面均布麻油。成品每只250g，状如苹果，肉质紧密，切开后红白分明，食之略有甜味。食用时先用清水洗刷，再放入冷水锅中加热煮沸1h左右，待冷却后方可切开食用，否则肉馅易散松，失去特色。

4. 成品质量标准

(1) 感官指标 肚皮薄，弹性大，表面略干，色泽浅黄，咸淡适中。

(2) 微生物指标 菌落总数≤100个/g，大肠菌群≤10个/100g，致病菌不得检出。

十五、腮肉香肠

1. 配方

猪腮肉40kg，猪肩瘦肉60kg，食盐1800g，香辛料250g。

2. 工艺流程

猪肩瘦肉→绞碎→猪腮肉→斩拌均匀→灌肠→蒸煮

3. 操作要点

(1) 绞肉 将原料与添加剂、香辛料一起混合，不要加水，一次简单地将肉绞成4mm的肉粒，用手或搅拌机进一步将料混合拌匀，然后充填入直径18～20mm的羊肠衣或30～32mm的猪肠衣，也可充填入结肠内。

(2) 灌肠、蒸煮 这种香肠以生的状态出售时，必须在24h内售完，超过这一时间必须进行蒸煮。煮汤（酸性）中有以下成分：水100kg，5%的醋酸0.51kg，生葱、杜松果、月桂叶2kg。将这些酸性溶液加热到70～80℃，香肠放入浸煮15～20min。

4. 成品质量标准

（1）感官指标　肠体饱满，不紧不松，精肉呈红褐色，味香适口。

（2）微生物指标　菌落总数≤1000个/g，大肠菌群≤30个/100g，致病菌不得检出。

十六、蛋白香肠

1. 配方

猪瘦肉100kg，组织蛋白（如大豆组织蛋白和花生组织蛋白）6～10kg，食盐3kg，硝盐0.15kg，红曲粉、淀粉、调味品及其他辅料视情况及口味酌定。

2. 工艺流程

备料→排酸或解冻→腌制→脱腥→调制→灌制→烘烤→熏制→干燥

3. 操作要点

（1）备料　瘦肉切成长方条，每块重不超过100g。脂肪切成长方条，宽7～8cm。组织蛋白颗粒均匀，无霉变、硬粒、杂质。肠衣为标准猪、牛小肠衣。

（2）排酸或解冻　鲜肉放入温度4～12℃、空气相对湿度85%的室内排酸12～14h。冻肉放入容器或水池内，解冻12～14h。

（3）腌制　将食盐和硝盐料均匀拌入肉块中，装入腌制容器内压紧盖严，温度控制在4～15℃，存放48h以上。

（4）脱腥　组织蛋白用温水浸泡40～60min。用清水清洗并甩干2～3次。

（5）调制　将腌肉绞碎、红曲粉倒入蛋白中拌匀，与碎肉、辅料搅匀至黏稠状。温度控制在17℃。

（6）灌制　将调制料灌入肠衣内，每节长20cm。肠节间保持2～3cm距离。

（7）烘烤　在温度50～75℃条件下烘烤40min使肠衣表面干

燥、光亮且呈半透明状。

(8) 熏制　以35～45℃的温度熏4～6h。

(9) 干燥　在温度15～18℃条件下，干燥30～40min即为成品。

4. 成品质量标准

(1) 感官指标　外观红润而有光泽，弹性良好，风味浓郁。

(2) 微生物指标　菌落总数≤2000个/g，大肠菌群≤15个/100g，致病菌不得检出。

十七、猪肥膘香肠

1. 配方

牸牛肉75kg，猪肥膘25kg，食盐2.5kg，亚硝酸钠0.01kg，白酒2kg，白糖6kg，葡萄糖粉1kg，淀粉2kg。

2. 工艺流程

原料肉的处理→切肉→配料→腌制→灌肠→刺孔→漂洗→干燥→成品→包装

3. 操作要点

(1) 原料肉的处理　将牸牛肉去除筋膜、肌腱、淋巴后绞（切）碎，猪肥膘切成0.6～0.8cm的肉丁。

(2) 配料　根据配方调配各种调味料。

(3) 腌制　在10℃以下，用食盐的30%腌制肥肉，70%与亚硝酸钠、葡萄糖混合腌制瘦肉3h，使之显发红色。

(4) 制馅灌肠　腌好的牸牛肉和肥肉丁按75∶25搭配，再加入其他配料，充分拌匀，灌入肠衣，然后用针在肠段上刺若干小孔，以利烘烤时排除水分和空气。灌好的香肠浸入约40℃温水漂洗，除去肠外油脂、污物、盐花等。

(5) 干燥　灌好的香肠可用太阳晒干，大多用烘烤房（机）烘干。烘烤时初温以54～58℃为宜，烘烤4h以后，下调为50～55℃，烘烤36h，在这期间，每隔6～8h切断热源，通入冷风进行表面冷却，并将上下层位置调换。整个烘烤时间40～42h，产品含水量达15%～17%即可冷却包装。

4. 成品质量标准

(1) 感官指标　肠衣干燥完整且紧贴肉馅，坚实，弹性好，肉馅粉红色或浅玫瑰红色，脂肪白色。

（2）理化指标　亚硝酸盐≤10mg/kg。

（3）微生物指标　菌落总数≤700 个/g，大肠菌群≤12 个/100g，致病菌不得检出。

十八、无硝香肠

1. 配方

猪精肉 35kg，白膘肉 15kg，白糖 2.5kg，白酱油 0.3kg，干肠衣 0.7kg，葡萄糖 1.5kg，精盐 1kg，淀粉适量，60°大曲酒 1.3kg。

2. 工艺流程

原料选择→原料处理→拌料→灌肠→晾晒与烘烤→成品

3. 操作要点

（1）原料选择　选用健康无病的猪后腿肉或大排肉，瘦肉占 70%，肥肉占 30%。

（2）原料处理　将去骨的精肉修去筋、油、碎骨、淤血等，用刀切成 1.2cm 左右的小方块，白膘切成 0.6cm 左右的小方块，大小要均匀，无连刀。

（3）拌料　先将白糖、葡萄糖、盐、白酱油放入容器中，倒入温水 2.5kg 溶解，过滤后加入精肉，再加入白膘肉，并掺水 7.5kg，最后放酒翻拌，待全部拌匀后，即可灌肠。

（4）灌肠　灌肠前先将干肠衣用温水浸泡，使其略带软性。浸泡时要浸一扎灌一扎，随灌随浸。灌肠套管时，要将肠衣勒到梢头，灌满肠后，再在梢末勒去梢头肉，重打一个结。灌肠时应随时注意肠衣内有无空气，如发现空气，应立即用针刺孔排气。

（5）晾晒与烘烤　灌肠后置于阳光下晾晒。肠与肠之间要保持一定距离，以利于通风透气。晾晒 3h 翻转一次，约晾晒半天时间即可转入烘房烘烤，促使后熟。烘烤温度一般控制在 45～53℃，烘烤时间约 24h。

4. 成品质量标准

（1）感官指标　手摸无黏湿感觉，香肠表面干燥、光滑，呈粉红色。

（2）微生物指标　菌落总数≤900 个/g，大肠菌群≤22 个/

100g，致病菌不得检出。

十九、火腿肠新工艺

1. 配方

牛肉 28kg，猪肉 28kg，猪肥膘 14kg，冰块 25kg，食盐 1.8kg，香料 0.7kg，亚硝酸钠 0.01kg，味精 0.15kg，淀粉 2kg，糖 0.5kg，复合磷酸盐 0.23kg。

2. 工艺流程

原料肉的选择、整理→配料→腌制→绞肉、冻结→斩拌→灌制→杀菌熟化→成品→质量鉴定

3. 操作要点

(1) 原料预处理　选择经卫生检验合格的新鲜猪、牛瘦肉为原料，肥膘以猪背膘为好，剔除肉中的肌膜、筋腱及淤血等，然后洗净、沥干备用。

(2) 配料　根据配方配制各种调味料。

(3) 腌制　将肉块切成 $3cm^3$ 的小块，加入盐、硝酸盐、磷酸盐混合均匀，在4℃的冷库中腌制 2d。

(4) 绞肉、冻结　使用孔径为 1cm 的电动绞肉机将腌制好的肉块绞碎，肥膘可切成 $0.6cm^3$ 的膘丁。然后取出展开于平盘中，送入-18℃的冷库中冻结。

(5) 斩拌　将冻结肉糜切成小块，放入冷凉的盘式斩拌机中，加入配料，投料顺序为牛肉、猪肉、冰块（部分）、调料、肥膘，中速斩拌约 10min，斩拌温度在 10℃以下（可添加剩余冰块来调整），待其细腻、光滑并具有弹性时即可。

(7) 灌制　将斩拌好的肉糜放入灌制扎口机中，采用 PVDC 塑料肠衣，在约 0.4MPa 压力条件下灌装，要求灌制均匀一致。每 100g 为一支，用铝丝扎口，要求扎口结实均匀，无焊缝漏气现象。

(8) 杀菌熟化　采用高温高压杀菌法，以利于增长保质期，采用 120℃，25min。可根据不同制品的直径适当增减杀菌时间。杀菌后及时干燥肠衣，再次进行品质检验。

(9) 质量鉴定　切面有光泽，呈均匀的粉红色。咸淡适中，鲜香可口，细嫩，弹性佳，口感好，质地细腻，密封性好，无变形及

破损现象，肠衣与内容物紧密结合。

4. 成品质量标准

(1) 感官指标　切面有光泽，呈均匀的粉红色；咸淡适中，鲜香可口；细嫩，弹性好，质地细腻。

(2) 微生物指标　菌落总数≤100个/g，大肠菌群≤15个/100g，致病菌不得检出。

二十、依达连斯香肠

1. 配方

精瘦牛肉20kg，精瘦猪肉15kg，猪肥膘15kg，淀粉2.5kg，胡椒面94g，肉果面63g，桂皮面25g，大蒜300g，精盐2kg，白糖26g（也可以不加），硝酸钠25g，人造纤维素肠衣。

2. 工艺流程

原材料选择→绞碎→斩拌→搅拌→填充→烤制→煮制→烟熏→冷却包装→成品

3. 操作要点

(1) 原材料选择　选择优质合乎卫生检验标准的牛肉、猪肉，经修割去皮、骨、筋、腱、脂肪、污物等，切成5cm大的肉块后，用拌和均匀的精盐和硝酸钠与之拌匀入2～4℃的腌制间腌2～3d，使原料肉腌制呈玫瑰红色或粉红色，肥膘切成1.2cm的方块，用精盐腌制，然后将牛肉、猪肉分别先后用绞肉机绞碎。

(2) 斩拌　将绞好的牛肉、猪肉和辅料胡椒面、桂皮面、大蒜、肉果面按顺序徐徐倒入斩拌机内，经5～6min将肉馅斩拌出黏性即斩拌成熟。

(3) 搅拌　将斩拌好的混合肉馅与猪肉膘丁、淀粉、冰水等按顺序倒入搅拌机内进行搅拌，经5～6min后即搅拌成香肠馅。

(4) 填充　将搅拌好的香肠馅装进充填机内，灌入牛拐头内，然后用麻绳捆好，规格为长度30～35cm，直径7～9cm（也可使用大直径纤维素肠衣替代），充填成型后，穿到串竿上待烤制。

(5) 烤制　将串好的香肠挂入烤炉内，不得挤靠，每根香肠之间留有一定间隙，以免烘烤不均匀，烘烤温度为60～75℃，烘烤2.5h，肠体无黏湿感，并呈现出红色。

（6）煮制　将烤好的香肠再放入水温85℃的煮锅内煮制，下锅后水温应及时提高到87～88℃，煮制2.5～3h即成熟，出锅后晾凉后再进行烟熏。

（7）烟熏　将晾凉后的香肠挂入烟熏炉内，熏炉温度为45～50℃，烟熏时间为10～12h后出炉，晾凉入成品间。

（8）成品　产品清香爽口，携带方便，营养丰富。

4. 成品质量标准

（1）感官指标　产品清香爽口，规格长度为30～35cm，直径7～9cm。

（2）微生物指标　菌落总数≤1000个/g，大肠菌群≤25个/100g，致病菌不得检出。

二十一、里道斯香肠

1. 配方

精瘦牛肉20kg，精瘦猪肉16kg，猪肥肉14kg，淀粉2kg，胡椒面100g，桂皮面50g，大蒜350g，精盐2kg，硝酸钠25g，牛小肠衣或纤维素肠衣。

2. 工艺流程

原材料选择→腌制→绞碎→搅拌→充填→烘烤→煮制→烟熏→成品

3. 操作要点

（1）原料选择与修割　必须选择经兽医卫生检验合格的猪肉和牛肉。去掉猪肉和牛肉上的皮、骨、筋、腱、脂肪、污物等，切成3cm大小均匀的方块。

（2）腌制　将修割好的猪、牛精瘦肉块，分别与硝酸钠和精盐混合搅拌均匀，放入2～4℃的腌制间腌制2～3d，待原料肉呈现玫瑰红色或粉红色即腌制成熟。

（3）绞碎　将腌好的原料肉放入绞肉机内绞碎成肉糜，肥膘切成6cm的肥膘丁。

（4）搅拌　将绞好的原料肉糜放入搅拌机内，再按顺序加入肥膘丁、淀粉、胡椒面、桂皮面、大蒜泥、水进行搅拌成具有黏弹性，且原料、辅料均匀混合。

(5) 充填　把牛小肠衣用温水洗净，将肉馅倒入充填机内，再将肠衣套在充填机嘴子上，使肉馅均匀地充填入肠衣内。

(6) 结扎　将充填好的香肠每 20cm 扎成一节，注意把肠体内的空气排尽，如有空气可用钢针刺破肠衣放气。

(7) 烘烤　将充填好的香肠挂在串竿上保持每根香肠之间的间隙，不得挤靠，放入烘烤炉内烘烤 1.5h，至肠体发红色。

(8) 煮制　将烘烤好的香肠放入煮锅内 100℃水中进行煮制，然后逐步下降至 80℃，煮制 30～40min 出锅，出锅后的肠仍挂在串竿上把水滴净。

(9) 烟熏　将煮制好的香肠送入烟熏炉内进行熏烟，并重新摆好每根香肠之间的间隙，以免烟熏不均匀，熏炉温度为 45～50℃，烟熏时间为 4h 以上，肠体外观达到红色即合格。

(10) 成品　产品质量规格一般为 18～20cm 为一节，直径 3～4cm，呈弯形。香肠外观红色，切面应是老红色且应明显地看到均匀的白色肥膘丁。

4. 成品质量标准

(1) 感官指标　香肠外观红色，切面应是老红色且应明显看到均匀的白色肥膘丁，长度 18～20cm，直径 3～4cm。

(2) 理化指标　水分含量≤38%，盐 3%～5%。

(3) 微生物指标　菌落总数≤300 个/g，大肠菌群≤14 个/100g，致病菌不得检出。

二十二、玛斯果斯克香肠

1. 配料

老牛瘦肉 27.5kg，猪瘦肉 7.5kg，猪肥肉 15kg，胡椒面 78g，肉果面 62g，黑胡椒粒 46g，白糖 250g，精盐 2kg，朗姆酒 187g (也可用白兰地酒 375g)。

2. 工艺流程

原材料选择→腌制→绞碎→搅拌→充填→烘干或晾干→成品→保管

3. 操作要点

(1) 原料选择与修割　必须选择经兽医卫生检验合格的猪肉和

牛肉。去掉猪肉和牛肉上的皮、骨、筋、腱、脂肪、污物等，切成3cm大小均匀的方块。

（2）腌制 除与里道斯香肠要求相同外，还要注意硝酸钠和盐同原料肉拌匀后，放在能渗水的容器里腌制，让盐和血水及时流出，使肉质干柔，并贮存在2～4℃的低温库中一周取出使用。

（3）绞碎 与里道斯香肠要求相同。

（4）搅拌 猪肥膘切成0.5～0.8cm小方块，在肉馅内再加2%的盐，这是因为在腌制过程中盐水流失，需要补充一部分盐。搅拌时不加水，黑胡椒粒整个地拌在肉馅内。其他与里道斯香肠相同。

（5）充填 与里道斯香肠要求相同，但需要特别注意在肠体内不能存有空气。

（6）烘干或晾干 冬季在烘炉内烘烤1h左右，至肠衣干燥为止，春夏秋三季，直接挂在通风阴凉处晾干，即为成品。

（7）成品 肠体表面如用天然肠衣应呈红褐色，如用棉布包皮呈白色，存放时间较长，肠体表面有盐霜，肉馅红润，切成薄片后较为透明，形状呈直柱形，外观有条状皱纹，肉质干而柔，肉馅均匀，无气泡，切断面光润，直径3～5cm，长度30～35cm，气味略带胡椒香味，比里道斯香肠略咸，味鲜美、无异味、富有营养，出品率为60%～70%左右。

（8）保管 挂在通风阴凉处，可保存数月。

4. 成品质量标准

（1）感官指标 呈红褐色，肉馅红润，切成薄片后较为透明，肉质干而柔，略带胡椒香味，直径3～5cm，长度30～35cm。

（2）微生物指标 菌落总数≤900个/g，大肠菌群≤10个/100g，致病菌不得检出。

二十三、乌克兰香肠

1. 配方

猪精瘦肉17.5kg，猪五花肉12.5kg，牛精瘦肉20kg，肉果面60g，胡椒面100g，精盐2kg，大蒜200g，淀粉2kg，硝酸钠25g。

2. 工艺流程

原材料选择→腌制→绞碎→搅拌→充填→烘干或晾干→成品→保管

3. 操作要点

（1）乌克兰香肠的加工方法和里道斯香肠的加工方法相同，稍有不同的是：里道斯香肠肥膘丁要求是方块形，而乌克兰香肠肥膘则要求是4～5cm长，0.5cm左右宽的肥膘丝，充填完后，里道斯香肠肠体呈微弯形，乌克兰香肠肠体则两头结在一起呈一环形。

（2）成品　色泽味道与里道斯香肠相同，肠体直径为3～4cm，环形直径为18～20cm。出品率为47.5kg左右。

（3）保管　挂在通风干燥处，可保存半个月。

4. 成品质量标准

（1）感官指标　香肠外观红色，切面应是老红色且应明显看到均匀的白色肥膘丁，肠体直径为3～4cm，环形直径为18～20cm。

（2）微生物指标　菌落总数≤900个/g，大肠菌群≤30个/100g，致病菌不得检出。

二十四、复合动植物营养鱼猪肉灌肠

1. 配方

猪肥膘肉25kg，鱼骨糜10kg，胡萝卜泥20kg，玉米淀粉12kg，洋葱3kg，大豆蛋白粉3.5kg，姜泥3.6kg。

2. 工艺流程

原料预处理→斩拌→擂溃→灌肠→烘烤→煮制→再烘烤→包装→检验→成品

3. 操作要点

（1）原料选择及预处理　猪肉和鱼肉应分别去皮、骨，猪血防止凝固，鱼骨高压2h后粉碎匀浆成糜状。胡萝卜应蒸煮去除生味。洋葱、姜捣成泥状。

（2）腌制　用维生素C和葡萄糖取代有致癌作用的硝酸盐。肉切块加入食用盐3%、白砂糖1.2%、焦磷酸钠0.1%、维生素C 0.1%、葡萄糖0.3%，在4～8℃下腌制24～48h。

（3）斩拌擂溃　将动植物原料、辅料斩拌混匀后擂溃，使其融为一体。斩拌擂溃时鱼糜的温度应控制在10℃以下。

(4) 灌肠 将制好的肉馅灌入肠中分段打节并在肠段上用针打孔放气和清洗。肠不要灌得太紧，因肠中鱼糜、淀粉、大豆蛋白在高温水煮下会膨胀，避免将肠衣胀破。

(5) 烘烤 在80℃下烘烤30min。

(6) 水煮 加热水煮，在90℃的水中加热煮1h，是鱼猪肉糜制品形成弹性的最佳温度范围。

(7) 再烘烤 再将煮好的肠在85℃的烤箱（房）中烘烤5～6h后再自然冷却包装、检验即为成品。

4. 成品质量标准

(1) 感官指标 风味独特，鲜香可口，色泽红润，组织紧密，口感细腻，切面光滑。

(2) 微生物指标 菌落总数≤500个/g，大肠菌群≤20个/100g，致病菌不得检出。

二十五、复合动植物营养鸡猪肉灌肠

1. 配方

猪肥膘肉25kg，鸡骨糜10kg，玉米淀粉15kg，洋葱3kg，大豆蛋白粉3.5kg，姜泥4kg，魔芋凝胶8kg，番茄泥25kg。

2. 工艺流程

原料预处理→斩拌→灌肠→烘烤→煮制→再烘烤→包装→检验→成品

3. 操作要点

(1) 原料选择及预处理 选取新鲜、颜色大红、成熟、无霉烂、变质的番茄为原料。将合格的番茄清洗后进入破碎机破碎。打浆机的筛板孔径为，第一道1.5mm，第二道1mm，第三道0.8mm。魔芋凝胶的制备，取魔芋精粉4g、水100mL混匀连续搅拌10～15min，存放8～10h，让其充分膨润，最后将pH调到10.5～11。原料中骨料经粗碎后成10～30mm的碎块，再经细碎后成1～5mm的小碎块。粗磨时防止温度升高，要加入刨冰，将温度控制在6～8℃，骨料与刨冰的比例为1∶12。随后进行细磨，细磨后骨料温度应控制在8～12℃，骨料细磨后细化到小于100目的鸡骨糜制品。

（2）腌制　用维生素C和葡萄糖取代有致癌作用的硝酸盐。肉切块，加入食用盐3%、白砂糖1.2%、焦磷酸钠0.1%、维生素C 0.1%、葡萄糖0.3%，在4～8℃下腌制24～48h。

（3）斩拌制馅　将动植物原料、辅料斩拌混匀后擂溃，使其融为一体。斩拌制馅时肉糜的温度应控制在18℃以下。

（4）灌肠　将制好的肉馅灌入肠中分段打节并在肠段上用针打孔放气和清洗。肠不要灌得太紧，因肠中鸡肉糜、淀粉、大豆蛋白在高温水煮下会膨胀，避免将肠衣胀破。

（5）烘烤　在80℃下烘烤30min。

（6）水煮　加热水煮，在90℃的水中加热煮1h，是鸡猪肉糜制品形成弹性的最佳温度范围。

（7）再烘烤　再将煮好的肠在85℃的烤箱（房）中烘烤5～6h后再自然冷却包装、检验即为成品。

4. 成品质量标准

（1）感官指标　外观呈浅棕黄色、有光泽，切面呈淡粉红色。具有鸡肉等芳香鲜味，略带甜味，组织结构紧密、富有弹性。

（2）微生物指标　菌落总数≤500个/g，大肠菌群≤30个/100g，致病菌不得检出。

二十六、新型常温保存香肠

1. 配方

猪瘦肉25kg，猪肉脂肪25kg，淀粉5kg，大豆分离蛋白5kg，食盐1.8kg，亚硝酸盐0.01kg，维生素C 0.03kg，焦磷酸盐0.3kg，砂糖1kg，香辛料（白胡椒0.5kg，肉豆蔻0.1kg，圆葱0.1kg，大蒜0.05kg），谷氨酸钠0.2kg。

2. 工艺流程

分肉的前处理→混合→充填结扎→高温高压灭菌→包装

3. 操作要点

（1）分肉的前处理　选好的剔骨肉按照肥、瘦各半的比例混合，送入绞肉机，绞成4.5mm的碎肉丁。以粉末状分离大豆蛋白与冷水按照1∶4比例混合，混合体具有乳化作用，此种物质在香肠制作过程中形成的凝胶体，可以加强香肠的致密性与弹性。

(2) 混合　采用颗粒蛋白与冷水按1：2比例混合（颗粒蛋白5，冷水为10）具有肉粒感。

(3) 斩拌　将颗粒状大豆分离蛋白、凉水、猪肉、盐腌剂、冰、调味料、淀粉按顺序放入斩拌机进行乳化加工。

(4) 充填结扎　混合斩拌好的糜状物，以自动充填结扎机充填入塑料肠衣。

(5) 高温高压灭菌　送入高温高压灭菌器，使香肠中心部温度达到120℃，经过5～6min加工即成。

(6) 包装　进行包装即可。

4. 成品质量标准

(1) 感官指标　鲜嫩可口，色泽微红，肉馅粉红色，风味醇厚。

(2) 微生物指标　菌落总数≤1000个/g，大肠菌群≤26个/100g，致病菌不得检出。

二十七、儿童风味香肠

1. 配方

猪肉10kg，水5kg，肠衣200g，加碘盐200g，精细白糖300g，味精50g，红曲红色素7g，异抗坏血酸钠100g，肉味香精100g，大茴香10g，小茴香10g，桂皮12g，豆蔻17g，白芷18g，丁香10g，白胡椒粉10g，复合磷酸盐100g，山梨酸钾20g，烟熏液25g，山药、胡萝卜各0.25kg，大豆分离蛋白0.4kg。

2. 工艺流程

（加碘盐、红曲红色素）（蔬菜丁、香辛料）

原辅料选择→整理分割→斩拌→一次搅拌→腌制→二次搅拌→灌装→烟熏→蒸煮→晾制→真空包装→二次杀菌→冷却→成品

3. 操作要点

(1) 原辅料选择　挑选新鲜的并通过质检合格的猪腿精瘦肉和猪背膘。胡萝卜挑选表面光滑无伤痕的新鲜胡萝卜；山药挑选茎秆笔直、粗壮、切口处呈白色的新鲜铁杆山药；肠衣选择合格的干净干制肠衣。

（2）整理分割　瘦肉部分经过分割去除筋膜、结缔组织，瘦肉与肥膘分别切成长为5～7cm、宽为3cm的小块。切好的瘦肉和肥肉丁用35℃的温水洗去表面油渍、杂物。经过清洗后的肥瘦肉块用绞肉机分别绞成肉泥状（瘦肉块用孔径为3.2mm的切碟绞制，肥肉块用孔径为8.3mm的切碟绞制），经过绞制后的肥瘦肉分别存放，冷藏备用。购买干制羊肠衣，先用温水浸泡使其变软，然后沥干水分，再用温水灌洗，将内部洗净并检查其是否有破洞，最后把水挤干，冷藏备用。肠衣的用量一般100kg肉馅约用2～3把干肠衣。新鲜的胡萝卜、山药经过挑选后，将胡萝卜和山药去皮后切块，然后用热水烫漂5～8min捞出，按1∶1的比例用孔径为3.2mm的切碟绞制成菜泥，冷藏备用。

（3）斩拌　斩拌工艺选用凝胶法，先将大豆分离蛋白添加4倍水用高速斩拌机复水待用，然后加入瘦肉和冰水，以高速斩拌2min抽取盐溶性肉蛋白；再加肥膘和冰水，继续斩拌2min，此时的温度应控制在6～8℃。

（4）一次搅拌　搅拌肉馅，边搅拌边加入红曲红色素和加碘盐，使二者与肉馅充分混合，搅拌时间控制在15～20min，温度控制在10℃以下。

（5）腌制　本工艺采用无硝的腌制方法，为了保证肉馅的质量，腌制的时间不宜过长，所以将腌制时间控制在24～48h，温度控制在0～4℃，使肉馅的中心温度达到1℃，肉馅的表面应呈均匀的玫瑰红色。

（6）二次搅拌　第二次搅拌肉馅时加入菜泥和香辛料，搅拌参数同第一次搅拌。

（7）灌装　搅拌后的肉馅用灌肠机充入肠衣内，注意肉馅填充时要紧密、无间隙，且松紧适当，填充后的香肠每隔6～8cm左右卡为一节，用密封线扎紧，灌装完成后需要用针适当刺破肠体，以防在后续的加工中造成肠衣破裂。

（8）烟熏　灌装好的香肠放在温度为60～65℃的烟熏炉内熏制30～40min，使肠衣着色，并使经过加工后的香肠具有独特的烟熏风味。

（9）蒸煮（一次杀菌）　完成烟熏的香肠置于85～90℃的高

温高压蒸煮锅内蒸煮40～50min，使肉馅成熟，并完成第一次杀菌。

（10）晾制 经过蒸煮后的香肠在通风良好处室温晾制24h，使肠体中心温度散热至20℃以下，并使肠衣更加贴紧肠体。

（11）真空包装 将香肠放入真空包装机内进行真空包装。

（12）二次杀菌 经过包装的香肠要放入杀菌锅内进行二次杀菌，以确保产品的保质期，杀菌温度为121℃（0.25MPa）。

（13）冷却 杀菌结束后用冷水冷却香肠。

（14）成品 当冷却水温度降到40℃以下时，将香肠取出。

4. 成品质量标准

（1）感官指标 瘦肉呈红色，色泽分明，赋予香肠除了肉香味以外的蔬菜味，口感细腻。

（2）理化指标 水分≤28%，蛋白质≥35%，脂肪≤9%，淀粉≤8%。

（3）微生物指标 菌落总数≤90个/g，大肠杆菌菌群≤10个/100g，致病菌不得检出。

二十八、藏猪肉红肠

1. 配方

藏猪肉80kg，猪背膘15kg，大豆组织蛋白5kg，精盐1.8kg，味精80g，维生素C 25g，葡萄糖200g，硝酸钠2.5g，大蒜泥260g，胡椒粉50g，丁香粉25g。

2. 工艺流程

原料肉处理→腌制→制馅→拌馅→灌制→烘烤→煮制→烟熏→成品

3. 操作要点

（1）原料肉的处理 选用经卫生检验检疫合格的藏猪瘦肉和长白猪瘦肉，剔除筋腱、血管和淤血等，切成长5～6cm，宽2～3cm的长条。

（2）腌制 瘦肉中加4%精盐、0.05%硝酸钠、0.4%葡萄糖以及0.05%维生素C充分混合后在8～10℃腌制72h。

（3）制馅 腌制好的瘦肉用直径2～3mm筛孔的绞肉机绞碎，

再用斩拌机斩拌8～10min，斩拌时馅温不可超过10℃（可加冰屑来控制馅温）；脂肪切成0.7cm^3的小方块。

(4) 拌馅　蒜磨成碎末，淀粉调成稀糊状，再用拌馅机把所有原料肉、脂肪丁和各辅料混合均匀。

(5) 灌制　灌制时应特别注意松紧适中，灌完后，在上杆前肠内气泡用针扎孔放气完全。

(6) 烘烤　用烘烤炉以不含树脂的青冈树为燃料，炉温控制在70～90℃，烘烤30～40min。

(7) 煮制　待水温达到90℃左右时下锅，以后水温保持在80～85℃，边煮边翻转、边扎针放气，待肠内温度达到70℃时，煮制停止。

(8) 烟熏　采用西藏高原柏树枝叶为发烟材料，在35～40℃的炉温下烟熏12h左右。

4. 成品质量标准

(1) 感官指标　肠体呈红褐色，坚实，质地紧密，口感清香。

(2) 微生物指标　菌落总数≤4000个/g，大肠菌群≤20个/100g，致病菌不得检出。

二十九、湖南风味小肠

1. 配方

普通新鲜带油猪小肠93.5kg，茶叶0.5kg，食盐1.5kg，食醋1kg，酱油0.5kg，生姜与葱汁1kg，白酒2kg。

2. 工艺流程

原料收购→清洗、整理→翻肠、清洗→热漂→去异味清洗→腌制→晾干→扎口、烘烤→真空包装→辐照灭菌→产品检验→成品装箱

3. 操作要点

(1) 原料收购　从定点屠宰场选择较粗的新鲜猪小肠进行收购，保持小肠表面上附着的小肠油。夏天用冷水降温，防止腐败，尽量不要破坏小肠的结构。

(2) 清洗、整理　将购回的小肠放在清洗池中，把小肠外面的污物杂质清洗掉，将小肠里面的猪屎用水冲掉。整理好外层的小肠

油，把比较厚的油刮掉一部分，注意小肠外面一定要带一层油。把小肠切成段，每段长约 1m。

(3) 翻肠、清洗　用木棒把小肠翻过来，清洗表层的猪粪和杂质。

(4) 烫漂　用铁锅将水烧开，然后把小肠放在锅中煮，直至水温达 100℃，出锅至塑料盆中，放冷水冷却，然后把水倒掉。

(5) 去异味清洗　按比例将茶叶与小肠拌和，静置 2h，然后用冷水洗净表面茶叶。

(6) 腌制　按比例把配料加入小肠，立即拌匀。腌制时间为 3h，期间每 1h 翻动 2 次。

(7) 晾干　把腌制好的小肠均匀挂在晾杆上，晾干表面水汽和肠内水分。若在室内操作，可用电风扇吹。

(8) 扎口、烘烤　将晾干的小肠用棉线把两端封口扎好。在烤房内用炭生火，待烟尘去净时，把晾干的小肠移至烤房内烘烤。首先，生好木炭火，再在铁筛上铺一层稻草，把小肠放在稻草上。然后，将小肠移至火上烘烤，烤房内的温度控制在 70～80℃，烘烤时不要全部关闭烤房，以便烟尘的排出。烤的过程中可以加一些大米以增加小肠的香味，并要及时翻动小肠，烤至小肠变暗红色为止，约为 2h。

(9) 真空包装　冷却后，用真空包装袋装好。

(10) 辐照　将真空包装的小肠采用 4.0～6.0KGy 剂量辐照灭菌。

4. 成品质量标准

(1) 感官指标　外观暗红色，均匀一致。表面光滑，大小均匀，有烤肉的香味。

(2) 理化指标　水分<10%，砷、铅、铜等含量符合国家标准的要求。

(3) 微生物指标　菌落总数≤600 个/g，大肠菌群≤15 个/100g，致病菌不得检出。

三十、豪猪肉香肠

1. 配方

豪猪肉瘦肉 80kg，肥膘 20kg，白糖 2kg，食盐 2.5kg，味精

0.2kg，生姜粉 0.5kg，圆葱 0.3kg，曲酒 0.5kg。

2. 工艺流程

原料肉的选择与修整→漂洗→切块→绞碎腌制→拌馅→灌肠→制孔→扎结→漂洗烘烤→冷却→成品→真空包装

3. 操作要点

（1）原料的整理和切割　将新鲜的豪猪肉剔骨、去皮，修去粗大的结缔组织、淋巴、斑痕、淤血等，顺着肌肉纤维切成重 0.3kg 的肉块。

（2）腌制　将整理好的肌肉块加入肉重 3% 的食盐和 0.01% 的亚硝酸盐，拌匀后装入容器内，在室温 10℃ 下腌制 36h。待肉的切面变成鲜红的色泽，且有坚实弹力的感觉即腌制完毕。肥膘肉以同样方式腌制 3d，待脂肪有坚实感、不绵软、色泽均匀一致时即可。

（3）绞肉和斩拌　将腌制完的肉和肥膘冷却到 3～5℃后，分别送入绞肉机中绞碎，将绞好的肉馅放入斩拌机中剁碎。

（4）拌馅　肉馅放入拌馅机，拌匀后加入肥肉丁和其他配料。拌馅时间 10～20min，以搅拌的肉馅弹力好，持水性强，没有乳状分离为准，温度不超过 10℃。

（5）灌制　包括灌馅、捆扎和吊挂。装馅前对肠衣进行检查，并用清水浸泡。灌馅在灌肠机上进行，灌好的肠体用纱绳捆扎起来，灌好的肠体用针戳破放气后挂在架子上，以便烘烤。

（6）烘烤　烘烤时，每隔 5～10min 将炉内红肠上下翻动 1 次。烤炉温度保持 55℃，烘烤时间为 24h。待肠衣表面干燥光滑、无流油、肠衣呈半透明状、肉馅色泽红润时出炉。

（7）冷却包装　烘烤结束后将产品冷却到室温，即可真空包装出售。

4. 成品质量标准

（1）感官指标　颜色均匀，有光泽，无斑点；口感细嫩不发渣，咸度适中；风味独特，肉香味浓，组织紧密，硬度适中。

（2）微生物指标　菌落总数≤200 个/g，大肠菌群≤30 个/100g，致病菌不得检出。

三十一、果仁风味香肠

1. 配方

猪肉78.48%，核桃仁3%，花生仁3%，杏仁3%，陈皮1%，曲酒2.5%，食盐3%，白砂糖6%，亚硝酸钠0.01%，维生素C 0.01%。

2. 工艺流程

原料挑选→清洗→切块→拌料→开水烫洗→切料→灌肠→漂洗→烘烤→冷却→包装→检验→成品

3. 操作要点

（1）原料预处理 猪肉应来自无疫区，无骨，无肌腱。果仁为坚果，无虫蛀、无芽果及霉变果，用开水烫洗。杏仁去皮、尖。果仁切成直径0.2～0.3cm的颗粒，陈皮烘干并捣成粉。

（2）配料 将陈皮粉与其他原辅料混匀，这是产品呈芳香味的关键。

（3）灌肠 灌肠采用机械或手工方式均可。灌好的肠打结后，用针穿刺以便水分和空气外泄。

（4）漂洗 将灌肠及时放入50℃热水中漂洗干净。

（5）烘烤 将香肠坯放入烘箱（房）烘烤，温度为45～50℃，每烘烤6h上下调头换尾，使肠烘烤均匀。连续烘烤48h即为成品。

4. 成品质量标准

（1）感官指标 具有果仁和猪肉特有的芳香味，略有甜味，鲜香可口。组织紧密，切面平整、光滑，富有弹性，果仁与肉结合完好。口感舒适，软硬适中，有果仁颗粒的感觉。

（2）微生物指标 菌落总数≤5000个/g，大肠菌群≤24个/100g，致病菌不得检出。

三十二、三鲜肠

1. 配方

兔肉20kg，鸡肉20kg，猪肥膘10kg，精盐1.75kg，白糖1kg，淀粉1kg，大豆蛋白2.5kg，味精150g，白胡椒粉100g，玉果粉70g，洋葱粉200g，姜粉50g，3%胭脂红溶液75mL，2.5%

亚硝酸钠溶液100mL，水和碎冰15～20kg。

2. 工艺流程

原料整修→腌制→斩肉→灌肠→煮烧→包装

3. 操作要点

（1）原料整修　将兔肉和鸡肉去皮、去骨，修净筋腱和碎骨，切成长条形。

（2）腌制　将切成长条形的鸡、兔肉和肥膘肉混匀后，每50kg加精盐1.7kg拌匀，在温度为1～2℃冷库内腌制12h以上，取出。鸡、兔肉用1.5mm孔径绞肉机绞碎。

（3）斩肉　将绞碎的鸡、兔肉移入斩肉机转盘内，加水少许，斩肉。然后加入配料溶液，继续斩肉。待肉凝后加入肥膘肉，斩匀。斩肉过程中加入适量碎冰块，以降低肉温，防止变质。

（4）灌肠　取直径7.5cm的塑料肠衣用温水浸湿，将肉馅缓缓灌入，在拉紧机上拉紧扎结，每根长40cm。

（5）煮烧　将灌好肉馅的生坯放入温度为90℃水槽内，关闭蒸汽，焖煮1.5h，取出。立刻投入冷水中迅速冷却，然后晾干即成。

（6）包装　成品装入洁净并垫以塑料薄膜的纸板箱内，箱外用塑料带打包。贮存于温度为2～4℃冷库内，可保存2～3周。

4. 成品质量标准

（1）感官指标　表皮灰白色，肉色粉红，均匀一致，组织有弹性，滋味鲜美，软硬适度，富有弹性。

（2）微生物指标　菌落总数≤600个/g，大肠菌群≤12个/100g，致病菌不得检出。

三十三、畜禽皮火腿肠

1. 配方

猪肉40kg，鸡皮14kg，熟猪皮13kg，食盐1.5kg，亚硝酸钠0.006kg，生姜粉0.1kg，葡萄糖1kg，三聚磷酸钠0.2kg，焦磷酸钠0.1kg，异抗坏血酸钠0.04kg，玉米淀粉3kg，变性淀粉1kg，大豆分离蛋白2kg，乳酸钠1.5kg，复合卡拉胶0.3kg，山梨酸钾0.08kg，味精0.2kg，酵母抽提物0.25kg，五香汁0.01kg，红曲红 0.02kg，冰水适量，饴糖 2kg。

2. 工艺流程

原料肉解冻→原料修整→绞制→搅拌→腌制→二次滚揉→充填结扎→杀菌→烘干→装箱→入库

3. 操作要点

(1) 原料选择 猪肉原料选用来自非疫区，且符合相关国家标准所规定的等级、鲜度和卫生指标要求的猪肉。

(2) 原料肉解冻 将猪肉于解冻间解冻，温度控制在 0～4℃左右。

(3) 原料修整 修整好后存放时间不超过 4h。

(4) 绞制 将解冻好的原料肉用直径 6mm 孔板绞制一次备用。

(5) 猪皮处理 将猪皮在沸水中煮制，时间 50min，煮制时添加 2%葱、2%生姜以去除腥味。煮制结束后将猪皮用冷水漂洗至常温，并用直径 6mm 孔板绞制一次备用，要求猪皮颗粒明显。

(6) 搅拌 将食盐、亚硝酸钠、生姜粉、葡萄糖、三聚磷酸钠、焦磷酸钠、异抗坏血酸钠溶解于冰水中，与绞制好的鸡皮、猪肉、猪皮在搅拌机内搅拌均匀，搅拌时间 20min。

(7) 腌制 将搅拌好的料馅于 0～4℃腌制库房中腌制 12h。

(8) 二次滚揉 将腌制料馅、冰水及除淀粉外的辅料入滚揉机滚揉，运转 20min、间歇 10min，总滚揉时间 1h。滚揉模式选快速，真空度≥80%，再添加淀粉连续滚揉 0.5h，出锅温度≤10℃。

(9) 充填结扎 用结扎机对火腿肠半成品进行充填结扎，结扎前打印生产日期及生产班次。结扎时要求两端无残留料馅，松紧合适。

(10) 杀菌 产品采用卧式杀菌锅按照常规火腿肠产品杀菌公式进行杀菌，然后冷却。

(11) 存放 火腿肠产品贮存于阴凉、通风、干燥处，保存期 90d。

4. 成品质量标准

(1) 感官指标 切面颜色粉红，猪皮分布均匀，有光泽，口感嫩而脆，肉香味足，切面光滑，组织紧密，无气孔，弹性好。

（2）理化指标　水分≤70%，蛋白质≥10%，淀粉≤10%，食盐≤4%，亚硝酸盐≤30mg/kg。

（3）微生物指标　菌落总数≤5000 个/g，大肠菌群≤30 个/100g，致病菌不得检出。

三十四、清火排毒香肠

1. 配方

新鲜猪血 4kg，猪肋条肉 3.5kg，猪皮 1.5kg，熟淀粉 0.5kg，食盐 300g，白糖 200g，白酒 100g，味精 100g，胡椒粉 200g，茴香粉 40g，五香粉 40g。

2. 工艺流程

原料预处理→灌制→清洗烘烤→冷却→成品

3. 操作要点

（1）原料预处理　采用健康猪的猪血，进料前先在容器内放入适量的清水（每头猪的猪血约 200g 水），再加入少许食盐，放血后搅拌混匀，静置待用。选取猪肋条肉与猪皮，认真清理和清洗干净，然后放在冰箱、冷藏室等低温环境中静置 4h 左右，待肋条肉硬化后切成 0.6cm 的方块，猪皮切成小长条状置入绞肉机中绞碎，混匀后加入熟淀粉，然后再将凝固的猪血块（捣碎）及各种配料加入并搅拌均匀。猪血块应做到现拌现用，以防变褐。

（2）灌制　将料馅灌入肠衣后每 20～25cm 用线扎成节，同时捏紧内料，用针扎若干眼孔，以排除空气和多余水分。

（3）漂洗烘烤　将扎好的猪血香肠先放入 60～70℃的温水中摆动漂洗几次，然后再放在凉水中摆动漂洗。将漂洗干净的香肠立即摊摆在烘房内的竹竿上，间距不宜过紧以免受热不均，单个烘房内挂 2～3 层为宜。第一阶段烘房温度为 60℃，而后迅速保持在 85～90℃。第二阶段调换悬挂烘烤部位，使其均匀受热，温度以 80～85℃为宜，至血肠干制均匀。

（4）冷却　最后温度缓慢降至 45℃左右即可取出冷却包装上市。

4. 成品质量标准

（1）感官指标　色泽红艳，质地细腻，鲜香味美，烟味浓郁。

(2) 微生物指标 菌落总数≤7000个/g，大肠菌群≤21个/100g，致病菌不得检出。

三十五、新型萨拉米香肠

1. 配方

精牛肉60kg，精猪肉20kg，硬背膘20kg，鸡肉15kg，蛋白粉20kg，复配磷酸盐0.5kg，食盐4kg，葡萄糖2kg，味精2kg，香料和香精1.5kg，发酵菌3kg。

2. 工艺流程

原料肉的预处理→乳化物的绞制→斩拌→灌装→干燥→热加工→风干发酵→包装

3. 操作要点

(1) 原料肉的预处理 选用经卫检人员检验合格的猪肉、牛肩肉以及猪背膘和鸡胸肉。将其中的猪肉和牛肉以及背膘修整后，切成大约4cm×4cm×4cm大小的方块，然后将其放入-18℃的冷库中冷冻至中心温度-5℃左右。

(2) 乳化物的制作 先将蛋白和水斩至乳化状，再加鸡肉继续斩拌成黏稠状乳化物。

(3) 斩拌 将斩好的乳化物和事先准备的解冻好的猪肉、牛肉和背膘加其他香辛料等再次进行斩拌。

(4) 灌装 把斩拌好的肉泥迅速转入灌肠机中，在真空条件下采用蛋白肠衣灌装。

(5) 风干发酵 先30℃发酵18～24h；然后送发酵间（温度15℃，湿度75%，风速1.5m/s）发酵一周左右。

(6) 热加工 发色温度45℃/20min，干燥温度65℃/40min，烟熏温度65℃/25min，蒸煮温度78℃/25min。

(7) 包装 将热加工后干燥冷却的香肠切段，每段长15cm；用真空连续包装机包装，每袋15g。

4. 成品质量标准

(1) 感官指标 外表呈褐棕色，切面呈深玫瑰红色，形态完整，质地紧密。

(2) 理化指标 水分≤40%，食盐≤5.5%，亚硝酸盐≤

30mg/kg。

(3) 微生物指标　菌落总数≤200 个/g，大肠杆菌≤30 个/100g，致病菌不得检出。

三十六、台式香肠

1. 配方

瘦肉 100kg，肥肉 20kg，混合盐（食盐 98%，白砂糖 1.5%，亚硝酸钠 0.5%）2.25kg，三聚磷酸钠 0.3kg。

2. 工艺流程

原料肉处理→干腌→绞肉与搅拌→灌肠→烘烤→煮制与冷却→真空包装

3. 操作要点

(1) 原料肉处理　用前、后腿肉为原料最佳。整只猪肉胴体，必须经过开剖、去骨处理。大多数灌制品肉馅中使用膘丁（肥肉丁），以减少成品香肠的出油量。先将整块切成约 0.3cm 厚的脂肪薄片，在台板上叠成三四层，先横切成宽约 0.3cm 的长条，再纵切成 0.3cm 的方块膘丁。

(2) 干腌　处理好的瘦肉和膘丁应立即腌制，如来不及腌制，则应置于－10℃以下的冷库冷藏。在干燥洁净的腌制箱中加入混合盐和三聚磷酸钠，用手搅拌使之均匀混合（应戴卫生手套），加入定量的瘦肉小块，用盐擦透瘦肉表面，务求均匀，挤压肉块使其接触紧密，置于 0～4℃冷柜中腌制 48～72h，其间应上下翻动 2～3 次。肥肉的腌制方法与瘦肉一样，只是用力要轻。

(3) 绞肉与搅拌　香肠的肉馅有粗肉馅和肉糜肉馅（乳化肉馅）之分，粗肉馅的肉粒较粗，腌制的瘦肉只经绞肉处理。肉糜肉馅的肉粒细微（肥肉也应细微化），腌制的瘦肉与肥肉要经绞肉和斩拌处理。绞肉时，应注意控制肉温在 10℃以下，以防止蛋白质变性。先将瘦肉投入到搅拌机中，开动机器，搅拌 1min，加入水及稠态香精，搅拌 3min，再分批加入复合配料粉于搅拌刀片的中央部位，搅拌 5min，最后加入肥膘丁，搅拌 1～2min。

(4) 灌肠　干肠衣在使用前用水清洗浸胀变柔软后搓揉备用（盐浸肠衣应逐根在水中内外翻转，反复用水冲灌，洗去肠衣内外两面的污物杂质，拣出破裂及次品肠衣），肠衣种类繁多，规格不一，在同一批次生产中，要求肠衣规格一致，大小、粗细相同。充填时将整肠衣套在灌筒的小钢管上，向前拉紧，只剩尾端齐至钢管口为止。肠衣套好后，开放阀门，肉馅在肠衣内就自然地将整根肠衣灌满。

（5）烘烤　灌装好的制品，在40℃的温水中洗去表面油污，立即取出晾干，每段用钢针在近两端处各刺一孔（便于空气、水蒸气逸出），悬挂于烘烤架上，烘烤温度与时间（细灌制品）为50～60℃，0.5～2h。

（6）煮制　煮制时，先向锅加入水至60%的容量，加热至近沸（95～100℃），再加入已烘烤好的整根香肠（应使每根都在液面之下，用栅栏盘盖上），加热时使温度控制在80℃，维持恒温（5～35min，肠的直径不同煮制时间不同）。煮制时可在水中加入约0.01%～0.02%的红曲色素，使肠衣外壁及内壁附近着色。

（7）冷却　煮制时间到后，立即将整根香肠从热水中取出放入水槽中冷却，应维持自来水呈流动状态，以加速冷却，直到香肠的温度与水温相近，取出、沥干和挥发香肠表面水分，送入真空包装。

（8）真空包装　真空包装间应达到无菌要求。整根香肠先应逐节剪断，包装时，应力争做到同一袋中大小、长度和光泽基本一致，逐袋经称重后真空封口（0.08MPa）。经真空包装后的香肠应及时送入冷藏库中冷却、冷藏，迅速使肠体温度降低至0～4℃。

4. 成品质量标准

（1）感官指标　表面干爽，肉色鲜明，味道鲜美，色泽诱人。

（2）微生物指标　菌落总数≤3000个/g，大肠菌群≤30个/100g，致病菌不得检出。

三十七、内黄灌肠

1. 配方

猪血6kg，小麦粉4kg，猪大肠0.5kg，食盐0.25kg，味精0.1kg，白胡椒粉0.05kg，五香粉0.05kg。

2. 工艺流程

猪宰前管理→击昏→放血、预处理→取猪血备用→对浆←调面汁←面粉＋水

↓

猪大肠→洗净→灌制→煮制→质量检验→贮存

3. 操作要点

(1) 取猪血

① 猪宰前管理　宰前12～24h禁食，3h停止饮水，用温水喷淋猪身2～3min，之后可送入屠宰车间进行屠宰。

② 击晕　采用低压高频三点式致昏机对猪头部两侧和心脏进行电麻，电压75～85V，功率2400～3000Hz、电流1.2A，通电时间2～3s。

③ 放血、预处理　将击晕的猪10s内刺颈放血，1kg猪血加0.5kg 30%的食盐水溶液充分搅拌，以保证猪血不凝固。同时加入味精、白胡椒粉、五香粉调味。

(2) 调面汁　小麦粉与水按2∶7比例混合，并用不锈钢筛进行过滤，调好的面汁要求无块状物。

(3) 对浆　去除搅好的猪血上面的浮沫，将处理好的面汁顺猪血盆边往下倒，边混合边搅拌，用瓷碗挂一下混合血浆，见瓷碗面上能挂上薄薄一层有鱼鳞花样的混合血浆时即可。混合汁中猪血和面汁比例为1∶4。

(4) 备肠　先将大肠翻过来，把大肠里面的油及内容物全部清除干净，再在大肠上加50g食盐和20g食用碱，以去除异味，然后清洗猪大肠。将大肠放入加有0.1%食醋和0.25%明矾的水中揉搓几遍，再用清水冲洗数次即可。洗净的猪大肠截成长约20cm，放入盆中待用。

(5) 灌制　取一根猪大肠，检查其是否漏气，如无漏气，可用线绳扎住一头，再用漏斗将混合汁灌入肠内至八九分满时，用绳将肠另一头系住，然后对折，在中间用绳系上，然后再对折用绳系住。用清水洗净粘在肠表面的血水，否则煮出的肠表皮发黑，影响成品质量。

(6) 煮肠　将洗好的血肠放入水中慢火煮，水温保持在90℃恒温，不能煮沸，否则血肠易爆裂，约7～8min后，肠内的血开始凝固，血肠浮到水面上，这时用筷子绑上细针在血肠上扎眼放

气，翻个身再煮 10min 左右，扎眼处见血丝冒出即煮好。

（7）包装 血肠捞出放入凉水中冷却即可包装上市出售。

4. 成品质量标准

（1）感官指标 呈暗红色，香味浓郁。

（2）微生物指标 菌落总数≤4000 个/g，大肠菌群≤30 个/100g，致病菌不得检出。

三十八、蛇肉果脯香肠

1. 配方

蛇肉 100kg，猪肥膘肉 30kg，冬瓜蜜饯 4.5kg，橘饼 4.5kg，金丝蜜枣 4.5kg，食盐 1.25kg，白酒 2kg，白砂糖 3.5kg，酱油 1.5kg，味精 2.5kg，葡萄糖 0.3kg，维生素 C 0.1kg，焦磷酸钠 0.1kg。

2. 工艺流程

原料准备→拌料→灌肠→冲洗→烘烤→冷却→包装→检验→成品

3. 操作要点

（1）原料准备 选择健康无病的活蛇和新鲜猪肥膘肉，蛇肉和猪肉应无皮、无血、无骨。果脯选择色泽正常、无虫、无霉变的。

（2）拌料 先将蛇处死、剥皮、去内脏和去头、尾后，用刀将蛇颈部的肌肉切断，用刀尖顺脊柱两侧将肉、骨剔开，然后用手将切断的肌肉拧起，顺肌纤维走向由头端向尾端撕扯，可很快将蛇肉剔完。蛇肉和猪肉原料应切成 0.5～0.7cm 大小颗粒为好。用维生素 C 和葡萄糖取代有致癌作用的硝酸盐作为蛇肉和猪肉的腌制剂。将果脯切成粒状后，再将其捣成泥状。将上述配方中的原、辅料充分混匀，是该产品成色、成味、成香的关键。

（3）灌肠 灌好的肠打好结后，用针穿刺以便于水和空气外泄。

（4）烘烤 灌好的蛇肉果脯香肠放入烘箱（房）烘烤，温度应控制在 30～40℃，每烘烤 6h，应上下进行调头换尾，使肠烘烤均匀，连续烘烤 48h 即为成品。

4. 成品质量标准

（1）感官指标　表面干燥呈红、白相间，有光泽，切面呈红白相间的大理石样花纹，具有明显的蛇肉和果脯特有的芳香味，带果脯甜味，鲜香可口，组织紧密，富有弹性，软硬适中。

（2）微生物指标　菌落总数≤800个/g，大肠菌群≤19个/100g，致病菌不得检出。

三十九、胎盘保健香肠

1. 配方

猪胎盘10kg，鲜猪瘦肉30kg，猪肥肉10kg，食盐1.5kg，白糖1kg，酱油1.5kg，花椒面0.05kg，肉蔻0.03kg，砂仁0.03kg，鲜姜1kg，胡椒面0.06kg，硝酸钠0.005kg。

2. 工艺流程

选料→切肉→绞肉→配料→拌馅→灌肠→漂洗→晾晒或烘烤→煮制→冷却包装→成品贮藏

3. 操作要点

（1）选料　猪胎盘要求新鲜、健康无病，猪肉要求新鲜，同时必须除去筋腱等结缔组织和碎软骨，瘦肉以腿肉和臀肉为最好，肉质要有弹性，色泽鲜明，肥膘应选择背部的皮下脂肪，要求坚实色白。

（2）切肉　将猪胎盘和肥肉切成0.8～1.0cm的肉丁，瘦肉切成长10～12cm、宽2.5～3.0cm的肉条，把猪胎盘和瘦肉用清水洗泡，排出血水后沥干，肥肉用35℃左右温水清洗，以除去浮油和杂质，捞出沥干后加盐腌制。

（3）绞肉　用绞肉机将瘦肉绞成0.8～1.0cm的肉丁或用刀切成相应的肉丁或小长条。

（4）配料　根据配方配制各种辅料。

（5）拌馅　将定量的猪胎盘丁、瘦肉丁、肥肉丁混合倒入搅拌机内，然后将食盐、酱油等辅助材料倒入搅拌机内充分搅拌均匀，同时加入一定量的水以加快渗透作用以便使肉馅多汁柔软。

（6）灌肠　将搅拌好的肉馅放置30min后进行灌制，灌制后的香肠每隔12～15cm用线绳结扎成节，并用细钢针在每节上刺孔，使肠内气体和水分排出。

(7) 漂洗　灌好的湿肠放在40℃左右的温水中进行漂洗，以便除去外表附着的油腻污物、肠馅，使肠体保持清洁、明亮，也有利于干燥脱水，注意漂洗时间要短，以减少营养成分损失。

(8) 烘烤　灌好洗净的香肠用竿挂起，使香肠不相互接触，送到烤炉中烘烤，烘烤温度控制在 45～50℃，烘烤时间一般为24～40h。

(9) 煮制　煮制时先将肠体冲刷干净，所用肠衣在直径为30～40mm 时，产品中心温度达 80～85℃时煮 30～40min，捞出冷却后即为成品。

(10) 包装成品贮藏　采用真空包装、低温冷藏，保质期可达6 个月。

4. 成品质量标准

(1) 感官指标　呈暗褐色，肠体表面光洁，肌肉切面暗褐色，咸淡适中。

(2) 理化指标　亚硝酸盐≤30mg/kg，食盐≤3.5%，蛋白质≥14%。

(3) 微生物指标　菌落总数≤1000 个/g，大肠菌群≤30 个/g，致病菌不得检出。

四十、天津桂花肠

1. 配方

猪瘦肉 100kg，淀粉 3kg，味精 200g，桂花 3kg，盐 3kg，亚硝酸钠 10g，白糖 3kg，胡椒粉 100g，食用色素适量。

2. 工艺流程

原料选择→绞肉、腌制→拌馅→灌装→烤制→煮制→熏制→成品

3. 操作要点

(1) 原料选择　选用经兽医卫生检验合格的瘦肉作为加工原料。

(2) 绞肉、腌制　将选好的猪肉剔净骨、修净脂肪和筋腱，将90kg 肉切成条状，撒以重量 3%的盐，用 1cm 绞刀绞碎，装盘，

送入－7～－5℃的冷库中腌制，冷却20～24h，当肉温达到0～1℃。将剩余的10kg脊背肉、里脊肉、磨裆肉等细嫩肉的精肉切成大块，冷冻后再切成长为1cm的方丁，加盐和亚硝酸钠拌匀，送冷库腌制待用。

(3) 拌馅　将腌好的绞肉用2～3mm的绞刀绞细，连同腌好的肉丁和辅料一起倒入搅拌机内；将淀粉用凉水调开，亚硝酸盐用温水溶开，放在一起调匀，再倒入搅拌机内，同肉料一起搅拌，使肉料充分吸收水分，搅匀即成馅料。

(4) 灌装　将猪肠衣裁至48～50cm长的段，一端扎牢，再把馅料灌入肠衣中，肠体要丰满，灌完要扎紧，然后针刺排气。把灌好的肠体间隔开穿在竹竿上，送入烤炉。

(5) 烤制　将肠体送入烤炉烤制时，炉温要由低至高，逐步升温，一般在50～75℃，待肠体表面干燥、手感光滑、表面透出微红色即可。

(6) 煮制　在煮锅中加水和适量的色素，加热至90℃时，再下入烤好的肠体，水温控制在85℃，使肠体着色均匀，肠体中心温度到80℃以上时，即可出锅。

(7) 熏制　将煮好的肠体二次挂入烤炉内熏制，炉温在70℃左右烤一定时间，再在炭上撒一层锯末，以浓烟熏制，使肠干燥，表面出现皱纹，出炉凉透即为成品。

4. 成品质量标准

(1) 感官指标　产品表面呈玫瑰红色，肉质紧密，桂香浓郁，兼有熏香。

(2) 微生物指标　菌落总数≤300个/g，大肠菌群≤10个/100g，致病菌不得检出。

四十一、上海皮埃华斯肠

1. 配方

小牛肉20kg，胡椒粉200kg，瘦猪肉72kg，肉豆蔻粉100kg，猪肥膘8kg，亚硝酸钠10g，盐2kg，白糖500g。

2. 工艺流程

选料与修整→腌制→制馅→灌制→烘烤→煮制→熏制→成品

3. 操作要点

(1) 选料与修整　选用符合卫生要求的鲜小牛肉作加工原料。将选好的小牛肉和猪瘦肉剔去筋腱膜和脂肪，修割干净，再切成条状，绞成肉丁；将猪肥膘切成长为0.5cm的方肉块。

(2) 腌制　将切好的肉料，分别撒上肉量2%的盐和亚硝酸钠(盐和亚硝酸钠加水溶化，按比例加入)，置于0～4℃的冷库中腌制24h。

(3) 制馅　腌制好的小牛肉和猪瘦肉用斩拌机斩成肉糜，加其他辅料、香辛料和猪肥膘丁拌均匀，即为馅料。

(4) 灌制　将牛直肠肠衣剪成50cm的段，系牢一端，用温水泡软、洗净、沥去水，再灌入肉馅，系牢另一段，并留出绳子将灌肠的两端结扎到一起，成环状，然后用针刺排气。

(5) 烘烤　将灌好的肠体穿在竹竿上，送入60℃的烘烤炉中，烘2h，待肠体表皮干燥，呈红润色泽时，即可出炉。

(6) 煮制　将烤好的肠置于90℃的热水中，水温保持85℃，煮30min。当肠中心温度达72℃即可出锅。

(7) 熏制　在60℃下烘2h，然后再熏制4h，至肠体表面呈红褐色，并布有皱纹时即可出炉，晾凉后即为成品。

4. 成品质量标准

(1) 感官指标　色泽红褐，富有弹性，鲜香味美，熏香浓郁。

(2) 微生物指标　菌落总数≤8000个/g，大肠菌群≤30个/100g，致病菌不得检出。

四十二、黑龙江伊大利斯肠

1. 配方

猪瘦肉25kg，桂皮面15g，牛肉25kg，清水2kg，精盐2kg，亚硝酸钠3g，淀粉1kg，牛直肠衣适量，胡椒面50g。

2. 工艺流程

原料处理→腌制和绞碎→调馅→灌肠→烘烤→煮制→烟熏→冷却→成品

3. 操作要点

(1) 原料处理　选用新鲜的猪瘦肉和牛肉，牛肉剔去筋膜和脂肪，与猪肉放在一起，再切成条状。

（2）腌制和绞碎　将切好的肉条撒上4%的精盐，用绞肉机绞成1cm的方块。放在－7～－5℃的冷库里腌制24h后，再绞成0.2～0.3cm的肉糜。

（3）调馅　精盐、胡椒面、碎胡椒粒、桂皮面、淀粉、清水（夏季用冰屑或冰水）、亚硝酸钠混拌均匀，再放入肉糜里，搅拌均匀，并搅出黏性，即成馅料。

（4）灌肠　牛直肠衣剪成40cm长的一段，用绳系牢一端，放在温水中浸软，洗净，再将馅料灌入，再系牢肠的另一端，注意针刺排气。

（5）烘烤　灌好的肠体穿在竹竿上，送入烤炉里，炉温70℃左右，烘烤1.5h，待肠体表面干燥，透出红色，手感光滑时即好。

（6）煮制　烤好的肠体出炉，放入90℃的热水锅里，上面压上重物，使肠体全部浸没在水中，水温保持在85℃以上，煮制30min将肠体轻轻活动一下，再煮制1h，即好。

（7）烟熏　煮好的肠体出炉，放入熏炉中，用不含油脂的木材熏烤，炉温70℃左右，熏烤1h，再往火上撒锯末发烟，继续熏烤3h左右，待肠体干燥，呈红褐色，表面密被细皱纹时，即烘烤完毕。

（8）冷却　熏好的肠体出炉后凉透即为成品。

4. 成品质量标准

（1）感官指标　呈红褐色，表面密被细皱纹。

（2）微生物指标　菌落总数≤5500个/g，大肠菌群≤30个/100g，致病菌不得检出。

四十三、法兰克福香肠

1. 配方

猪瘦肉40～60kg，猪肥肉40～60kg（肥瘦原料肉共100kg），分离大豆蛋白1～2kg，淀粉3～5kg，盐2～3kg，亚硝酸钠8～12g，三聚磷酸钠60～80g，味精16～20g，胡椒粉150～200g，鼠尾草6～10g，抗坏血酸6～10g，白糖30～50g，蒜20～30g，其他调味料适量。

2. 工艺流程

原料肉的选择和预处理→绞肉→斩拌→灌肠→打结→烟熏和烘烤→蒸煮→冷却→包装→成品

3. 操作要点

(1) 原料肉的选择和预处理 原料肉要求新鲜，并经兽医卫生检验合格，新鲜原料肉可以提高乳化型香肠的质量和出品率，同时，还要视具体情况对原料肉进行预腌和预绞。

(2) 斩拌 斩拌要在低温下进行，肉糜的温度在10℃左右；可根据季节需要适量地使用冰水。目前，许多工厂采用真空高速斩拌技术，该技术有利于提高产品的质量，特别有益于产品色泽和结构的改善。斩拌后要立即灌肠，以免肠馅堆积而变质。

(3) 灌肠 生的香肠肉糜可灌入天然或人工肠衣。灌肠时，要尽量装满。每根肠的直径、长度和密度要尽量一致。通常，法兰克福香肠的直径在22mm左右。为了保证成品美观，灌肠后最好用清水冲洗一遍肠衣。

(4) 打结 香肠打结多采用自然扭结。也有使用金属铝丝打结的，这要视肠衣的种类和香肠的大小而定。

(5) 烟熏和烘烤 香肠灌好以后，就可以放入烟熏室进行烟熏和烘烤。通过烟熏和烘烤，可以提高香肠的保藏性能，并增加肉制品的风味和色泽。烟熏中产生的有机酸、醇、酯等物质，如苯酸、甲基邻苯、甲酸及乙醛都具有一定的防腐性能，并使香肠具有特殊的烟熏风味；熏烤时的加热，还可促使一氧化氮肌红蛋白转变成一氧化氮亚铁血色原，从而使产品具有稳定的粉红色；烟熏时，肠的部分脂肪受热融化而外渗，也赋予了产品良好的光泽。烟熏时，温度的控制很重要，直接关系到产品的色、香、味、形和出品率。制作法兰克福香肠的烟熏温度，一般要控制在50～80℃，时间大约为1～3h。熏烤时，炉温要缓慢升高，香肠要与炭火保持一定的距离，以防肠体受热过度。

(6) 蒸煮、冷却和包装 熏烤后的香肠还要进行蒸煮，蒸煮时，温度约为80～95℃，时间约1～1.5h。香肠蒸好后，移出蒸锅，冷却后加以包装即为成品。

4. 成品质量标准

(1) 感官指标　色泽均匀，呈红棕色，弹性好，切片后不松散，肠馅呈粉红色，具有烟熏香味。

(2) 微生物指标　菌落总数≤3200个/g，大肠菌群≤17个/100g，致病菌不得检出。

四十四、辽宁里道斯肠

1. 配方

猪瘦肉30kg，牛肉15kg，猪肥膘、淀粉各5kg，盐1.75kg，胡椒粉50g，桂皮粉、味精各30g，蒜（捣成泥）200g，香油500g，水8kg，亚硝酸钠3g。

2. 工艺流程

原料肉的处理→切块→腌制→制糜→拌馅→灌制→烘烤→水煮→熏烤→成品

3. 操作要点

(1) 制馅　把牛肉的脂肪和筋膜修割干净，与猪瘦肉掺在一起，切成条块状，撒上肉重3.5%的食盐，用绞肉机绞成长为1cm的方块，放在－7～－5℃的冷库或冰柜里，冷却腌制24h。把猪肥膘切成条状块，撒上肥膘重3.5%的食盐，放在－7～－5℃的冷库或冰柜里，冷却腌制24h。把腌好的猪瘦肉和牛肉用绞肉机绞成2mm或3mm的颗粒肉糜。把腌好的猪肥膘切成0.5cm的方丁，倒进肉糜里。把盐、胡椒粉、桂皮粉、蒜泥、香油、味精、淀粉、水（夏天用冰屑或冰粉）、亚硝酸钠混合均匀，倒进肉糜里，搅拌3min左右，绞至肉馅产生黏性，即成肠馅。

(2) 灌制　用灌肠机将肠馅灌进套管肠衣或玻璃纸肠衣里，把口系牢，留一个绳套以便穿杆悬挂。发现气泡后，要用针管打孔排气。

(3) 烤、煮、熏制　把经检查过的肠穿在竹竿上，然后挂进烤炉里。炉温要控制在70℃左右，烘烤1.5h，待肠体表皮干燥、透出微红色、手感滑时就可出炉。出炉后，将原竿放进90℃的热水锅里，上面加压竹箅子和重物，使肠体全部沉没在水里。水温保持在85℃以上，煮30min，将肠体轻轻活动一下，再煮1h左右。捞出一根，把温度计插入肠体中心，达到75℃左右即可从锅里把肠子提出来，并将原竿挂在熏炉里，用不含油脂的木材作燃料进行烘烤，炉温控制在70℃左右，烘烤1h后，往火上加适量锯末，熏烤3h，见肠体干燥、表皮布满密密麻麻的皱纹时即熏烤完成。将肠体出炉凉透，即为成品。

4. 成品质量标准

（1）感官指标　色泽红褐色，味道鲜美，耐贮存。

（2）微生物指标　菌落总数≤1800个/g，大肠菌群≤23个/100g，致病菌不得检出。

第三章
火腿制品

第一节　火腿制品的简介

一、火腿制品的分类

火腿制品是指用大块肉为原料加工而成的肉制品。根据火腿制品的加工工艺及产品特点可将其分为干腌火腿、熏煮火腿和压缩火腿。

干腌火腿是用带骨、皮、爪的整只猪后腿或前腿，经腌制、洗晒、风干、长期发酵、整形等工艺制成的著名生腿制品，以风味独特著称，一般食用前应熟加工，但也可以切片生食，特别是欧洲喜欢生食干腌火腿。干腌火腿主要出产于中国和欧洲地中海地区。我国干腌火腿因产地、加工方法和调料不同而分为金华火腿、宣威火腿和如皋火腿等。欧洲干腌火腿主要生产于意大利、西班牙、法国和德国等国家，其中以意大利和西班牙干腌火腿最为著名。

熏煮火腿是用大块肉经整形修割（剔去骨、皮、脂肪和结缔组织，或部分去除）、盐水注射腌制、嫩化滚揉、捆扎（或填充入粗直径的肠衣、模具中），再经蒸煮、烟熏（或不烟熏）、冷却等工艺制成的熟肉制品。熏煮火腿类有盐水火腿、方腿、熏圆火腿和庄园火腿等。

压缩火腿是用猪肉及其他畜禽肉（牛、羊、马）的小块肉为原料，并加入兔肉、鱼肉等芡肉，经腌制、填充入肠衣或模具中蒸煮、烟熏（或不烟熏）、冷却等工艺制成的熟肉制品。

二、火腿制品加工原理

火腿类制品的种类很多，各种产品的加工工艺基本相近，下面为盐水火腿加工的基本工艺。

1. 原料的选择和拆骨整理

原料应选择经兽医卫生检验符合鲜售要求的猪后腿或大排（即背肌），两种原料以任何比例混合或单独使用均可。后腿在剔骨前，先粗略剥去硬膘。大排则相反，先去掉骨头再剥去硬膘。剔骨时应注意，要尽可能保持肌肉组织的自然生长块形，刀痕不能划得太大太深，且刀痕要少，做到尽量少破坏肉的纤维组织，以免注射盐水时大量外流。

2. 注射盐水腌制

用盐水注射器把8～10℃的盐水强行注入肉块内。大的肉块应多处注射，以达到大体均匀为原则。盐水的注射量一般控制在20%～25%，注射多余的盐水可加入肉盘中浸渍。注射工作应在8～10℃的冷库内进行，若在常温下进行，则应把注射好盐水的肉迅速转入2～4℃冷库内。腌渍时间常控制在16～20h。

3. 嫩化

肉块注射盐水之后，还要用特殊刀刃对其切压穿刺，以扩大肉的表面积，破坏筋腱和结缔组织及肌纤维等，以改善盐水的均匀分布，增加盐溶性蛋白质的提出和提高肉的黏着性，这一工艺过程称肉的嫩化。其原理是将250个排列特殊的角钢型刀插入肉里，使盐溶性蛋白质不仅从肉表面提出，也能从肉的内层提出来，以增加产品的黏合性和持水性，增加出品率。

4. 滚揉按摩

注射盐水、嫩化的原料肉，放在容器里通过转动的圆筒或搅拌轴的运动进行滚揉。通过滚揉使注射的盐水沿着肌纤维迅速向细胞内渗透和扩散，同时使肌纤维内盐溶性蛋白质溶出，从而进一步增加肉块的黏着性和持水性，加速肉的pH回升，使肌肉松软膨胀、结缔组织韧性降低，提高产品的嫩度。通过滚揉还可以使产品在蒸煮工序中减少损失，产品切片性好。滚揉时应注意温度不宜高于8℃，因为蛋白质在此温度时黏性较好。

5. 装模

经过两次按摩的肉应迅速装入模具，不宜在常温下久搁，否则蛋白质的黏度会降低，影响肉块间的黏着力。装模前首先进行定量过磅，然后把称好的肉装入尼龙薄膜袋内，然后连同尼龙袋一起装入预先填好衬布的模具里，再把衬布多余部分覆盖上去，加上盖子压紧。盖子上面应装有弹簧，因为肉在烧煮受热时会发生收缩，同时有少量水分流失。弹簧的作用是使肉在烧煮过程中始终处于受压状态，防止火腿内部因肌肉收缩而产生空洞。

6. 蒸煮与冷却

熏煮火腿的加热方式一般有水煮和蒸汽加热两种方式。金属模具火腿多用水煮办法加热，充入肠衣内的火腿多在全自动烟熏室内完成熟制。为了保持熏煮火腿的颜色、风味、组织形态和切片性能，蒸煮火腿的熟制和热杀菌过程，一般采用低温巴氏杀菌法，即火腿中心温度达到68～72℃即可。若肉的卫生品质偏低时，温度可稍高以不超过80℃为宜。

蒸煮后的火腿应立即进行冷却，采用水浴蒸煮法加热的产品，是将蒸煮篮重新吊起放置于冷却槽中用流动水冷却，冷却到中心温度40℃以下。用全自动烟熏室进行煮制后，可用喷淋冷却水冷却，水温要求10～12℃，冷却至产品中心温度27℃左右，送入0～7℃冷却间内冷却到产品中心温度至1～7℃，再脱模进行包装即为成品。

第二节　火腿制品加工技术

一、猪耳西式火腿

1. 配方

猪耳 100kg，魔芋精粉 5kg，山姜 1kg，山萘 0.3kg，茴香0.5kg。

2. 工艺流程

发酵液的制备→猪耳预处理→发酵→灌装→装模蒸煮→冷却与冷藏→脱模→成品贮存

3. 操作要点

(1) 发酵液的制备　取山姜、山萘和茴香加水煮沸后的浸提液，再配以一定的盐、糖，其中加入发酵液总量10%的番茄汁。然后将植物乳杆菌和保加利亚乳杆菌以总量为发酵液的15%接种，密闭。

(2) 猪耳预处理　将猪耳洗净，切分为条状。放入1%～2%食盐水预煮30min，除去血水，煮熟断生。在2%盐水中漂洗，沥干。

(3) 发酵　将处理好的猪耳迅速放入发酵液中，控温发酵24h。发酵后将猪耳取出绞碎。

(4) 灌装　往猪耳糜料中加入一定量的魔芋凝胶、明胶和海藻酸钠，搅拌均匀后灌装于PVDC的肠衣中，灌紧装实粗细均匀后打结。

(5) 装模蒸煮　用模具把灌肠压紧后，在120℃条件下高温蒸煮30min，以达到成熟与杀菌的效果。

(6) 冷却与冷藏　蒸煮完后在自来水下冲洗10～15min后放入冰箱中的冷藏室中冷藏。

(7) 脱模　冷藏7～8h后即可将灌肠取出，即为成品。

(8) 成品贮存　此产品须在低温下贮存，销售时须走冷链。

4. 成品质量标准

(1) 感官指标　色泽均匀有微红色，有明显香味，酸味适中，切片平整，紧密有弹性。

(2) 理化指标　乳酸0.6%～0.7%，食盐2%～3%，砷<0.5mg/kg，铅<1mg/kg。

(3) 微生物指标　总菌数<100个/g，大肠菌群<10个/100g，致病菌不得检出。

二、低盐干腌火腿

1. 配方

火腿100kg，食盐6kg。

2. 工艺流程

原料腿接收→修割整形→腌制→浸腿→洗腿→热风晾腿→第一次整形→发酵→第二次整形→落架分级→检验→成品

3. 操作要点

低盐干腌火腿的操作步骤和火腿的加工方法基本一样，不同的是低盐干腌火腿是通过控制生产中各工序的温度和湿度，在腌制时减少用盐量，既使生产过程能顺利进行，又能使产品含盐量降低。修割整形及腌制过程均控制在温度为0～4℃，相对湿度为75%～85%的环境中进行；浸腿、洗腿控制水温为0～5℃；热风晾腿时分阶段逐步将热风温度控制在15～20℃，相对湿度70%～80%；发酵前期模拟春天室温，温度控制在20～25℃，相对湿度70%～75%；发酵后期温度控制在30～32℃，相对湿度80%～85%。

4. 成品质量标准

（1）感官指标　火腿的香气、口感、品味、脂肪色泽等均优于传统工艺火腿；贮存半年后对比发现，新工艺火腿脂肪色泽依然保持白色。

（2）理化指标　含盐量6%左右，过氧化值≤0.5g/100g。

（3）微生物指标　菌落总数≤10个/g，大肠菌群≤20个/100g，致病菌不得检出。

三、撒坝火腿

1. 配方

鲜腿100kg，食盐15kg。

2. 工艺流程

选腿→修割→冷凉→排血→上头道盐→堆码→上第二道盐→再堆码→上第三道盐→最后堆码→上挂→成熟火腿检验

3. 操作要点

（1）选腿　原料鲜腿的选择是撒坝火腿加工的基础，在色泽、质量及内在品量三个方面有定性、定量的指标。

（2）修割　为了统一商品外形，以便创立品牌，腌制前要将鲜腿去掉边角，修割成琵琶形。

（3）冷凉　鲜腿从屠宰切割至腌制上盐必须冷凉24h。冷凉期间要将猪腿置于阴凉、干燥、无阳光直射的地方。

（4）排血　将经过冷凉处理的猪腿，用力按压股动脉和后肢静脉，挤出血管内积存的淤血。

(5) 上头道盐　上头道盐是腌制火腿的关键环节，一般第一次上盐量为总盐量的50%。

(6) 堆码　将上好头道盐的猪肉堆码3～5d。堆码要求压实，采取“一码柴”的方法堆码，肉脂厚的部位要压实。

(7) 上第二道盐料　火腿经过第一次堆码3～5d，可取下来上第二道盐。第二道盐的量为总盐量的20%。

(8) 再堆码　将上完第二道盐料的火腿再次堆码，堆码的时间为5～10d，时间的长短是根据火腿大小和气温以及火腿上盐情况来决定的。

(9) 上第三道盐　上盐量为总盐量的20%，这次上盐要检查整腿的品量，对有些上盐少的部位要重点上盐，防止腐败变质。

(10) 上挂熟化　将最后堆码的猪腿挂在通风、干燥、凉爽、防蝇、防鼠的贮藏库内，让其自然熟化。火腿之间有一定空间透风，可利于火腿熟化，又可降低火腿腐败变质。

(11) 成熟火腿的检验　成熟火腿的检测有三种检验方法，分别为外观检测法、三针检验法、化学检验法。外观法要求合格的撒坝火腿成熟后外观完好无缺，呈红色，切面呈深玫瑰红色。三针法要求每只火腿用竹筷插于股骨两侧，等候5～10min拔出筷子，去嗅筷子和插孔的气味。化验法则是用各种仪器检测火腿的各种化学指标和残留物，指标和残留物在国标范围内则为合格，超出则为不合格。

4. 成品质量标准

(1) 感官指标　造型整齐、美观，色泽鲜艳，肥瘦适宜，口味鲜美。

(2) 微生物指标　菌落总数≤10 个/g，大肠菌群≤20 个/100g，致病菌不得检出。

四、鹤庆火腿

1. 配方

鲜猪腿100kg，食盐15kg，白酒7kg。

2. 工艺流程

选腿→上盐腌制→晾挂→保存→成熟

3. 操作要点

(1) 选腿　猪屠宰后，选用皮薄肉细、腿心饱满、去蹄壳的鲜腿，将猪脚弯曲，蹄头插入腿部边缘的皮孔内，再将后腿取下修整成圆形，便于农户贮藏保管，冷晾12～24h。

(2) 腌制　一般采用装缸（池）湿腌法。将腿肉面朝上，腿脚拉直，在肌肉较厚部位用竹签或铁签戳3～5针，深度为3～4cm，喷上酒，撒上盐，轻轻搓揉。翻过皮面，用签同样戳3～5针，深度2～3cm，再喷上酒，撒上盐，用力搓揉。再翻过肉面，用盐搓擦肉面边缘。把腿脚弯曲，插入皮孔，再上一层盐。肉面向上入缸平入堆码，在最上层喷酒撒盐后将缸加盖封严，放置4～6周时间，每隔15d火腿翻码一次。腌制用盐量为鲜腿量的10%～15%，用酒量为5%～7%。

(3) 晾挂　出缸前，利用原缸盐水将黏附于腿面的盐洗刷干净。用刀在腿皮处戳一孔，穿上绳挂在通风处阴干。

(4) 发酵　待腿干透（约60d）即可取下，或堆码或用纱布（或绵纸）包裹，或与蚕豆、玉米、稻谷同柜保存。

(5) 成熟　经盛夏发酵3～4个月后即成熟。腌制较好的火腿可保存3～5年。

4. 成品质量标准

(1) 感官指标　清香，外表呈深樱桃红色，皮肉有光泽。

(2) 微生物指标　菌落总数≤15个/g，大肠菌群≤22个/100g，致病菌不得检出。

五、三川火腿

1. 配方

鲜猪腿100kg，食盐12kg，白酒10kg。

2. 工艺流程

鲜腿→修边→腌制上盐→晾挂→发酵成熟→成腿

3. 操作要点

(1) 修腿定形　所选的鲜腿的鲜度要好，色泽正常，脂肪、肌肉饱满，外骨无损伤。将所选后腿取下去蹄壳修整成形。

(2) 腌制上盐　三川火腿一般采用装池湿腌法。将腿肉面朝上，腿脚拉直，刮去污物，割去碎肉及隔膜，排出血水。喷上酒，撒上盐，从蹄壳开始，逆毛孔向上用力搓揉直到肉面变软为至。

（3）晾挂 在池中腌制4周后取出晾挂风干，用棉纸包裹后上挂，上挂时应做到皮面、肉面一致。

（4）发酵成熟 晾挂7周后，即可取下，放入池中发酵。池地部放约10cm的灶灰，放入腿后再加灰。在池中堆捂时间在半年以上。

4. 成品质量标准

（1）感官指标 外形似竹叶形，薄皮细脚，肉面紫红，皮色光亮，滋味鲜美，咸淡适口。

（2）微生物指标 菌落总数≤11个/g，大肠菌群≤10个/100g，致病菌不得检出。

六、四川达县火腿

1. 配方

火腿100kg，花盐13.3kg，火硝250g。

2. 工艺流程

原料选择与整形→排血→腌制→洗晒→成品

3. 操作要点

（1）原料选择与整形 选用经卫生检验合格的皮薄、脚细、腿心饱满的鲜猪后腿为原料。经刮净残毛、脏物后去掉金钱骨，并将腿间上的脊骨劈去一半，另一半留在腿上，将凸骨完全劈平。然后将金钱骨处在动脉管内的血挤出，以免在腌制过程中发臭，影响质量。劈骨时不得伤及腿肉和里面的筒子骨，再把四周薄肉皮及过多的肥肉修掉成为竹叶形，使腿型美观整齐。修正时应注意：四周必须修正整齐。边缘肥肉略宽，皮肤及四周均不得有损伤。加工的鲜猪腿不得打气，以保证产品品质良好，易于贮藏。

（2）排血 将修好的鲜腿皮面向上，肉面向下平放在案板上。每100kg鲜腿用盐量1.4kg，均匀撒于皮面上，用小木块用力搓擦，约150次，使肉皮发热，毛眼放大，盐分从毛眼渗入肉内，再将鲜腿翻转，肉面向上，全部擦上盐后堆放起来。经15h后，肉内水分及血液即大量排出。

（3）腌制　将排血后的鲜腿皮向上平放在木板上，撒上盐，用力搓擦，其方法与排血擦盐相同，然后将腿翻转，肉面向上，在三个关键的地方即腿脚、中间金钱骨、腿间铲骨下面各加少许硝，每100kg的猪腿约用硝120g，再用120g硝均匀拌入盐内，将盐硝平铺鲜腿上，皮上也擦盐，每100kg鲜腿用盐8kg，盐上好后即上板叠码，两腿腿脚相对，皮面向下，肉面向上，呈长方形叠放在板上，一层鲜腿一层竹块，竹块放置脚尖两端及中央，每层4块，叠放10层为一堆。经过7d以后，进行翻面，每100kg鲜腿再加4kg盐（内加火硝40g），依然一层肉一层竹块堆码15d后再翻面1次，每100kg腿再加制盐2kg，经过20d后即腌制成熟，将全部粘附的盐巴抖掉后进行洗晒。

（4）洗晒　先将腿上油腻用清水刷洗干净，用铁刷子用力刷，使以后工序中腌腿上不至于有盐分渗出和发现盐霜。用清水漂洗1次，在脚端套上麻绳，随洗随挂。腿与腿之间不要相互接触，并将腿上沾附的水擦去，在通风处吹干，时间约为10d。然后进行二次修整，使腿形美观，修整后再挂于室外暴晒，经晒至表面黄亮为止。

4. 成品质量标准

（1）感官指标　色泽鲜艳、均匀，肉香纯正，清淡，富有弹性，肉质细嫩。

（2）微生物指标　菌落总数≤15个/g，大肠菌群≤9个/100g，致病菌不得检出。

七、通脊火腿卷

1. 配方

猪通脊肉100kg，食盐1kg，发色剂0.2kg，抗氧化剂1kg，糖类2kg，调味料3kg，磷酸盐0.85kg，卡拉胶0.48kg，大豆分离蛋白5.32kg。

2. 工艺流程

选料→解冻→修整→盐水注射→腌制→滚揉→充填→拉伸结扎→热加工→冷却→包装→成品

3. 操作要点

（1）选料、解冻、修整　选择符合卫生标准的鲜、冻通脊为原料，采用水解冻方式解冻。修整时剔除筋膜、软骨等结缔组织。

（2）盐水配制、盐水注射　根据实际加工情况，按一定顺序加入均质机中，最后使各单元物质达到高度均质，最终腌制液温度在10℃以下，pH 值在 7.0～7.2 之间，注射压力在 245～294kPa 之间，注射率为肉重的 60%。

（3）滚揉　采用真空间歇滚揉的方法，工作 20min，休息 10min。要求滚揉机始终在 2～4℃的环境温度下，滚揉时间为12h，最终滚揉温度在 8℃以下。

（4）充填、拉伸结扎　开发了卧式活塞充填机和拉伸结扎机，以使充填后的产品具有足够的弹性和紧实度，从而改善成品的质地。

（5）热加工　热加工方式见表 3-1。

表 3-1　热加工条件设计

项目	干燥	烟熏	蒸煮	中心温度
温度/℃	70	70	82	72
湿度/℃	—	35	82	—
时间/min	50	20	90	—

（6）冷却　产品达到中心温度以后，立即进行喷淋冷却 20min。

（7）包装、成品　等产品中心温度冷却到 10℃以下方可进行包装。包装后的产品必须置于 0～4℃的成品库中，其进行切片真空包装，产品中心温度必须冷却到 4℃以下。

4. 成品质量标准

（1）感官指标　肉面平而丰满，皮面淡红，精肉鲜红，香味较浓。

（2）微生物指标　菌落总数≤100 个/g，大肠菌群≤20 个/100g，致病菌不得检出。

八、熏制圆火腿

1. 配方

精瘦肉 100kg，精盐 4kg，多聚磷酸盐 0.4kg，维生素 C 80g，亚硝酸钠 10g，山梨酸钾 0.1kg，甲基麦芽酚 5g，味精 0.15kg，绵白糖 1.5kg，葡萄糖 1kg，水 40kg，淀粉 10kg，香油 0.25kg。

2. 工艺流程

选料→腌制处理→配料→灌装→蒸煮→熏制→冷却→成品

3. 操作要点

（1）选料　选择检验合格的前后腿分割肉，剔除残余软骨、结缔组织、脂肪组织，切成 200g 大小的肉块。

（2）腌制　各种原料的用品和腌制温度、时间对制品的光泽、风味都有很大影响，经实验选出腌制最佳工艺。腌制液的配制以 100kg 肉计，按以上比例配制好腌制液注入盐水注射机内，对肉进行注射和嫩化；以便加快盐水在肉中的渗透、扩散，起到发色均匀、缩短腌制时间、增加保水性的作用。本工艺采用动态和静态腌制；注射后的原料抽入真空滚揉机中，在真空度为 0.8MPa，温度为 4～5℃状态下转动 2h（注意要顺时针和逆时针交替转动）。滚揉 2h 后倒入容器内，置于 4～5℃的恒温库中静置 10～12h，确保腌制均匀。

（3）配料、灌装　腌制均匀的原料，再次注入滚揉机中，并加入淀粉、香油，待混合均匀，入叶片泵灌肠机灌装入玻璃纸肠衣、用线绳结扎。

（4）蒸煮、烟熏　结扎好的火腿入蒸煮炉，在 90℃温度下熏蒸 100min；温度降至 36～40℃时出炉。出炉后送至烟熏炉，在 65～70℃熏制 30～45min。熏制后火腿干燥有光泽，外观呈棕褐色，断面淡红色，有烟熏的特殊风味。

4. 成品质量标准

（1）感官指标　外观呈褐色，具有火腿应有的鲜美、醇香的滋味，还有烟熏的特殊风味，肉质紧密、柔嫩，有弹性。

（2）理化指标　亚硝酸盐＜70mg/kg，复合磷酸盐＜8g/kg。

（3）微生物指标　菌落总数＜100 个/g，大肠杆菌＜35 个/100g，致病菌不得检出。

九、新法加工火腿

1. 配方

原料肉 15kg，盐 1.5kg，酱油 0.25kg，酒 0.25kg，花椒粉

20g，硝石 12g，蜂糖 0.1kg。

2. 工艺流程

选料→配料→腌制→整形→晾挂

3. 操作要点

（1）选料　选皮薄、瘦肉多，符合加工制作火腿的猪后腿为原料。剖腹后，沿腰荐间隙臀部取下，然后再将荐端修成弧形，剔除多余的皮肤和附在肉面上的肥肉。

（2）配料　根据配方调配各种调味料。

（3）腌制　腌制前先用铁锅将盐炒热，然后将盐与除蜂糖以外的其他配料混合均匀。腌制时，先用蜂糖将肉面和皮面涂擦均匀，再将混合均匀的配料抹在面上。涂抹完后，将每只腿肉面对肉面置于一大木盆内。约过 2d 后，将上下腿翻动对调一下位置，用剩下盐量的一半再涂擦一次。以后约每隔 7d 擦一次盐，每次用盐量控制在 0.25kg 内。最后两次上盐时，要在肌肉最丰厚的部位多涂擦一些。整个腌制过程中，盆内腌液不能倒出，以保持腌制环境前后一致。

（4）整形　原料腿腌制工序结束后，应立即洗晒。洗腿前，将肉面朝下置于冷水内浸泡 1h 左右，使水分渗入肉内，降低其盐分。浸泡时，沿着肌纤维走向进行刷洗，不要让瘦肉翘起。洗毕，将腿吊挂于室外阳光下晒，待晒至肌肉变硬时进行整形。整形时，用两手从两侧向腿心挤压，使大腿心饱满，将小腿部压直，把皱褶皮肤推平，把爪部弯成镰刀形。之后，再将腿继续暴晒和整形，直到腿面已经干燥，形状固定为止。

（5）晾挂　少量加工时，只需将腿保持一定间距吊挂于通风处即可。挂放约 2～3 个月，火腿肌肉在微生物作用下发生酵解作用，逐渐成熟即为成品。批量加工则需专门设置场地。

4. 成品质量标准

（1）感官指标　肉色粉红，均匀一致，咸度适中，组织有弹性。

（2）微生物指标　菌落总数≤10 个/g，大肠菌群≤7 个/100g，致病菌不得检出。

十、北京火腿

1. 配方

精选瘦肉 100kg，盐 2.5kg，硝酸盐 25g，淀粉 2.5gkg，混合粉 1.5kg，磷酸盐 1kg。

2. 工艺流程

原料的选择和整理→腌制→滚揉→灌制→烟熏→煮制→成品

3. 操作要点

(1) 原料的选择和整理　原料采用猪大排肌肉和后腿精肉。制作时，修尽猪后腿和大排的皮下脂肪、硬筋、肉层间的夹油、粗血管等结缔组织、软骨、淤血、淋巴结等，使之成为纯精肉。再把修好的后腿肉，按其自然生长的块型结构，大体分成 4 块。修去脂肪的肉要立即装入不透水的浅盘内，迅速注射盐水，并置于 2～4℃的冷库内。

(2) 注射盐水腌制　采用注射腌制应注意，一方面注射要分布均匀，另一方面每块肉注射的盐水量要一致。且每块肉注射前后都要称重。一般情况下，注射量为原料肉重量的 20%。注射工作宜在 8～10℃的冷库内进行。若在常温下注射，则应把注射好的肉迅速转入到 2～4℃的冷库内。冷库内的温度不宜过低，否则盐水的渗透速度会大大下降，同时，也不能最大限度地提取蛋白质，肉块间的黏着力也会减弱。

(3) 滚揉　将注射完的肉放到滚揉机中，滚揉工作间的温度应控制在 8～10℃，第一次滚揉的时间约 1h，滚揉完的肉仍要放置在 2～4℃的冷库内，存放 20～30h 后再进行第二次滚揉。第二次滚揉时间为 30～40min，然后再把调味料、香辛料、大豆蛋白粉等加入肉内，加入的方法以滚边加为好，同时加入经过 36～40h 研制的粗肉糜，加入量为滚揉肉量的 15%。加入肉糜是为了增加肉块间的黏合力，填补肉块的空洞。

(4) 灌制　把人造纤维肠衣截成 75cm 长的小段，将一端封住，然后在清水里浸泡 30min 后取出。将滚揉好的肉快速灌入肠衣。每个肠衣里灌入的肉量要均匀一致，灌好后立刻封口。随后检查肠衣内壁是否有气泡，将气泡用细钢针扎眼放出。

(5) 烟熏　将灌好的火腿用绳吊挂在杆上，且火腿间要保持一定的距离，以互不相碰为原则，熏材选用硬质木材，利用熏烟熏制 2h。

(6) 煮制　把锅内的水预热到 85℃左右，再把熏制好的火腿投入水中，水温控制在 78～80℃，煮制时间约 2.5h，出锅前，火腿中心温度以达到 68～70℃为标准。出锅后先自然冷却。而后放到冷库中低温保存。

4. 成品质量标准

(1) 感官指标　肉质细嫩呈淡红色，结构致密，有弹性，口感咸淡适中、鲜嫩，风味独特。

(2) 微生物指标　菌落总数≤100 个/g，大肠菌群≤30 个/100g，致病菌不得检出。

十一、益阳火腿

1. 配方

益阳白猪的腿 5～7kg，60～100g 食盐/kg 鲜腿。

2. 工艺流程

选料→修整→擦盐→堆叠→翻腿→洗腿→晒腿→发酵

3. 操作要点

(1) 选料　用色泽新鲜、大小适中、重 5～7kg 的猪腿为主。

(2) 修整　鲜腿用刀修去多余的脂肪和肌肉，削去趾骨和四周多余的皮肉，清除污血，使外形整齐美观。

(3) 擦盐　盐先以文火焙炒干燥，每千克鲜腿备 60～100g 食盐。第 1 次用总量的 2/3，第 2 次在第 1 次擦盐后 6～12h 将盐全部用完。第 1 次将盐在猪腿的皮面上用力擦到盐略为溶化为止，然后在肉面上轻轻擦一遍，在腿的中心和腿的肉面上多放一些盐。

(4) 堆叠　上盐后将肉面朝上平放。如果数量较多，需要堆叠时，可以两行互相倒插，每层间一定要垫用 2～3 根竹条，切忌腿与腿之间直接堆叠，影响外形美观。

(5) 翻腿　腌制后 2～3d，应检查一次。如数量多，应上下翻腿，如盐已溶化，应立即添加食盐。以后每隔 4～5d 翻一次，20d 后在肌肉最厚处加盐，经 1 个月即腌成。

(6) 洗腿　腌后 28～35d，即可洗腿，把腿浸在清水里浸洗

3～4h。

(7) 晒腿　把洗净的火腿系上绳子，在阳光下晒一两天，然后进行整形，再晒四五天后，皮肉面部晒成肉红色的生坯，并挂在通风、干燥、没有光线直射的地方。

(8) 发酵　数日后火腿肉面会长出绿色或灰黄色菌毛，这是正常现象，无需揩掉。随后慢慢散发出扑鼻清香。经半年左右，火腿即成熟。上市前用粗纸揩去菌毛即可销售。

4. 成品质量标准

(1) 感官指标　成品切开清香扑鼻，色泽鲜艳，瘦肉呈鲜红色或玫瑰色，肥肉呈乳白色。

(2) 微生物指标　菌落总数≤15 个/g，大肠菌群≤12 个/100g，致病菌不得检出。

十二、砂仁腿胴

1. 配方

原料肉 50kg，姜 150g，葱 250g，桂皮 150g，小茴香 150g，红曲米 300g，绍酒 2kg，红酱油 0.75kg，盐 1.5kg，白糖 3.5kg，亚硝酸钠少许，砂仁 17g。

2. 工艺流程

原料整理→煮制→成品

3. 操作要点

(1) 原料整理　选用猪的前腿或整只后腿。剔去大小骨头，修去油筋，刮去余毛和污垢，以整只腿肉状置于盘中，洒上精盐和亚硝酸钠溶液，拌匀后放在腌肉缸中腌制 12～24h，然后取出用清水清洗，沥去水分，洒上绍酒及砂仁粉，再将腿肉卷成长圆筒形，用纱绳或麻绳层层缠绕，必须捆紧实，否则，纱绳松散，肉露皮外影响产品质量。

(2) 煮制　先白烧后红烧。开始白烧时水以淹没肉体寸许为止。用大火烧，上下翻动，撇去浮油泡沫和杂质。煮沸后小火焖煮 1h 左右出锅，再转入红汤锅红烧。用竹箅垫在锅的底部和四周，其上铺一层已经拆去骨头的猪头肉，利用猪头肉煮出的胶质使汁液浓稠，等肉体焖煮酥烂，出锅即为成品。砂仁腿胴的色和味类似西式火腿，宜作冷食，或切片切块，制成多种菜肴。

4. 成品质量标准

(1) 感官指标　具有砂仁味，清香，呈深樱红色，皮肉有光泽，味甜爽口，肥而不腻。

(2) 微生物指标　菌落总数≤18 个/g，大肠菌群≤10 个/100g，致病菌不得检出。

十三、皮晶猪肉火腿

1. 配方

猪白皮 75g，猪腿肉 60g，鸡胸肉 15g，食盐 4g，味精 0.4g，卡拉胶 0.3g，复合磷酸盐 0.4g，亚硝酸钠 0.005g，蔗糖 2.4g，葡萄糖 1.5g，异抗坏血酸钠 0.2g，土豆淀粉 7g，大豆分离蛋白 1.8g，白酒 0.4g，香辛料 1.5g，红曲红适量。

2. 工艺流程

猪皮→除毛、去污、去脂→浸泡→刮脂→中和、漂洗→绞制→腌制
↓
原料肉→解冻→修整→绞制→辅料及盐水配制→腌制、滚揉→搅拌→充填
成品←包装←脱模←冷却←杀菌←装模

3. 操作要点

(1) 猪皮预处理　先去除猪皮表面异物和毛根，刮净油脂，用清水漂洗干净；然后将猪皮放入 2%碳酸钠和 0.1%的氢氧化钠混合液中浸泡 5～8h，注意使猪皮全部淹没，每 4h 翻动一次；之后捞出，用清水冲洗一遍，进行第二次刮脂、除毛、去污物等，直至洁净为止。再用 pH2.3 的稀盐酸溶液浸泡 1h 左右，中和猪皮中残留的碱液，使之呈中性。

(2) 原料肉预处理　将原料肉置于解冻盘，自然解冻 24～36h。剔除异物，把肉块切成 1～2kg 大小的块。

(3) 绞制　选择合适的孔板在绞肉机上分别将猪腿肉、猪皮、鸡胸肉绞碎。

(4) 辅料及盐水配制　准确称取各种辅料和冰水，将 2/3 冰水加入到盐水机中，启动盐水机，边搅拌边加入各种辅料。确保各种辅料充分溶解；最后用细滤网过滤出盐水中的不溶物，并保证配制好的盐水温度在 0～4℃。

(5) 腌制、滚揉　将绞制后的鸡胸肉、猪腿肉以及配制的盐水加入到滚揉机中，抽真空使滚揉机内的真空度达到85kPa以上。采用间歇滚揉工艺，按照10～12r/min的速度滚揉，滚揉总时间为16h。滚揉温度控制在2～6℃范围，滚揉结束料温处于0～4℃之间。将2kg食盐拌入绞制后的猪皮中，覆盖上干净的塑料膜，置于2～4℃腌制间腌制36h。防止猪皮在腌制过程中异物混入、温度升高或遭受污染。

(6) 搅拌　将滚揉好的肉馅和腌制好的猪皮一起加入真空搅拌机内，搅拌5min左右，使肉馅和猪皮混合均匀。

(7) 充填　将搅拌好的肉馅倒入充填机料斗中，调整合适的真空度、填充速度和充填定量，将肉馅充填到低温收缩肠衣膜内，端口扎结牢固即可。

(8) 装模　将充填后的火腿坯放入模具中，扣牢模具盖，即可装入蒸煮笼入锅杀菌。

(9) 杀菌、冷却　将装入火腿坯的蒸煮笼放入杀菌锅中，注意入锅水温控制在85～88℃，当水温达78～80℃时，开始计时，保持恒温3h，使产品中心温度达到72℃的时间，保持在25min以上，即可进行冷却降温。先用自来水降温，使产品中心温度迅速降至25℃以下，然后出锅转入12℃低温间内静置12h，即可脱去模具，进行包装。

4. 成品质量标准

(1) 感官指标　肉馅粉红，猪皮呈粒状，透明光亮似水晶，香气浓郁，咸淡适中，肉质细嫩爽脆，晶皮有韧性感，结构致密，弹性良好。

(2) 理化指标　蛋白质≥14%，水分≤75%，食盐≤3.5%，亚硝酸盐≤30mg/kg。

(3) 微生物指标　菌落总数≤150个/g，大肠菌群≤30个/g，致病菌不得检出。

十四、意大利火腿

1. 配方

未处理的猪腿100kg，盐3.5kg，白糖1kg，葡萄糖1kg，多香果 500g，白胡椒 312g，黑胡椒 125g，豆蔻 125g，芥末子 31g，芫荽 31g，硝酸钠 31g，亚硝酸钠 15g。

2. 工艺流程

原料选择→预处理→腌制→复盐、翻缸→浸泡、刷洗→熏制→冷却→涂抹→成熟→成品

3. 操作要点

（1）原料选择　应选择新鲜的、质量在 5.4～8.2kg 的猪腿。由于意大利火腿习惯于不蒸煮就吃，所以一定要保证肉中不含旋毛虫。

（2）预处理　从猪跗关节以下切去脚，除去骶骨以便将火腿弄平。然后，将火腿开面。

（3）腌制　将火腿放置在离地面 30cm 高的平台上，平台应放置在约 2～3℃的干燥冷却间中。按配方所示将各种配料混合均匀，即制成腌制剂，取定量腌制剂搓擦火腿，一定要保证搓擦完全。然后，将火腿堆放在平台上，堆放 4 层，堆放时带皮面朝下，并用腌制剂在每一层顶部喷洒。

（4）复盐、翻缸　火腿堆 10d 后翻缸一次，将上面的放在下面，下面的放在上面，并用另一部分腌制剂搓擦每一条火腿，12d 后再翻缸一次即可，整个腌制时间约为 45d。在这种操作条件下，获得的火腿将变得又平又干。若腌制后期望火腿更平，可将火腿放在厚木板上，然后在上面再放厚木板，再在板上放重物以压平。5cm 厚的意大利火腿被认为是最受欢迎的。有的加工者在腌制过程中，将火腿放在压力模具中，以达到期望的平整。

（5）浸泡、刷洗　腌制后，将火腿浸泡在 27～32℃的水中软化，并用软纤维刷刷洗，以使从烟熏屋出来时没有盐纹。

（6）熏制　用双股绳捆住火腿，双股绳并不是强制穿过肉的，而是结成双重环，缠绕胫骨并打结系在火腿上的。然后将火腿送入烟熏房中，在 54.4℃左右熏制 48h，接着升高温度至 60℃左右，维持 2d，然后降温至 49℃左右维持 8h。最后，从 49℃逐渐降温至出烟熏房时的 35～40℃。

（7）冷却　为了保证火腿结实，火腿从烟熏房出来后应悬挂冷却 8h。

(8) 涂抹　火腿被冷却后，要用等量的白胡椒粉、黑胡椒粉搓擦没有皮的一侧（即内侧），这一操作应非常仔细，以避免皮上沾到胡椒粉，搓擦完成后，肉侧看起来应几乎是黑色的。

(9) 成熟　涂抹后的火腿应置于21～24℃，相对湿度为65%～75%的条件下成熟30d。

4. 成品质量标准

(1) 感官指标　表皮棕黄色，瘦肉桃红，皮薄肉嫩，香味浓郁。

(2) 微生物指标　菌落总数≤100个/g，大肠菌群≤30个/100g，致病菌不得检出。

十五、三文治火腿

1. 配方

猪肉100kg，腌制剂（焦磷酸盐160g，烟酰胺16g，味精120g），小茴香、八角各200g，白胡椒300g，盐3.5kg，亚硝酸钠15g，异抗坏血酸80g，三聚磷酸盐320g，卡拉胶600g，明胶1kg，红曲米50g，葡萄糖4kg，马铃薯淀粉5kg，大豆分离蛋白3kg，酪朊酸钠2.7kg，猪肉香精3.2kg。

2. 工艺流程

原料选择→整理→腌制→乳化→滚揉→填充→蒸煮→脱模→切片→真空包装→成品

3. 操作要点

(1) 原料选择　选用合格的新鲜猪肉或冷藏肉。

(2) 原料整理　生产整块肉的三文治时，应去掉原料肉中的肥肉、筋膜、筋腔，只保留精瘦肉。修掉的肥肉，可在滚揉后充填前30min再加入搅拌。整块肉的三文治，常在注射后再经过嫩化处理，若采用夹肉糜的方法，则先将原料肉切成3～5cm，漂洗干净，使用1%～15%的精瘦肉先绞碎后再加入滚揉机中，滚揉时最好不要加入肥肉，否则肥肉会冲淡盐对蛋白质的萃取。

(3) 腌制

① 腌制液的配制　用0～4℃的冰水配置腌液，而且要使用软化水，要每天配制新的腌制液。可用八角、小茴香、白胡椒按比例

熬制 2h，制得占总量 30%的香料水，过滤，可加入腌制剂，使其充分溶解，然后将腌制液预冷到 4℃左右。

② 辅料添加的步骤　三聚磷酸盐→葡萄糖→盐→卡拉胶→大豆分离蛋白或淀粉→亚硝酸盐及异抗坏血酸等。

③ 注射　注射液制备好应马上使用，如不能即时使用，应加盖贮存在冷库内，温度保持在 1～4℃，并应尽快使用。

(4) 乳化　从腌制好的肉中取出 10%～15%的肉待用。先将卡拉胶、明胶用 55℃的温热水溶解均匀，加入 10%的冰水待用。将肉放入斩拌机中，先用慢速斩拌 2 圈，再加入辅料用高速斩拌，直到成乳化状，此时温度应控制在 10℃左右。

(5) 滚揉　将腌制好的肉块及乳化状肉糜加入到滚揉机中，在连续滚揉 2h 至混合均匀。此时，肉块的表面应具有相当的黏稠度。滚揉机中应保持在 4～7℃，肉糜的添加量最好是滚揉机容积的一半，最多不超过容积的 2/3，要保证足够的滚揉时间及转速和较好的抽真空性能，滚揉好的原料应及时充填，不宜久放。

(6) 充填　滚揉好的原料应及时装模，定量装模打卡，装入模具压紧。充填室温度在 20℃左右，肉温应控制在 4～10℃。使用模具时可略微不充饱满以利于压模，借助蒸煮膜之间的空隙，可产生出汁的现象。

(7) 蒸煮　模具放到蒸煮室或热水槽中，预热至 70℃维持 30min，然后快速升温至 80～82℃，使中心温度达到 68～72℃，保持 2h，然后放入冷水中冲洗降温 30～45min，使其温度降到 32～38℃以下。

(8) 脱模　当中心温度降到 0℃以下时才可脱模。

(9) 切片、真空包装　将蒸煮后的产品放入 0～4℃的冷库中，温度降至 8℃以下时可切片，切片后进行真空包装。

4. 成品质量标准

(1) 感官指标　产品表面光洁，肉呈粉红色，无黏液，色泽均匀一致，组织致密，有弹性，咸中略带甜，有清淡的肉香味。

(2) 微生物指标　菌落总数≤50 个/g，大肠菌群≤12 个/100g，致病菌不得检出。

十六、肉糜火腿

1. 工艺流程

选料→修割整理→腌制→绞碎再腌→搅拌制馅→填充（装模）→煮制→冷却→整形→成品

2. 操作要点

（1）选料　在符合卫生质量的前提下，选料部位和规格均无特殊要求。前、后腿肉，排肌、分割肉，以及其他高档产品加工剩下的或其他产品修割下来的边角碎肉，均可使用。

（2）修割整理　在修割整理时，对不同原料修割时应各有侧重。对于前后腿肉，只要剥净皮下脂肪，修去硬筋、肉层间夹油、伤斑、淤血、淋巴结、软硬骨等，然后切成 3cm 左右宽的肉条，即可进行腌制。

（3）腌制　原料一律采用干腌，腌制方法和腌制期间应注意干腌和亚硝酸钠均匀拌和后才可揉擦肉块，且要求均匀周到。肉糜火腿原料腌制的总时间通常是 2～3d，腌制温度控制在 1～4℃。

（4）绞碎再腌　绞肉要控制好肉粒的粗细程度。瘦肉的粒度一般用以下四种不同孔径的筛板来控制：3cm、7cm、16cm 和三眼板。

（5）搅拌制馅　制馅工序是肉糜火腿制作工艺的中心，需要控制好原料配比、辅料配方、原辅料的添加方式和搅拌时间等。

原料配比主要是搭配好肥瘦肉的比例和粗细粒度的比例。从季节来说，冬季制作时，肥肉比例可适当高些，夏季则少些，一般可有 2%的出入；从制作工艺要求来说，含肥肉最好不超过 15%。搅拌好的肉馅肥瘦肉和辅料相互分布均匀，肉馅的色泽呈均匀的淡红色。干湿得当，整体稀薄一致，稀薄程度比制作肉丸子的肉馅略为稀些为准。

（6）填充　填充亦称装模。首先定量过磅，称量的多少没有统一的标准，随模具的容量而定。

（7）煮制　煮锅以方锅为好，可以层层排列整齐。锅内的水以漫过模具 2cm 左右为宜，若有框架吊篮和起吊设施的，待水温加热至 60℃以上时，吊入锅内，连吊篮一起煮制，煮好后一起吊出。

如无此设备则先把模具放入锅内，灌入清水，然后大开蒸汽，以迅速提高水温，水温调至80℃左右。煮制的时间与模具的大小、形状及材料导热有关。以目前国内生产的铝制或不锈钢模具为例，容量约为3kg的煮制时间为3.5h左右。煮好的标准为使产品中心的温度达到68～70℃，达到该温度应及时出锅。

(8) 冷却 煮熟后，在排放锅内热水的同时，应对模具淋浴，使温度急剧下降，这种暴热暴冷容易使细菌死亡，对延长火腿的货架期有积极作用。

(9) 整形 待模具表面触觉不太烫手时立即进行整形。由于煮制过程中难免有少量水分和脂肪流失，内部压力稍有减少，可趁热压一下，使肉馅结构更紧密，另外操作时可能少数模盖被挤压，也可加以纠正。

最后把模具置于1～2℃左右的冷库内，要求经过10h左右的冷却，使火腿的中心温度低于4℃，即可出模具销售。

3. 成品质量标准

(1) 感官指标 造型整齐，色泽鲜艳，肥瘦适宜，口味鲜美。

(2) 微生物指标 菌落总数≤60个/g，大肠菌群≤17个/100g，致病菌不得检出。

十七、日本混合火腿

1. 配方

猪肉10kg，马肉10kg，羊肉（山羊肉）10kg，猪肥膘5kg，以上原料肉均斩拌成肉糜；优质猪瘦肉15kg，制成小肉块。

2. 工艺流程

原料选择→处理→腌制→混合调味→充填→干燥、烟熏→水煮、冷却→包装→成品

3. 操作要点

(1) 原料选择 在日本，猪后腿、猪里脊等肉通常用于生产去骨火腿和里脊火腿。而猪肩肉中，结缔组织较多，肉质较硬，色泽较深，是猪肉中较差的部位。但因其黏着力强，非常适宜做混合火腿。日本混合火腿是随着猪肩肉的利用而发展起来的。

牛肉的价格较高，只能用牛肩肉、牛脸肉等质量较差的部位。

子牛肉水分较多，是常用的原料肉。马肉较便宜，但其筋腱、肌膜较多，黏力较差，用量不宜过大。羊肉及山羊肉没有大块肉，是较常用的原料肉，但羊肉有膻味，要除去脂肪，仅用精瘦肉较好。兔肉黏着力非常强，绞碎的兔肉常用作黏结剂。家禽肉的肉块小，黏着力强，是混合火腿的理想原料。金枪鱼、旗鱼等鱼类的黏着力也较强，一直是混合火腿的原料肉，主要做黏结剂，用量在15%左右。

(2) 原料处理　猪肉按肉色的深浅、肌肉的软硬等，将切成小块的精肉分成3～4个等级。色浅肉硬的为一级，比一级色深肉软的为二级，再差的为三级、四级。混合火腿最好选用一级肉，二级肉也可以，但三级及其以下的肉只能做灌肠用。

将选好的肉切成边长为3cm的方肉块，每块不得超过20g，沿肌纤维方向切割，厚度可稍薄，肉块大小不宜相差太大。另外，还需加20%～30%猪脂肪，常用背脂或其他部位的皮下脂肪，切成边长为1～2cm的方肉丁，其他肉的配合见表3-2。

表3-2　混合火腿原料肉的配合

原料肉	配方1	配方2	配方3	配方4
猪精肉(一级)	40%	40%	30%	20%
猪脂肪	20%	25%	25%	20%
牛精肉(一级)	—	10%	10%	—
马精肉(一级)	20%	20%	20%	10%
羊精肉(一级)	20%	—	10%	50%
兔精肉(一级)	—	5%	5%	—
合计	100%	100%	100%	100%

猪肉的黏结性较差，在混合火腿中，一般要加5%～10%黏着力强的肉糜做黏结剂。用作黏结剂的肉最常用兔肉，其次是牛肉。如全是猪肉，则用其肩肉做黏结剂。

(3) 腌制　按肉重的3%加入混合盐进行干腌，一般在3℃左右腌制3～4d，其腌制时间取决于肉块大小。混合盐中，各成分的比例为食盐：硝酸钾：砂糖＝100：5：10。另外，还要加肉重

0.1%～0.3%的磷酸盐，肉重0.03%的抗坏血酸及肉重0.02%的烟酰胺。

（4）混合调味　腌制后，加入调味料。常见调味料及其配比见表3-3，该用量与表3-2各组对应。

表3-3　混合火腿常用调味料及配比（占肉重比例）　单位：%

配方1	比例	配方2	比例	配方3	比例	配方4	比例
白胡椒	0.3	白胡椒	0.3	白胡椒	0.3	白胡椒	0.3
小豆蔻	0.1	小豆蔻	0.1	百味辣椒	0.1	羊肉香精	0.2
肉豆蔻	0.1	洋葱	0.1	生姜	0.1	化学调味料	0.3
豆蔻花	0.1	化学调味料	0.3	鼠尾草	0.05		
洋葱	0.1			蒜	0.01		
化学调味料	0.3			洋葱	0.1		
				化学调味料	0.3		

在腌制结束前，可加入肉重5%以下的植物蛋白和肉重3%以下的淀粉，也可加入适当的小麦粉、脱脂乳粉。

（5）充填　调味料混合后，最好在2～3℃下冷藏12h后再充填，肠衣可用牛、猪、羊等的盲肠，但日本多不用。最初，在日本用玻璃纸做肠衣，后采用塑料薄膜肠衣。但又因塑料肠衣不透气，无法烟熏而改用纤维素肠衣，这种肠衣既可烟熏，又可染色。

（6）干燥、烟熏　充填后，将火腿吊于烟熏架上移入烟熏室，在50℃左右干燥30～60min，使肠衣表面干燥，在肉表面形成孔洞，以利于烟熏成分的渗入。干燥后，在60℃左右热熏2～3h，烟熏材料和熏培根等一样，常用樱、栎等硬木屑或木片。为避免长时间烟熏造成的严重损耗，现倾向于轻度烟熏。

（7）水煮、冷却　烟熏结束后，将火腿放于75℃热水中煮制。水煮时间依制品的大小而异。1.5～2kg的火腿需煮2～2.5h，使其中心温度达65℃后保持30min后即可。水煮后，用冷水冷却。冷水冷却可防止火腿的重量损失及表面皱纹的形成。

4. 成品质量标准

（1）感官指标　瘦肉呈红褐色，肥肉呈浅褐色，光洁透亮，味道鲜美适口。

（2）微生物指标　菌落总数≤40 个/g，大肠菌群≤20 个/100g，致病菌不得检出。

十八、碎肉火腿

1. 配方

猪前腿或后腿肉 100kg，淀粉 7kg，食盐 3.5kg，味精 240g，胡椒粉 120g，五香粉 100g，亚硝酸盐 2.5g，白糖 1.5kg，白酒 0.5kg，清水和冰屑 12kg。

2. 工艺流程

原料选择与整理→腌制→绞碎再腌→拌料制馅→填充装模→煮制→冷却

3. 操作要点

（1）原料选择与整理　在符合卫生要求的前提下，选料部位和规格均无特殊要求，前、后腿肉和排肌、方肉以及其他高档产品加工下来的需保持原结构块形的产品上整修下来的边角碎肉，均可使用。对于不同的原料修肉是应各有侧重点。

① 前、后腿　修肉时只需剥去皮下脂肪，修去硬筋、内层间夹油、伤痕、淤血、淋巴结、软硬碎骨，然后切成 3cm 左右宽的条块，即可进行腌制。

② 方肉　修肉时只需剥去皮下脂肪，内层间夹油可不必修去，肥、瘦对半，保持其“夹精夹油”的原结构，修后也切成 3cm 左右宽的条块进行腌制。

③ 边角碎肉　这种原料往往混有杂质，卫生质量较差，修肉整理时应侧重于拣出各种杂质、碎骨屑和伤斑。整理好后，需加一道漂洗工序，以确保卫生质量。

（2）腌制　猪前腿或后腿肉、亚硝酸钠、食盐经充分混合即为腌料。把修整好的原料放入搅拌机中，加入腌料，搅拌 2～3min，使腌料分布均匀即可取出，装入浅盘，置于 2～4℃的冷库内腌制，腌制时间通常为 2～3d。

（3）绞碎再腌　绞肉要控制好肉粒的粗细程度。瘦肉根据规格需要一般分别选用下列四种不同孔径的筛眼板来绞碎，即 3mm、

7mm、16mm 和三眼板；方肉因肥瘦互相间隔，用 4mm 孔径的筛眼板绞制。绞碎兼有拌和作用。绞好的肉，仍置于冷库内腌制一天，即可使用。

(4) 拌料制馅　先开动搅拌机，待其运转正常后，加入原料，然后再加水和其他辅料。辅料应先用少许清水溶解后再徐徐加入，搅拌 2～3min 即可，搅拌结束时肉糜的温度应保持在 10℃以下。

(5) 填充装模、煮制、冷却　经过两次搅拌的肉，应迅速装入模型，不宜在常温下久搁，否则蛋白质的黏度会降低，影响肉块间的黏着力。装模前首先进行定量过磅，每只肉坯约 3.1kg，然后把称好的肉装入尼龙薄膜袋内，再在尼龙袋下部（有肉的部分）用细钢针扎眼，以排除混入肉中的空气，然后连同尼龙袋一起装入预先填好衬布的模具里，再把衬布多余部分覆盖上去，加上盖子压紧。

4. 成品质量标准

(1) 感官指标　呈淡红色，红白相间，分布均匀，口味清香，咸度适宜。

(2) 微生物指标　菌落总数≤16 个/g，大肠菌群≤10 个/100g，致病菌不得检出。

十九、乡间火腿

1. 配方

前、后腿肌肉 100kg，食用盐 8kg，花椒 0.1kg，八角 0.1kg，D-异抗坏血酸钠 0.15kg，硝酸钾 0.025kg，亚硝酸钠 0.015kg。

2. 工艺流程

原辅料验收→原料肉解冻→整理→炒盐腌制→挂吹发酵→称重包装→检验→成品入库及贮存

3. 操作要点

(1) 原辅料验收　选择产品质量稳定的供应商，对新的供应商进行原料安全评估，向供应商索取每批原料的检疫证明、有效的生产许可证和检验合格证，对每批原料进行感官检查，对原料肉、食用盐等原辅料进行验收。

(2) 原料肉解冻　原料肉在常温条件下解冻，解冻后在 22℃下存放不超过 2h。

(3) 整理　选用的原料肉应去除脂肪、皮、骨、血伤等，切成约 0.25kg 大小的块状。

(4) 炒盐腌制　取食用盐同花椒、八角一起用小火炒制，待盐淡黄色，有香味发出时，从锅中取出冷却，用竹筛或不锈钢网去掉花椒、八角颗粒，肉放在工作台上，将炒盐均匀地撒在肉上面，反复擦透至肉面出汗（盐卤），放入缸中腌制，每天翻动 2 次，腌制 3d 即可出缸。

(5) 风吹发酵或烘干　把穿好绳的腌肉均匀排列在小竹竿上晾晒数日，待腌肉发硬干爽即可；或送入 50～55℃的烘房中，烘制 18h 左右，肉干爽即为成品。

(6) 称重包装　按不同包装规格的要求准确计量称重，整齐排列在塑料袋（盒）中，进行包装封口。

(7) 检验　按国家有关标准的要求对产品进行检验，合格后方可出场。

(8) 成品入库及贮存　经检验合格的产品，装入彩袋或贴不干胶，封口打印生产日期，放入专用纸箱，标明名称、规格、重量等，保质期 6 个月。运输车辆必须进行消毒和配备冷藏设施。

4. 成品质量标准

(1) 感官指标　产品红白分明，腊香味浓，咸淡适中，美味可口。

(2) 微生物指标　菌落总数≤100 个/g，大肠菌群≤23 个/100g，致病菌不得检出。

二十、水晶火腿

1. 配方

猪后腿 5kg，盐 125g，葡萄糖 20g，味精 10g，大豆蛋白 150g，亚硝酸钠 500g，淀粉 200g，白胡椒粉 15g，姜粉 10g，白糖 25g，抗坏血酸 2g，红曲米 10g。

2. 工艺流程

片皮及修整→肉皮腌制
↓
选料→盐水注射→装模成型→水煮及成型→冷却、包装

3. 操作要点

(1) 选料 原料肉应选卫生检验合格的猪后腿，最好是鲜肉。先粗略除去硬膘及肉皮，然后拆骨。拆骨时，应尽量沿肌纤维方向纵剖，而不要将肉横切成小块。刀痕要少，以减少对肌纤维的破坏，从而避免注射盐水大量外溢，保持较多量的盐水积蓄于肌肉间，使肌肉呈浸润状态，进而缩短腌制时间，确保腌制质量。肉皮应选择无伤疤溃疡者。一般是利用拆骨前剖下的硬膘上的肉皮。去掉皮上带的肉，修净油脂，做到皮不带油、油不带皮，并刮去毛根。然后，按规格划块（例如 30cm×36cm）。

(2) 盐水注射 盐水注射量一般控制在肉重的 25%左右，盐水的温度和环境的温度均宜维持在 8～10℃。注射好盐水的肉，要迅速转入 2～4℃的冷库内腌制。一般腌制时间为 24h 左右。

(3) 肉皮的腌制 先在桶内放入干净的水，加食盐配成密度为 1.1kg/L（12°Bé）的盐水溶液，再将肉皮浸入，移入 2～4℃的冷库内腌制 24h 左右。

(4) 装模 先用两块垫布一横一竖排在模型底部，将腌制好的肉皮衬在里面，然后用肉填充。当肉面低于模口两边时肉皮合笼，覆盖在肉块上，盖上衬布，放下模型盖头，并用力压紧。由于水晶火腿加工工艺特殊，不能采用钢针扎眼措施排除肉块内的空气。因此，填充肉料时，应注意肉块大小搭配，尽可能减少组织之间的孔隙，以确保质量。

(5) 水煮 将模型逐层排列于底锅，放入清水，水面稍高出模型。调节阀门，加大蒸汽输入量，使水温迅速上升到 78～80℃，然后关小蒸汽，使水温维持在 78～80℃，持续 3h 左右，最后用沙滤水淋浴使模型的温度下降。淋浴时间一般为 20～30min，即可出锅整形。整形是校正倾斜或松脱的模型盖头。模型经过整形后，要迅速放入 2～5℃的冷却室内冷却，待 12～15h 其中心凉透后，即可出模包装、贮藏。

4. 成品质量标准

(1) 感官指标 外观洁白晶莹，肉皮有韧性，耐咀嚼，风味独特。

(2) 微生物指标 菌落总数≤120 个/g，大肠菌群≤26 个/100g，致病菌不得检出。

二十一、美国庄园火腿

1. 配方

猪腿肉100kg，盐2.2kg，混合磷酸盐400g，味精300g，大豆蛋白2kg，混合调味料300g，卡拉胶600g，亚硝酸钠10g。

2. 工艺流程

猪肉修正→腌制、复盐→平衡→成熟→烟熏→成品

3. 操作要点

（1）修正　要选用检疫合格的猪腿肉，且猪腿要经开面和仔细修正后方可使用，应剔除毛、血等杂质。

（2）腌制、复盐　先将各种盐及添加的配料按配方混合，制成复合腌制剂。一般腌制剂应均分为三份，第一份立即使用，第二份7d后使用，第三份第14d后使用。每次加腌制剂时，应用盐完全彻底地搓擦猪腿，以使腌制剂渗入肉中。要确保从胫骨到股骨端骨头周围有足够的腌制剂，猪骶骨部分应有一部分腌制剂，可以通过用食指挖个洞来辅助完成。这有助于抑制经常发生在大骨附近的腐败现象。腌制应在冷藏条件下进行，温度在2～4℃。相对湿度在70%～90%条件下。依猪腿的尺寸不同腌制时间在30～40d不等。腌制剂主要通过肌肉表面渗透，而不通过火腿带皮的面渗透。腌制时间依火腿的厚度和质量的不同而不同。美国庄园火腿不同质量下的腌制时间见表3-4。

表3-4　美国庄园火腿不同质量下的腌制时间

火腿质量①/kg	近似厚度②/cm	腌制时间③/d
6.4～7.3	10.2～12.7	28～35
8.2～9.1	12.7～15.2	35～42
10～10.9	15.2～17.8	42～49

①整形后未经腌制时的质量；②从火腿表面到有皮的背面；③腌制温度2～4℃。

在大型的商业操作中，火腿是码成堆腌制的，一层压一层。腌制剂被铲到火腿上，然后在上面压上另一层火腿，并如此进行下去，直到火腿堆的高度达到1.2m为止。腌制过程中，通常要倒缸

2～3 次，硝酸钠因为缓慢降解成亚硝酸钠因此比只用亚硝酸钠为产品提供了更好的色泽和风味。开始时，腌制剂并不能渗入肉内部，后来硝酸钠降解产生亚硝酸钠正好满足了内部发色的需要。一些商业生产者仅用两步腌制，不管总腌制时间多长，第二次复盐在14～16d 后。

(3) 平衡　腌制结束后，火腿应再在腌制间里放置 20d，以使其内部的盐分平衡。平衡过程中，应控制温度为 2～4℃，相对湿度为 75%～90%的条件下进行。在整个平衡过程中，火腿表面的含盐量降低，底部含盐量升高。经过平衡后火腿的盐分更一致，这对产品的风味和保藏都是非常重要的。

(4) 成熟　盐分平衡后，火腿就要进入成熟过程。用棉绳捆绑住胫骨，然后悬挂，或放在有弹性的织物中，悬挂在架子上。成熟温度应控制在 21～35℃，相对湿度 50%～60%。火腿应在成熟间中放置 6 个月。这不仅降低了火腿的含水量，同时也提高了含盐量和产品风味。由于成熟时间延长会使火腿的硬度增加、风味加重，因此一般成熟期不超过 9～12 个月。尽管高温可用来加速成熟，但产生的风味不是典型的美国庄园火腿风味。

(5) 烟熏　美国庄园火腿可烟熏可不熏，若要烟熏，应在成熟阶段后进行，并应使用冷烟熏制，熏烟温度为 21～32℃。火腿内部的温度将比熏房的温度低 5.5℃。烟熏应保持 1.5～2d 或至火腿颜色呈琥珀色或赤褐色。

4. 成品质量标准

(1) 感官指标　外观呈褐色，具有火腿应有的鲜美、醇香滋味，有特殊的烟熏风味，肉质紧密、柔嫩，有弹性。

(2) 微生物指标　菌落总数≤40 个/g，大肠菌群≤12 个/100g，致病菌不得检出。

第四章 腌腊制品

第一节 腌腊制品简介

一、腌腊制品的分类

所谓“腌腊”是指畜禽肉类在农历腊月进行加工制作，通过加盐（或盐卤）和香料进行腌制，并在较低的气温下经过自然风干成熟，形成独特风味。腌腊肉产品具有肉质紧密、色泽红白分明、香味浓郁、咸鲜适口、耐贮藏等特点。腌腊肉制品主要有咸肉类、腊肉类、酱封肉类和风干肉类。

咸肉类产品是原料经过腌制加工而成的生肉类制品，食用前需经熟制加工。咸肉又称腌肉，其主要特点是成品呈白色，瘦肉呈玫瑰红色或红色，具有独特的腌制滋味，味稍咸，如咸水鸭、咸猪肉、咸牛肉等。

腊肉类制品是原料肉经食盐、硝酸盐、亚硝酸盐、糖及调味香料等腌制后，再经晾晒、烘烤或烟熏处理等工艺加工而成的生肉制品，食用前需熟化。与咸肉制品相比，腊肉制品经过了较长时间的晾晒和成熟过程，或者在腌制之后经过了烘烤或熏制处理，水分含量比咸肉制品低，风味比咸肉制品浓。主要特点是成品呈金黄色或红棕色，具有浓郁的腊香，滋味鲜美。如腊兔、腊羊肉、腊鸡、板鸭等。

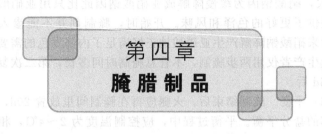

酱封肉类制品是原料肉经食盐、酱料（面酱或酱油）腌制、酱制后，再经脱水（风干、晒干、烘干或熏干等）而加工制成的生肉类制品，食用前需熟化处理。与咸肉类和腊肉类制品相比，酱肉类

制品加工时用了酱料，因此产品具有浓郁的酱香味，肉色棕红。

风干肉类是原料肉经过腌制后，经过洗晒（某些产品无此工序）、晾挂、干燥等工艺加工而成的生肉类制品，食用前需熟化加工。与其他腌腊肉制品相比，风干类产品水分含量较低，干而耐咀嚼，风味浓郁。如风干鸡、风干羊肉、风干鸭等。

二、腌腊制品加工原理

腌腊肉制品的种类很多，但加工过程基本相同。加工过程中的主要单元操作为腌制、干燥脱水和成熟。

1. 腌制

腌制是盐渗入肉组织内部，同时脱除肉中部分水分的过程。传统工艺过程一般要求腌制温度控制在10℃以下，工业化生产过程要求腌制温度控制在2～4℃。腌制温度高，盐分扩散速度快，可缩短腌制时间。

腌制方法分为干腌法、湿腌法和混合腌制法。干腌法简单易行，但腌制的均匀性较差。肌肉干腌的时间为每2.5cm厚约需7d，温度高时间短。湿腌法是将盐及其他配料配成一定浓度的盐水卤，然后将肉浸泡在盐水中腌制的方法。该法渗透速度快，质量均匀，腌制液可重复使用，但制品的色泽和风味不及干腌制品。湿腌法腌制时间与干腌法相近。混合腌制法是将干腌法、湿腌法结合起来腌制的方法，该法可以增加制品贮藏时的稳定性，防止产品过多脱水。

2. 干燥脱水

腌腊肉制品生产过程中的干燥脱水工艺表现为通风、晾晒、烘烤等生产操作，主要目的是使原料肉进一步脱水，使水分活度下降到产品安全保藏水平以下。

传统生产过程是将半成品悬挂于通风干燥处，于自然条件下将产品水分脱除到一定程度，所需时间依据产品的类型和大小而定，有的产品需要几天的晾晒时间，有的则需要几周时间。工业化生产过程是将半成品悬挂于干燥间，于一定的温度和湿度条件下强制通风，干燥到所需程度。干燥间的温度是重要的参数。温度低，产品易发酸和色泽发暗；温度高，滴油多，温度太高时，肉组织表层脱水太快，易在肉组织外表形成致密的脱水层，影响到内部水分的进一步脱除，反而降低脱水速度。干燥间温度一般控制在40～50℃，采用阶梯式控温程序，有利于提高干燥速度，保持产品质量。

3. 成熟

成熟是肉组织内部经历一系列生物化学变化，形成产品特有的风味、色泽和质地的过程。从其变化的化学本质讲，成熟并不是一个独立的生产步骤，它贯穿了从腌制到产品销售的整个过程。因成熟是一个缓慢的生化变化过程，需要一定的时间，因此实际生产过程中，在产品经过腌制和晾晒之后，再在一定的条件下放置一段时间，这个过程习惯上称为成熟。具体加工过程中有的称为发酵鲜化，也有的称为堆叠后熟或堆叠贮藏。

成熟过程中，蛋白质和脂肪的变化是形成风味的主要途径，该变化有内源酶的作用，也有来自于微生物的作用；腌制剂，如硝酸盐、亚硝酸盐、抗坏血酸盐及糖等成分的均匀扩散，以及和肌肉内成分进行反应是形成色泽和风味的主要过程。只有经历了成熟过程，腌制品才具有它自己特有的色泽、风味和质地，形成浓郁的腌腊味。温度控制在15～20℃、湿度为75%～85%，为比较适宜的成熟条件。

第二节　腌腊制品加工技术

一、城口腊肉

1. 配方

鲜猪肉100kg，精食盐3～4kg。

2. 工艺流程

猪肉切块→外表涂盐→烘干→保干贮藏

3. 操作要点

(1) 原料　生态养殖、去大骨的新鲜猪肉，粉质精盐。

(2) 制作条件　最佳加工季节为入冬至初春，气温在−4～8℃为宜。

(3) 猪肉切块　生猪屠宰去毛与汗皮，去除脏腑，胴体去大骨，切割成1500～2000g的肉块，头、脚破开。

(4) 涂盐　按3%～4%精盐涂抹猪肉外表（热猪肉直接抹盐，冷猪肉将盐炒热后涂抹），摊放。

(5) 烘干　待肉块吸收盐分后，挂入烘房开始烘（熏）干。烘干时用没有油质的木质燃料小火慢烘（熏），室内温度约20℃。当肉块手捏坚硬，里无湿心，外表呈淡褐色而油润，腊肉即加工成功，可上市销售或低温贮藏。

(6) 贮藏　城口腊肉是猪肉盐渍后的干制品。在温度15～20℃、通风干燥条件下贮藏，随着温度的降低贮藏期延长。9～20℃贮藏的保质期为60～90d，8℃以下贮藏的保质期为150～180d。在温度较高、环境潮湿条件下贮藏容易生虫、变质，失去食用价值。凡霉变、色变、生虫、自然变软者不能食用。

4. 成品质量标准

(1) 感官指标　外表脂肪微黄，瘦肉呈褐色，熟食气味浓，口感纯正。

(2) 理化指标　过氧化值≤0.5g/100g，三甲胺氮≤2.5mg/100g。

(3) 微生物指标　菌落总数≤200个/g，大肠菌群≤35个/100g，致病菌不得检出。

二、湖南特制无骨腊肉

1. 配方

肉坯100kg，精盐8kg，花椒粉200g。

2. 工艺流程

选料→制作→腌制→泡洗→烘焙→成品

3. 操作要点

(1) 选料　选择去骨的猪前、后腿作为其原料。

(2) 制作　选出品质上好的猪前、后腿，去掉骨头，然后把肉放在切肉板上，从后腿尾骨节处切第一刀肉。前腿槽头肉不能做特级腊肉，只能做二级腊肉。从第二刀起每条肉坯长40cm，宽3.3～4cm。

(3) 腌制　切完肉坯后，用秤称好。按比例配好辅料并且搅拌均匀，再把肉放入辅料内拌匀（每次放2.5～5kg），直至每块肉坯沾上辅料为止，然后一块块拿出放入缸或池内腌制。春、夏季腌3～4d，秋、冬季腌7d左右。

（4）泡洗　出缸后把每块肉坯从膘头3.3cm以下用小刀刺一小孔，穿上麻绳，再投入清水池内泡洗1～2h后捞出。

（5）烘焙　穿入竹竿（每竿穿12块，按烘烤柜大小决定），送入烘柜内烘焙36h出柜，即为成品。成品腊肉无腐败气味，皮上无毛，皮和肥肉颜色金黄，精肉红亮，刀工整齐，无碎骨，有浓郁的香味，出品率65%。

4. 成品质量标准

（1）感官指标　无腐败气味，皮上无毛，皮和肥肉颜色金黄，精肉红亮，无碎骨，有浓郁香味。

（2）微生物指标　菌落总数≤150个/g，大肠菌群≤30个/100g，致病菌不得检出。

三、贵州小腊肉

1. 配方

猪五花肉50kg、川盐3100g，白糖250g，酱油1000g，硝酸钠25g。

2. 工艺流程

选料→腌制→烘烤→成品

3. 操作要点

（1）选料　选用经卫生检验合格的猪五花肉或后腿肉，修整洗净后，切成长22～24cm、宽3～3.5cm、厚约4.5cm的条块，去净骨头。

（2）腌制　将盐用火炒过，晾凉后与硝酸钠拌和均匀，将肉条放在混合盐内擦搓均匀后，放入容器内腌制2～3d（冬季3～4d），取出后用温开水洗净，再加入白糖、酱油复腌1～2d，即可进行烘烤。

（3）烘烤　将腌好的肉用麻绳结扣串于肉条首端，挂在竹竿上即入炉烘烤。初始温度不能超过40℃，烤4～5h后，火力可升至50℃左右，烤12h左右即熄火降温，将上层肉条移下，下层肉条移上，再升温烤12h，视肉皮已干、瘦肉已呈紫红色时即可出炉。

4. 成品质量标准

(1) 感官指标　成品精肉呈紫红色，肥肉透明，腊香浓郁。

(2) 微生物指标　菌落总数≤90 个/g，大肠菌群≤20 个/100g，致病菌不得检出。

四、陕北缸腌腊猪肉

1. 配方

猪肉 100kg，食盐 10kg。

2. 工艺流程

原料预处理→炒盐→上盐→腌晒→搓盐→复腌→半熟加工及腌制→成品

3. 操作要点

(1) 选料、切块　选用健康的、在比较卫生的条件下宰杀的猪肉，除净残留毛，刮洗净血污脏垢，去骨（肋肉可带骨），去蹄膀，然后按要求切成宽 10～12cm、厚 5～7cm 的方块备用。

(2) 工具准备　将缸及石板盖准备好，用清水刷洗干净，然后盖好盖，放在适当的地方备用。缸的大小应视肉量的多少来选择，一般要求肉装至离缸口 20～30cm 为宜，过大、过小都不利于肉的保存。

(3) 炒盐　将所需要的大青盐放入铁锅内炒，炒至微黄时即可。炒盐对产品质量影响很大，是“缸腌腊肉”成败的关键。

(4) 上盐　将炒好的盐放于盆内，在盐未凉时，把肉块放进盐中滚几下，使肉块表面沾上较厚的一层盐，提起肉块轻抖几下，以不掉下盐粒为度。

(5) 腌晒　将上好盐的坯块摆放在干净的盖片（高粱秆的盖子）上，放在太阳下腌晒，夏、秋季大约为 1d，冬、春季约为 3d，以晒至表面渗出水分为佳。

(6) 搓盐　将晒好的肉块坯，再拿盐搓上 1 次，其目的是搓出多余的水分，补些盐分。

(7) 复腌　将搓好的坯肉块，抖擦去多余的盐粒和水分，使表面相对干燥，再进行复腌。

(8) 半熟加工及腌制　有咸味较浓的盐埋法与盐味较淡的油封

法两种。

① 盐埋法。将腌好晾凉的肉块，皮面向上摆放在笼里蒸 10～15min 后，取出晾凉。先将炒好的盐进行压底，其厚度约 5cm，然后将肉块肥瘦搭配，排列整齐，稍留空隙，皮面向上，放入缸内一层，然后撒上一层盐，盖没肉面，轻压一下，接着装第二层肉，直至装完为止。最后一层盐应撒 5～8cm 厚，稍压实即可。

② 油封法。将猪的板油、五花油等油脂炸炼，除去油渣后，加油加热，控制在六七成热，将腌好晾凉的肉块逐块放入油锅内浸泡，炸至肉边起色时为度，捞出晾凉，直至炸完。将泡炸过的油继续加温炼至水分耗净后澄清，除去渣质待用。将油浸过的肉块逐块放入缸内，要求皮面向上，排列整齐，肥瘦相间，上层与下层肉块错位，左右留有空隙，层层装进，装至离缸口 25～30cm 时为宜。将除干水分的澄清油油温降至 40～50℃，徐徐倒入缸内，淹过肉面 5～10cm 时为止。先将石板盖盖好，一边隔起空隙，待油冷却后盖严。

(9) 成品　贮存 2～3 年不变质。

4. 成品质量标准

(1) 感官指标　成品外形整齐的方块状，瘦肉呈红色或暗红色，肥肉呈白色或淡黄色，肉质鲜嫩多汁咸淡适中，香味纯正浓郁，具有特殊的腌腊风味。

(2) 微生物指标　菌落总数≤300 个/g，大肠菌群≤42 个/100g，致病菌不得检出。

五、四川腊肉

1. 配方

猪肉 50kg，盐 3.75kg，白糖 250g，硝酸钠 25g，白酒 500g，五香粉 150g。

2. 工艺流程

原料选择与修整→腌制→烘烤→成品

3. 操作要点

(1) 原料选择与修整　选用经卫生检验合格的鲜猪肉为原料。修净猪毛，割去头、尾和猪脚，剔净骨头、淤血、淋巴、脏污等。

切割成长 33～40cm、宽 5～7cm 带皮的长条。

（2）腌制　将盐放在铁锅内炒热，晾凉后放入硝酸钠、辅料拌均匀。将拌匀的混合料均匀地擦在肉及肉皮上，然后放入缸内或池内，放时皮面向下，肉面向上，都装好后，最后一层肉皮面向上，肉面向下，装满为止，并将剩余的盐、硝酸钠、辅料放在上层。腌制 2～3d 进行翻缸，翻缸后再腌 2～3d（冬至后立春前因气温低，可腌 3d，立春后气温上升，盐分容易渗入肉内，故腌 2d）即可出缸，出缸后的肉条，用清水洗净皮肉上的白沫，拿铁针或尖刀在肉块上端穿眼并用麻绳结套拴扣，悬挂于竹竿上，搁在通风的地方晾干水分后即可送入烘房烘烤。

（3）烘烤　烘烤时将串有肉条的竹竿送入烘房，由上层至下层，由里面到外面，一竿一竿地挂好，竹竿与竹竿、肉与肉之间需保持一定间距，以不相互挤压为尺度。用木炭放入瓦盆内，放入烘房的四角及中间共五处，升火烘烤，全部烘烤时间为 32h。烘烤 12h 后火力由初燃逐渐升至 42℃，在此期间内，温度如超过 42℃，则宜迅速降低，使保持在 42℃，否则肉会被烤煳或流油。烤至 12h，看到肉皮呈现黄色，即可熄火进行翻坑，将上下二层位置互换，再升火烘烤 20h（在此期间温度最高不超过 46℃），视肉皮已干硬、瘦肉内部呈酱红色即可出炉。腊肉连竹竿从烘房中取出，悬挂于空气流通处，待晾凉后方可进行包装，否则腊肉容易变酸。

（4）成品　四川腊肉呈长方形，成品长 33～40cm、宽 5～7cm，带皮无骨。每条净重量 0.5～1kg，每 50kg 鲜猪肉出成品为 36kg 左右。

4. 成品质量标准

（1）感官指标　颜色金黄，咸度适中，腊香味，无烟熏味。

（2）微生物指标　菌落总数≤130 个/g，大肠菌群≤50 个/100g，致病菌不得检出。

六、四川小块腊肉

1. 配方

鲜猪肉 100kg，白糖 1kg，精盐 7～8kg，硝酸钠 50g，花椒 100g，混合香料 150g（桂皮 3 份、大茴香 1 份、荜拨 3 份、甘草 2

份，混合后碾成粉末），白酒 150g。

2. 工艺流程

原料选择与修整→腌制→烘烤→成品

3. 操作要点

（1）原料选择与修整　精选整片带皮去骨的鲜猪肉，切成长 27～36cm、宽 33～50cm 的肉块。

（2）腌制　先把盐、白糖、白酒、花椒、硝酸钠和混合香料拌匀后涂抹在每块肉块上，皮面朝下，肉面朝上（最上一层要皮面朝上）整齐地分层平放，堆叠在腌制用的容器中，并把用剩的配料也全部撒在肉面上进行腌制。3～4d 后要从上到下翻缸一次。翻缸后再腌 3～4d，待配料全部渗入肉内即可取出。先用温水洗净肉上的白霜和杂质，然后用麻绳将肉系好挂在竹竿上，晾挂在通风的地方，待晾干后，就可烘烤。

（3）烘烤　将肉块送入烘房，开始时烘房温度掌握在 40℃左右，4～5h 后逐渐升温，但最高不要超过 55℃，以免烤焦流油，影响质量。烘烤时间共需 40～48h，烘烤中看到肉皮略带黄色，即需翻竿，使受热面均匀一致。待肉皮干硬，瘦肉呈鲜红色，肥肉透明或呈乳白色时，说明已达到成品标准。在烘烤过程中需视肉色情况随时调节火候，以保证产品质量。成品出烘房后不要堆叠，应将其晾挂在通风阴凉处，待肉内热气散尽后再放进竹篓或木箱中。

4. 成品质量标准

（1）感官指标　肉质光洁，表面无盐霜；瘦肉红亮，肥肉金黄，皮坚硬呈棕红色，肉身结实，具有腊味食品所特有的醇香味道。

（2）微生物指标　菌落总数≤160 个/g，大肠菌群≤40 个/100g，致病菌不得检出。

七、四川涪陵咸肉

1. 配方

猪肉 100kg，盐 15～18kg。

2. 工艺流程

原料加工→第一次上盐→叠放→第二次上盐→复盐→成品

3. 操作要点

(1) 原料加工　将整只鲜猪开成两片，割去头尾，清理掉淋巴腺血巢、板油及碎肉。在颈后第一筋骨间用刀戳进去，深6～7cm，扇子骨要掀起，前脚下骨节要切断，后腿上前、后、中各开一刀，抽出四脚蹄筋，膀骨间划2～3刀，以使盐能浸入。

(2) 第一次上盐　上盐腌制十分关键，上盐时要把盐由刀口擦到肉内，所有的肉缝都要擦到，前后腿、脊骨上的肉厚骨多部分要多用盐，肉薄处则少擦些。四只蹄膀要用盐擦匀。天气热时皮面也要用盐擦匀，否则会造成腐腻。冬天气温低时不会引起腐腻现象，故不用擦盐。用盐量受气温影响较大，一般100kg肉第一次上盐3～4kg，温度高时多一些，温度低时则少一些。

(3) 叠放　上完盐后叠放，下面铺木板等物，皮面向下，一层压一层，堆放4～5层即可。

(4) 第二次上盐　第二天开始第二次上盐，100kg肉用盐7～8kg，上完盐后将皮面向下码放。码放时要一层一层向上堆，使腔内有盐卤，不要让蹄膀、脊骨脱盐，如有脱盐现象，应及时补上。如遇天气骤变，则要及时翻堆，调节堆内温度，防止部分受热脱盐。同时保证咸淡均匀，免得猪肉变质。

(5) 复盐　一般在第二次上盐后的7～8d开始复盐，100kg肉用盐5～6kg，在每片肉上都擦涂均匀，继续腌制半个月即成。

4. 成品质量标准

(1) 感官指标　外表干燥清洁，质地紧密而结实，切面平整有光泽，具有咸肉固有的风味。

(2) 微生物指标　菌落总数≤100个/g，大肠菌群≤37个/100g，致病菌不得检出。

八、浙江咸腿

1. 配方

鲜肉100kg，盐18kg。

2. 工艺流程

原料选择→修整→腌制→贮藏

3. 操作要点

(1) 原料选择　选用肉质新鲜的猪肉为原料。

(2) 修整　剔去第一根肋骨，割去血槽部分和碎油脂，探去脊髓，去净污血、黏膜、碎肉，勾去蹄脚壳。白腿（即咸腿原料）应修成火腿坯形。一般要求不开刀门。猪身过大的要开刀门，气温在21℃以上开大刀门；15℃以下开小刀门；10℃以下开保险刀。要根据气候情况、肉身厚薄及肉质新鲜程度决定。

(3) 腌制

① 出水盐（第一次上盐）用盐量，以上大盐不脱盐为原则。做到上盐均匀（刀门处尤应注意）。手托肉片，轻轻堆放，前低后高，堆叠整齐。

② 上大盐，一般在第一次上盐的次日。上盐时要沥去盐卤，抹上新盐，上盐要均匀，刀门处要塞进适量的盐，肉面上适当撒盐，堆放整齐。

③ 上三盐，上大盐4～5d后，进行翻堆上盐。上盐时适当抹动陈盐，撒上新盐。上盐要均匀，前夹心用盐可稍多，注意咽喉骨、刀门、项颈处上盐，排骨上面必须粘住盐，肉片四周抹上盐，堆叠平整。

④ 上三盐后经7d左右为嫩咸肉（半成品），以后根据气候情况及时翻堆，继续上盐。从第一次上盐起25d以上为老咸肉（成品）。全部用盐量为每100kg的肉约用盐18kg。

(4) 贮藏

① 不能及时销售、外调的成品咸肉，应经过检验后下池（缸）浸卤贮存，所用工具、容器要干燥、清洁，盐卤要清洁凉透。

② 咸肉下池（缸）应按顺序放平，最上一层要皮面向上，撑压好后灌入盐卤，直到全部浸没为止。平时要经常检查，如发现卤水混浊或有异味，应立即采取措施，重煎卤水。

③ 煎卤时火力要猛，随时搅拌，捞去浮沫，煎至食盐全部溶透为止。卤水浓度为24～25°Bé。

4. 成品质量标准

(1) 感官指标　腊香浓郁，味厚鲜美，干爽结实。

(2) 微生物指标　菌落总数≤200个/g，大肠菌群≤60个/100g，致病菌不得检出。

九、可乐猪腊肉

1. 配方

肉品 100kg，食盐 3kg，白砂糖 4kg，曲酒 2.5kg，酱油 3kg，亚硝酸盐 0.01kg。

2. 工艺流程

原材料选择→预处理→配料→腌制→烘烤→包装

3. 操作要点

（1）原材料选择　猪肉为贵州毕节可乐猪肉，精选肥瘦层次分明的去骨五花肉。

（2）预处理　一般猪肉肥瘦比例为1∶1或2∶3，切成长方形肉条，长38～42cm，宽2～5cm，厚度1.3～1.8cm，重0.2～0.25kg。

（3）配料　配方腌制剂用10%的清水溶解，倒入容器中，放入肉条，搅拌均匀。

（4）腌制　每隔30min搅动1次，腌制24h后取出晾干，然后烘烤上色。

（5）包装　真空包装在20℃条件下保存3个月，即腊肉成品。

4. 成品质量标准

（1）感官指标　腊香浓郁，溢香绵长，咸度适中，肉质鲜嫩。

（2）微生物指标　菌落总数≤50个/g，大肠菌群≤10个/100g，致病菌不得检出。

十、陆川腊乳猪

1. 配方

食盐 30g，白糖 60g，曲酒 10mL，酱油 15mL，甘草粉 10g，沙姜粉 10g，亚硝酸钠 0.1g。

2. 工艺流程

原材料选择→预处理→配料→腌制→上架→上色→烘制→冷却包装→成品

3. 操作要点

（1）原材料选择　陆川腊乳猪选择1月龄、7kg左右的陆川小仔猪制作。

（2）预处理　经过屠宰开膛后的猪体首先要进行修整，用刀剔去猪体边缘及周围多余的碎肉。然后把猪体腹朝上，平摊在案板上。用刀把猪肉划成3～5cm的方块状，用力不能太大，以免划破猪皮。划成小块不仅可以防止烘烤时受温不均，而且腌制时也容易入味。

（3）配料　味道鲜美的陆川腊乳猪在配料上要求严格，配料前准备100mL、500mL、1000mL的量筒和盛成品料的不锈钢容器，称料用电子秤。亚硝酸钠在使用时要用1000倍的水稀释。

（4）腌制　把搅拌均匀的配料倒入腌制盆内的猪体表面，轻轻揉搓，使配料均匀渗入。然后放入低温间，调温至3～10℃，腌制6h，每2h翻动一次。

（5）上架　上架的目的是为了定型和方便烘烤，用铁丝把腌制好的乳猪固定在椭圆形的铁制架上，固定7个部位，分别是4条腿，头部、猪腹部左右两侧。上架完成后，用清水冲洗猪体背部，清洗干净后挂在铁支架上晾干。

（6）上色　猪体表皮水分晾干后就可以上色。上色是针对猪皮的色泽处理，上色以老抽作为原料，用刷子把老抽均匀涂抹在猪皮上，要注意在耳根、腿部有皱褶的地方也要涂抹均匀。上色完成后晾干。

（7）烘制　上色后即进入烘制环节。烘制时对温度、时间要把握准确，烤房内猪体要摆挂整齐，猪体前后左右距离是8～10cm，温度为45～60℃。整个烘烤过程需要120h。在烘烤至6h时把猪体拿出烘房拆架，这时的猪体已经定型完成，但不是很硬，方便拆架。拆完架后继续烘烤至120h猪体呈红褐色，腊香味浓郁扑鼻，这时的腊乳猪就可以出烘房了。

（8）冷却及包装　出了烘房的腊乳猪要先挂在冷却架上进行自然冷却。包装前要对腊乳猪再次修整，用手工把腊乳猪整平，用刀把猪体周围不规则的赘肉去除，这样不仅可以达到美观的目的，还可以防止坚硬的干肉刺破包装袋。修整完毕的腊乳猪要进行真空包装。把腊乳猪平整放入专用食品真空包装袋，上电动抽充气自动包装机抽空袋内的空气并封口。打印生产日期也是包装中不可缺少的环节，用自动打码机在封口处打印好生产日期，装入外包装袋封口装箱待售。

4. 成品质量标准

(1) 感官指标　呈红褐色，腊香味浓郁扑鼻。

(2) 微生物指标　菌落总数≤70 个/g，大肠菌群≤15 个/100g，致病菌不得检出。

十一、新型腊香猪

1. 配方

白条猪 100kg，食盐 6kg，白糖 2kg，亚硝酸钠 15g，五香粉 500g。采用油溶性天然色素辣椒红：油溶性抗氧化剂：色拉油＝50：10：1000（重量比）配制的防护油涂布。

2. 工艺流程

原料处理→腌制→漂洗→造型→烘干→下架烙印→涂油→切分→包装→成品

3. 操作要点

(1) 原料处理　以新鲜的白条香猪为原料，对加工腊香猪要求剔除头骨、胸骨及肋、脊椎骨、肩脚骨等，剔后腿骨时仅留尾骨，以保持尾巴的完好，小腿骨前的股骨、髌骨必须剔除，在肉层厚的部位，沿肌肉的纹络开 5～6cm 小刀口数条，以保证腌制和烘干顺利进行。

(2) 腌制　在原料处理完毕 1h 内，即时利用低温冷库进行腌制，库温在 4～6℃之间，环境湿度为 90%～95%，时间 4d，采用干法腌制为主。

(3) 漂洗　要求用自来水漂洗去除肉坯表面的颗粒状香辛料，避免影响感官质量。

(4) 造型　造型是决定整体腊香猪外观质量的关键工序。造型架用前必须进行消毒处理，将肉坯平铺于造型架上，然后用固定器固定，再竖直挂放在烟熏炉的标准小车上，要求肉坯间相隔 10cm。然后将挂满肉坯的标准小车推入炉内等待烘干。

(5) 烘干　烟熏炉具有良好的热风强制循环干燥功能，保证定温、定时、除湿实现自动化管理，有利于缩短烘干时间，获得均匀的质量，防止尘埃污染。烘干过程分为两阶段，第一阶段温度控制在55～60℃，时间为4～6h，第二阶段温度控制在60～65℃，时间为16～18h，取出时水分含量可降至10%～15%。

(6) 下架烙印　对整体腊香猪可用燃气喷枪在皮面套模烙字或烙图案，以烘托产品特有的品性。该法快速、便捷，非常适合工厂化操作。而对切分的产品，可省去此操作。

(7) 涂油　为防止脂肪劣变，在烙印完毕，采用油溶性天然色素辣椒红：油溶性抗氧化剂：色拉油=50：10：1000（重量比）配制的防护油涂布肉、皮面，利用油溶性抗氧化剂放出氢原子阻隔油脂自动氧化和自身发生自动氧化，从而实现缓解脂肪氧化的目的。同时防护油还具有上色和防蚊蝇叮咬作用。

(8) 切分包装　对分装产品必须切分处理。出炉的产品降到常温后，应迅速真空包装，防止产品回潮和被再次污染。

4. 成品质量标准

(1) 感官指标　色泽鲜明均匀，肌肉呈鲜红色，口味丰满、醇厚，咸味适中，油而不腻，肉身干爽结实。

(2) 理化指标　食盐<7%，亚硝酸盐<20mg/kg，水分<25%。

(3) 微生物指标　菌落总数≤130个/g，大肠菌群≤30个/100g，致病菌不得检出。

十二、南方玫瑰腊肠

1. 配方

猪肉100kg（其中猪瘦肉70kg，猪肥肉30kg），玫瑰露酒（或50°白酒）2.5kg，白酱油5kg，硝酸盐0.25kg，精盐2.5kg，白糖7.5kg。

2. 工艺流程

原料预处理→灌制→烘烤→成品

3. 操作要点

(1) 原料预处理　将瘦肉切成小块，用8mm或10mm滤眼的绞肉机绞碎，肥肉切成约1cm大小的方块并在温水中清洗一次，滤干；然后将绞后的肉糊、肥肉丁与其他辅料混合均匀，浸渍5～10min即成肉馅。

(2) 灌制　取盐渍后的猪小肠衣，以清水湿润，先用温水灌洗一次，末端打结，然后灌制。灌制时用钢针刺小孔，以排除空气及多余水分，然后按规格打结，用20℃左右的温水清洗表面一次，以除去油腻杂质。

（3）烘烤　将灌制好的鲜肠放入烘房烘烤，烤温先维持在45～50℃，温度过高会引起脂肪溶解而使腊肠失去光泽，过低则难于烘干，都会影响质量。烘至表面鲜亮发光，然后放在日光下晒至成品。

4. 成品质量标准

（1）感官指标　膘色黄亮，肌肉深红，咸淡适口。

（2）微生物指标　菌落总数≤60 个/g，大肠菌群≤36 个/100g，致病菌不得检出。

十三、腌培根肉

1. 配方

猪腹肉（肥瘦适宜）50kg，盐 140g，白砂糖 440g，亚硝酸钠 0.01kg，硝酸钠 0.02kg，磷酸钠 0.1kg。

2. 工艺流程

原材料预处理→腌制→腌制后处理→烟熏→烟熏后处理→护色

3. 操作要点

（1）原材料预处理　用经过彻底加工过的、重量相同的、新鲜的猪腹肉。肉块的重量为 4.5～5.4kg、5.4～6.3kg、6.3～7.2kg、7.2～8.1kg。将肉去皮后冷冻，使其内部温度为 2.8～3.3℃。在腌制前在成型机里成型。

（2）腌制　将盐、白糖、亚硝酸钠、硝酸钠、食品级磷酸钠充分混合，即成腌制混合粉料。用穿刺机给猪肉扎眼，当猪腹肉沿着传送带达到腌制的地方时，将腌制混合粉均匀地撒在第一片肉的上面。腌制料的用量为，猪腹肉重量 4.5～5.4kg 时，腌制混合粉料用量 198g；猪肉 5.4～6.3kg 时，混合粉料用量 227g；猪肉 6.3～7.2kg 时，混合粉料用量 255g；猪肉 7.2～8.1kg 时，混合粉料用量 283g。不必将腌制混合粉料搓揉到猪腹肉里面去，只需将调料均匀地涂抹在每一片肉的表面。腌制是在离地面至少 20cm 的垫板上或是架上进行。将腌制混合料撒在垫板上或是架子上的搁板上，然后将猪肉以十字形堆叠8～10层，以防止在腌制过程中变质。堆叠的时候总是将有孔的面朝上，而且在堆叠时尽可能地压紧，以防止产生气泡。在腌制期间，用一张上面铺有一层蜡纸的帆布将肉垛覆盖起来，并尽可能与空气隔离。然后在3.3～4.4℃的条件下腌制4～5d。

（3）腌制后处理　不要将猪腹肉浸泡在水里，而要用热水淋浴冲洗，并用软的纤维刷子刷。

（4）烟熏　将清洗后的猪腹肉挂在熏肉钩上，再以一定间隔挂到烟熏架上，以防止相互碰撞。在烟熏之前，先将烟熏室加热到57.2℃并完全打开风门，使熏肉的表面干燥，以后再调整风门到1/4，并开始烟熏。室温保持在57.2℃直到肉的内部温度达到52.8～53.3℃，然后将烟熏室温度降到48.8℃，并继续烟熏直到获得理想的熏肉颜色。

（5）烟熏后处理　烟熏架转移到温度为4.4～5.6℃的冷冻室里，并且保持在这个温度下，直到熏肉的内部温度达到2.8～3.3℃，然后成型、切片和包装。成型和切片的操作均在卫生条件良好、温度3.3～4.4℃的屋子里进行。

（6）护色　为了获得更稳定的颜色，当熏肉片在传送带上通过切片机的时候，在上面洒上5%的赤山梨酸钠。

4. 成品质量标准

（1）感官指标　无硬骨，皮面无毛，精瘦肉鲜艳，皮呈金黄色。

（2）微生物指标　菌落总数≤90个/g，大肠菌群≤40个/100g，致病菌不得检出。

十四、湖南腊肉

1. 配方

鲜肉100kg，加工带骨腊肉用食盐7kg，精硝0.2kg，花椒0.4kg。加工无骨腊肉用食盐2.5kg，精硝0.2kg，白糖5kg，白酒及酱油各3.7kg，蒸馏水4kg。

2. 工艺流程

备料→腌渍→熏制→成品

3. 操作要点

(1) 备料 取皮薄肥瘦适度的鲜肉或冻肉刮去表皮污垢，切成0.8～1kg、厚4～5cm的标准带肋骨的肉条。如制作无骨腊肉，还要切除骨头。辅料配制前，将食盐和硝压碎，花椒、茴香、桂皮等香料晒干碾细。

(2) 腌渍 有三种方法。

① 干腌 切好的肉条与干腌料擦抹擦透，按肉面向下顺序放入缸内，最上一层皮面向上。剩余干腌料敷在上层肉条上，腌渍3d翻缸。

② 湿腌 将腌渍无骨腊肉放入配制腌渍液中腌15～18h，中间翻缸2次。

③ 混合腌 将肉条用干腌料擦好放入缸内，倒入经灭过菌的陈腌渍液淹没肉条，混合腌渍中食盐用量不超过6%。

(3) 熏制 有骨腌肉，熏前必须漂洗和晾干。通常每100kg肉坯需用木炭8～9kg、木屑12～14kg。将晾好的肉坯挂在熏房内，引燃木屑，关闭熏房门，使熏烟均匀散布，熏房内初温70℃，3～4h后逐步降低到50～56℃，保持28h左右为成品。刚刚成的腊肉，须经过3～4个月的保藏使其成熟。

4. 成品质量标准

(1) 感官指标 色泽鲜亮，美观，醇香味美，肥而不腻。

(2) 微生物指标 菌落总数≤100个/g，大肠菌群≤20个/100g，致病菌不得检出。

十五、香味腊肉

1. 配方

鲜猪肉10kg，细盐0.7kg，大小茴香、桂皮、花椒、胡椒共100g，葡萄糖50g，白糖400g，60°白酒300g，酱油350g，冷开水500g。

2. 工艺流程

备料→腌渍→晾晒→熏制→成品

3. 操作要点

(1) 制作 小茴香、桂皮、花椒、胡椒焙干，碾细和其他调料拌和，肉切成（3～4)cm×6cm×35cm，放入调料中揉搓拌和后放入盆腌，腌3d后翻一次，再腌4d捞出，放入洁净冷水中漂洗，干燥阴凉通风处晾干。

（2）熏制、包装　以杉、柏锯末或玉米芯、花生壳、瓜子壳、棉花、芝麻夹等作熏料。熏火要小，熏室内温度控制在50～60℃，烟要浓，每隔4h翻动一次。熏到肉全黄（约24h）后放置10d左右，让它自然成熟即可成香味腊肉。吊于干燥、通风、阴凉处可保存5个月。坛装放在有3cm厚生石灰的坛内，密封坛口可保存3个月。装入塑料食品袋中扎紧口，埋于粮食或草木灰中可保存1年以上。

4. 成品质量标准

（1）感官指标　产品皮薄，脂肪少，色泽橘黄发亮，香味四溢，爽脆可口。

（2）微生物指标　菌落总数≤65个/g，大肠菌群≤22个/100g，致病菌不得检出。

十六、咖喱腊肉

1. 配方

原料肉50kg，精盐1.5kg，硝酸盐25g，砂糖3kg，无色酱油1.25kg，白酒0.75kg，白胡椒粉100g，咖喱粉25g。

2. 工艺流程

选料→腌制→烘制→成品

3. 操作要点

（1）选料　选新鲜猪肋条肉，去骨后切成长约4cm，宽约4cm的肉条。

（2）配料　根据配方调配各种调味料。

（3）腌制　按肉条实际重量比例称取食盐和硝酸盐，腌制12～14h，起缸后用40～45℃温水洗去表面淤血等污物（不要浸泡），然后将其他配料混合均匀，再腌制2～3h。

（4）烘制　腌制后穿上麻绳，挂于杆子上，送入烘房用木炭烘制，温度控制在50～55℃，烘36h即为成品。其出品率在70%以上。

4. 成品质量标准

(1) 感官指标　色泽金黄，不带碎骨，肥膘透明，肉身干燥，有腊制香味。

(2) 微生物指标　菌落总数≤55 个/g，大肠菌群≤17 个/100g，致病菌不得检出。

十七、藏香猪低盐腊肉

1. 配方

藏猪肉 100kg，白砂糖 4kg，食盐 3kg，酱油 3kg，曲酒 2.5kg，亚硝酸盐 0.01kg，混合香辛料 0.1kg。

2. 工艺流程

原料肉（冻结肉）→解冻→分剔肋骨肉→切条整形→称重→加入腌制剂→在滚揉机滚揉腌制（4～6℃，1h）→摆放于腌制缸中腌制（4℃，48h）→于 40℃水中清洗（除表面浮油、杂物等）→晒干→于烘房中烘烤干燥（60℃，24～32h）→烟熏（70℃左右，1h）→关闭烟道→干燥至成品→关机降温→冷却→真空包装

3. 操作要点

(1) 原料的验收　精选肥瘦层次分明的去骨五花肉或其他部位的肉，一般肥瘦比例为 5∶5 或 4∶6。

(2) 原料的处理　剔除硬骨或软骨，切成长方形肉条，肉条长 38.0～42.0cm，宽 2.0～5.0cm，厚 1.3～1.8cm，重 0.20～0.25kg，在肉条一端用尖刀穿一小孔，系绳吊挂。

(3) 腌制　一般采用干腌法和湿腌法腌制。根据配方称取各种调料，用 10%清水溶解配料，倒入容器中，然后放入肉条，搅拌均匀，使肉条充分吸收配料，取出肉条，滤干水分。

(4) 烘烤或熏制　腊肉因肥膘肉较多，烘烤或熏制温度不宜过高，一般将温度控制在 45～55℃，烘烤时间为 1～3d。根据皮、肉颜色可判断烘烤是否完成，皮干、瘦肉呈乳白色即可。熏烤常用木炭、锯木粉、瓜子壳、糠壳和板栗等作为燃料，在不完全燃烧条件下进行熏制，使肉制品具有独特的腊香。

(5) 包装和保藏　冷却后的肉条即为腊肉成品。采用真空包装，即可在 20℃下保存 3～6 个月。

4. 成品质量标准

（1）感官标准　肥肉透明或呈乳白色，瘦肉呈玫瑰红色，具有独特的腊香。

（2）理化指标　水分含量≤35%，食盐≤4%。

（3）微生物标准　菌落总数≤90 个/g，大肠菌群≤40 个/100g，致病菌不得检出。

十八、腌酸肉

1. 配方

猪五花肉 3kg，香糟 500g，黄酒 300mL，玉米粉 1.5%，盐适量。

2. 工艺流程

原料预处理→腌制→成熟→成品

3. 操作要点

（1）原料预处理　把自宰或购来的生鲜肉，最好是猪头肉，剔去骨，连皮一起置于炭火上，将皮烧焦，用刀刮去焦黑污物，目的是除掉汗毛、污物，切勿用水刮洗，刮净后肉皮呈金黄色，然后切成薄片盛入盆中。再将事先备好的食盐、糯米（或粟米）等配料按比例分别倒入盛肉片的盆中搅拌均匀。

（2）腌制　将洗净的坛子倒立，坛口向下，用糯稻草烧烟熏坛 2～3min，使坛内烟雾缭绕，再把坛子放正，当浓烟正从坛内溢出之时，及时将调配好的猪肉塞入坛中，随后用手使劲压紧坛内猪肉，再将一颗烧红的木炭火（大小均可）吹红，放入坛中压紧的猪肉面上，同时加盖坛盖，并放坛盘水密封，置于阴凉干燥之处并注意经常保持坛盘水的充足。

（3）成熟　待到腌制成熟（一般夏天 10d，冬天两星期）时，就可开坛取之食用。

4. 成品质量标准

（1）感官指标　色泽洁白，糟香浓郁，味鲜不腻。

（2）微生物指标　菌落总数≤230 个/g，大肠菌群≤50 个/100g，致病菌不得检出。

十九、湘西腊肉

1. 配方

猪肉 100kg，食盐 5kg，花椒 2kg，五香粉 1kg。

2. 工艺流程

原料准备→盐椒粉腌渍→熏烘→下架贮藏

3. 操作要点

(1) 原料准备　食盐、花椒、五香粉适量。选择冬至后宰杀健康的猪，将猪肉切成肉条。

(2) 盐椒粉腌渍　肉、食盐、花椒、五香粉按 100∶5∶2∶1 的比例，将盐椒粉拌匀备用。将猪肉擦抹盐椒粉后，装入大缸腌渍，大块肉条放下部，小块、薄肉条放上部。装满后用木板或薄膜盖住，不需翻动。腌渍 20～30d。

(3) 熏烘　将腌渍好的肉条逐条穿绳悬挂在火塘上方的吊架上，以火塘中心点向四周扩展。肉条离火塘高 1.2～1.6m，利用冬季农家火塘上燃烧柴薪产生的烟热气进行熏烘。日熏烘夜晾露。熏烘期为 30～60d，燃料以炭薪林、用材林、锯木粉、枯饼、谷壳为佳，切勿用垃圾或废纸屑、农膜烧熏。熏烘时火苗不宜过大过急，以防外干内生。肉条四周不宜用竹帘或农膜围栏。中途可将吊挂的肉条相互调换位置。

(4) 下架贮藏　经 1～2 个月熏烘后肉条变干，色泽由白变褐红色，可下架食用或贮藏。为了延长食用期，可用以下方法贮藏，一是将熏烘好的肉条藏在谷堆或谷壳中；二是藏入锯木屑中；三是挂在通风干燥的壁板上；四是用稻草包裹放在干燥处。

4. 成品质量标准

(1) 感官指标　呈褐红色，麻辣咸香，味美可口。

(2) 微生物指标　菌落总数≤90 个/g，大肠菌群≤30 个/100g，致病菌不得检出。

二十、镰刀肉

1. 配方

后腿肌肉 100kg，白砂糖 6kg，食用盐 3kg，曲酒 0.5kg，味精 0.4kg，D-异抗坏血酸钠 0.3kg，亚硝酸钠 0.015kg。

2. 工艺流程

原辅料验收→原料肉解冻→整理造型→腌制发酵→烘干→称重包装→检验→成品入库及贮存

3. 操作要点

（1）原辅料验收　选择产品质量稳定的供应商，对新的供应商进行原料安全评价，向供应商索取每批原料的检疫证明、有效的生产许可证和检验合格证。对每批原料进行感官检验，对原料猪后腿肉、白砂糖、食用盐、味精等原辅料进行验收。

（2）原料肉解冻　原料猪后腿肉在常温条件下解冻，解冻后在22℃下存放不超过 2h。

（3）整理造型　选用猪后腿肉经去皮、血伤、淋巴结等工序，修去部分碎肉，取用腿部肌肉，切成条状，长 15～20cm、宽 4～6cm，一端斜角，另一端尖角待用。

（4）腌制发酵　称重按比例配制料液，洒在肉面上反复擦抹，待出卤后排成一堆，进行腌制发酵，经 24h 后取出平摊在不锈钢筛网上。

（5）烘干　吹晒 2d 后，进入烘房干燥。烘干温度 50～55℃，时间 15h 左右。

（6）称重包装　冷却后进行真空包装，为造型美观，选用逐只包装，称重装盒或装箱，进入成品库。

（7）检验　按产品标准的要求进行感官和理化检验，合格后方可出厂。

（8）成品入库及贮存　包装好的产品及时进入库中存放，保质期 6 个月。运输车辆必须进行消毒和配备冷藏设施。

4. 成品质量标准

（1）感官指标　外形美观，红白分明，口感干爽而不硬。

（2）微生物指标　菌落总数≤80 个/g，大肠菌群≤25 个/100g，致病菌不得检出。

二十一、浙江咸肉

1. 配方

猪肉 50kg，精盐 7～8kg，硝酸钠 100g。

2. 工艺流程

原料整理→腌制→复盐→第三次上盐

3. 操作要点

(1) 原料整理 加工咸肉的原料肉必须来自健康无病的猪。屠宰时严禁打气吹气和放血不净（否则腌制后的制品肉质容易发黑和变质），修去周围的油脂和碎肉，表面应完整和无刀痕。

(2) 腌制 先把精盐（最好事先炒一下）与硝酸钠充分混匀，用手均匀地擦涂在肉的内外层，然后将肉放在干净的竹席和木板上。第一次用盐量是1～2kg，目的是使而肉中水分和血液被盐渍出来。

(3) 复盐 第二天将盐渍出来的血水倒去或用干净的毛巾揩去，并用手用力地挤压出肉内剩余的血水。按上述方法继续用盐约3～4kg。用盐后把肉堆在池内或缸内，也可继续放在竹席和木板上（但不及在池或缸中质量好），必须堆叠整齐，一块紧挨一块，一层紧压一层，中间不得凸出和凹入，使每两层肉的中间都存有盐卤。

(4) 第三次上盐 第三次复盐是在第二次复盐后的第八天，用盐量约2～3kg，方法同复盐，再经15d腌制即成。

4. 成品质量标准

(1) 感官指标 产品外观洁净，瘦肉颇红润坚实，肥肉红白分明，食之咸度适中。

(2) 微生物指标 菌落总数≤180个/g，大肠菌群≤56个/100g，致病菌不得检出。

二十二、甜辣酱风干肉

1. 配方

前腿精肉100kg，白砂糖6kg，甜辣酱5kg，食用盐3kg，味精0.5kg，曲酒0.5kg，生姜汁0.5kg，D-异抗坏血酸钠0.15kg，亚硝酸钠0.015kg。

2. 工艺流程

原料验收→原料肉解冻→整理→腌制→烘烤→称重包装→检验→成品入库及贮存

3. 操作要点

（1）原辅料验收　参见镰刀肉。

（2）原料肉解冻　原料猪前腿肉在常温条件下解冻，解冻后在22℃下存放不超过2h。

（3）整理　取前腿，经去皮等工序，原料切成长20～25cm，宽8～10cm的块状，从中间切成连在一起的条状，不能切破，否则影响美观。

（4）腌制　腌制时称重，按配方比例调制好辅料，放入原料肉，充分、反复搅均匀。在块状的中间条状上涂上甜辣酱，平放整齐，经24～36h腌制，中途翻动几次，让料液充分渗透吸收。

（5）烘烤　用竹筛或不锈钢网晾晒数日后进烘房干燥处理，温度50℃，时间15～18h后取出冷却。

（6）称重包装　按不同的规格要求准确称重，进行真空包装。

（7）检验　按产品标准的要求进行感官和理化检验，合格后方可出厂。

（8）成品入库及贮存　包装好的产品及时进入库中存放，保质期6个月，运输车辆必须进行消毒和配备冷藏。

4. 成品质量标准

（1）感官指标　外表为酱红色，具有甜辣酱的滋味。

（2）微生物指标　菌落总数≤200个/g，大肠菌群≤30个/100g，致病菌不得检出。

二十三、酱封肉

1. 配方

猪前腿肉（分割2号肉）100kg，酱油6kg，白砂糖6kg，食用盐3kg，味精1kg，鲜姜汁0.5kg，五香粉0.05kg，D-异抗坏血酸钠0.15kg，乙基麦芽酚0.1kg，红曲红0.03kg，亚硝酸钠0.015kg，山梨酸钾0.0075kg。

2. 工艺流程

原辅料验收→原辅料贮存→原料肉解冻→分割整理→配料腌制→烘干→蒸（煮）制→冷却称重→真空包装→杀菌→冷却→检验→外包装→成品入库

3. 操作要点

(1) 原辅料验收 参见镰刀肉。

(2) 原辅料的贮存 原料肉在−18℃贮存条件下贮存，辅助材料在干燥、避光、常温条件下贮存。

(3) 原料肉解冻 原料肉在常温条件下解冻，解冻后在22℃下存放不超过2h。

(4) 分割整理 去除皮、骨和明显的脂肪、血伤等杂质，肉切成长30cm、宽10cm的肉条，在上面用刀打小洞，可以穿麻绳用。

(5) 配料腌制 按原料重量配制辅料，进行反复搅拌均匀。

(6) 烘干 搅拌均匀后，放入烘房中，温度为50～55℃，待干燥（半干）。

(7) 蒸（煮）制 干燥（半干）后放入蒸煮锅中加热20～30min后取出。

(8) 冷却称重 冷却后，按不同规格的要求进行称重。

(9) 真空包装 把称好的肉进行真空包装。

(10) 杀菌 用巴氏杀菌法进行杀菌，时间为40～50min，温度控制在85～90℃。

(11) 冷却 排净锅内水，剔除破包，出锅后应迅速转入流动自来水池中，强制冷却1h左右，上架、平摊、沥干水分。

(12) 检验 检查杀菌记录表和冷却是否彻底凉透，送样到质检部门，按国家有关标准进行检验。

(13) 外包装 按批次检验合格后下达检验报告单，打印批号同生产日期必须严格对应，打印的位置应统一，字迹清晰、牢固。

(14) 成品入库 按规格要求定量装箱，外箱注明品名、生产日期，方可进入0～4℃成品库。

4. 成品质量标准

(1) 感官指标 色泽酱红色，酱香浓郁、滋味鲜，有回味的特点。

(2) 微生物指标 菌落总数≤140个/g，大肠菌群≤30个/100g，致病菌不得检出。

二十四、速成咸腿心

1. 配方

鲜猪后腿肉 100kg，食用盐 8kg，葡萄糖 1kg，花椒 0.5kg，D-异抗坏血酸钠 0.1kg，亚硝酸钠 0.015kg。

2. 工艺流程

原辅料验收→原辅料贮存→分割整理→炒盐干腌→卤汁湿腌→风吹发酵→称重包装→检验→成品入库及贮存

3. 操作要点

(1) 原辅料验收　参见镰刀肉。

(2) 原辅料的贮存　原料肉在−18℃条件下贮存，贮存期不超过 6 个月，辅助材料在干燥、避光、常温条件下贮存。

(3) 原料肉解冻　原料肉在常温条件下解冻，解冻后在 22℃下存放不超过 2h。

(4) 分割整理　经过分割去骨整理造型，猪肉分割时中心温度控制为 4～6℃，pH 为 5.6～6.0 方可用作原料肉的分割处理。

(5) 炒盐干腌　取 5% 的食用盐同花椒一起用小火炒制，有香味发出时，从锅中取出冷却。用竹筛或不锈钢网去掉花椒颗粒。肉放在工作台上，将炒盐均匀地撒在皮面上，用手擦抹至肉面出汗（盐卤）。反过来在肉面上擦透，逐只放入腌制缸中，经 8～12h 腌制。

(6) 卤汁湿腌　湿卤要先配置好，辅料一起调成卤液。加入盐后控制在 15°Bé，水与肉比为 1∶1 配制。而后把干湿的原料肉用注射机注射后，放入湿卤中浸泡 3～5d，每 12h 翻动一次，上下翻转，使原料每个部位都浸到卤汁。

(7) 风吹发酵　取出用绳扎牢后腿，上架挂吹。稍晒 2～3d，外部干爽后，挂在通风干燥的仓库中贮藏 7d 左右即成品。

(8) 称重包装　按不同包装规格的要求，准确计量称重，整齐排列在塑料袋或盒中，进行包装封口。

(9) 检验　按国家有关标准的要求对产品进行检验，合格后方可出厂。

(10) 成品入库及贮存　经检验合格的产品，装入彩袋或贴不干胶，封口打印生产日期，放入专用纸箱，标明名称、规格、重量等，保质期6个月。运输车辆必须进行消毒和配备冷藏设施。

4. 成品质量标准

(1) 感官指标　切面为深红色或桃红色，组织紧密结实，有光泽。

(2) 微生物指标　菌落总数≤300个/g，大肠菌群≤16个/100g，致病菌不得检出。

二十五、酱片肉

1. 配方

猪通脊肉（分割三号肉）100kg，白砂糖6kg，食用盐4kg，60°大曲酒0.5kg，味精0.5kg，胡椒粉0.15kg，亚硝酸钠0.015kg。

2. 工艺流程

原辅料验收→原料肉解冻→修整切片→腌制→晒干或烘干→称重包装→检验→成品入库及储存

3. 操作要点

(1) 原辅料验收　参见镰刀肉。

(2) 原料肉解冻　原料肉在常温条件下解冻，解冻后在22℃下存放不超过2h。

(3) 修整切片　原料肉要修整边角料，再用刀切成每块约厚2cm、长15～20cm为宜。

(4) 腌制　称重按比例配制辅料，拌匀，撒在原料上进行搅拌，搅透后浸置45min，重新摊筛。

(5) 晒干或烘干　烘房先加热使温度上升，把驾车上的竹筛取下盛装酱精片，吹晒干或烘房烘干。

(6) 称重包装　冷却后，用真空封口机对产品进行定量包装。

(7) 检验　按国家有关标准的要求对产品进行检验，合格后方可出厂。

(8) 成品入库及贮存　经检验合格的产品，装入彩袋或贴不干胶，封口打印生产日期，放入专用纸箱，标明名称、规格、重量等。包装好的产品及时进入库中存放，保质期6个月。运输车辆必须进行消毒和配备冷藏设施。

4. 成品质量标准

(1) 感官指标　呈棕红色，有光泽，风味独特。

(2) 微生物指标　菌落总数≤100 个/g，大肠菌群≤30 个/100g，致病菌不得检出。

二十六、腊猪头

1. 配方

生猪头（有骨或无骨）100kg，食用盐 8kg，生姜片 1kg，花椒 0.25kg，千里香 0.08kg，D-异抗血酸钠 0.15kg，亚硝酸钠 0.015kg。

2. 工艺流程

原辅料验收→原料肉解冻→清洗整理→劈半或整去骨→腌制→清洗→烘干→成品

3. 操作要点

(1) 原辅料验收　选择产品质量稳定的供应商，对新的供应商进行原料安全评价，向供应商索取每批原料的检疫证明，有效的生产许可证和检验合格证，对每批原料进行感官检验，对原料猪头、食用盐等原辅料进行验收。

(2) 原辅料解冻　原料猪头在常温条件下解冻，解冻后在22℃下存放不超过 2h。

(3) 清洗整理　猪头用火焰燎毛，去除淋巴结等，刮洗干净。

(4) 劈半或整去骨　有骨头腊猪肉加工时，从头部中间劈开，去掉猪脑后备用。无骨头腊猪肉加工后，整个头用刀从脸部两边剖开，慢慢地把肉从骨头上分离，但不能把肉分开、弄碎，否则影响造型和美观，直至全部取下整只头骨为止。猪头脸面同样也要整块形状为佳。

(5) 腌制　腌制时按原料的重量配比辅料，把盐同花椒混合后放到锅中，用小火边炒边搅拌，有香味时，取出自然冷却后，用不锈钢筛网去掉花椒颗粒，将盐均匀撒在猪头面皮上，用力抹擦到出汗为止，逐只放入腌制盆或缸中，每 8～12h 上下翻动一次，让盐卤充分渗透在猪头中，腌制 3～7d。

(6) 清洗 取出用温水清洗并同时用刮刀或竹刷清洗表面层污物，用酱色化成液汁，在酱汁中浸泡5min后取出沥干。

(7) 烘干 穿绳挂晒或进烘房用50～55℃进行干燥，时间18h左右。

(8) 成品 成品冷却后进行真空包装或散包装，经检验合格后出厂。

4. 成品质量标准

(1) 感官指标 色泽红润美观，有香味，鲜美可口。

(2) 微生物指标 菌落总数≤100个/g，大肠菌群≤16个/100g，致病菌不得检出。

二十七、干酱肉

1. 配方

猪前蹄肉100kg，白砂糖4kg，食用盐3kg，酱油3kg，味精0.5kg，大曲酒0.5kg，鲜姜汁0.5kg，D-异抗坏血酸钠0.15kg，亚硝酸钠0.015kg。

2. 工艺流程

原辅料验收→原料肉解冻→分割切片→腌制定型→烘干→称重包装→检验→成品入库及贮存

3. 操作要点

(1) 原辅料验收 选择产品质量稳定的供应商，对新的供应商进行原料安全评价，向供应商索取每批原料的检疫证明、有效的生产许可证和检验合格证。对原料肉、食用盐、味精等原辅料进行验收。

(2) 原料肉解冻 原料肉在常温条件下解冻，解冻后再22℃下存放不超过2h。

(3) 分割切片 经去皮、去骨，取前蹄肉作原料，保持肉质新鲜，切成约3cm见方的肉片。

(4) 腌制定型 按100kg计算，把所有的辅料混合搅拌，撒在原料上，充分进行搅拌，放入曲酒，再搅拌几次，约5min后一块一块叠齐，经过24h酱制，取出逐只放在筛网上吹干水分。

(5) 烘干 把筛网上的酱肉连同筛子一同进入烘房，温度控制在 50～55℃为宜，经 18h 烘干后即为成品。

(6) 称重包装　经冷却后，按不同规格称重，进行真空包装，装箱。

(7) 检验　按国家有关标准的要求对产品进行检验，合格后方可出厂，进行真空包装，装箱。

(8) 成品入库及贮存　经检验合格的产品，装入彩袋或贴不干胶，封口打印生产日期，放入专用纸箱，标明名称、规格、重量等。包装好的产品及时进入库中存放，保质期 6 个月。运输车辆必须进行消毒和配备冷藏设施。

4. 成品质量标准

(1) 感官指标　外形为两头尖，中间有明显的大理石花纹，色香味美。

(2) 微生物指标　菌落总数≤60 个/g，大肠菌群≤20 个/100g，致病菌不得检出。

二十八、古钱肉

1. 配方

猪通脊肉（分割 3 号肉）100kg，白砂糖 5kg，食用盐 3kg，白酒 0.5kg，千里香 0.05kg，肉豆蔻 0.05kg，复合磷酸钠 0.15kg，D-异抗坏血酸钠 0.1kg。

2. 工艺流程

原辅料验收→原料肉解冻→分割整理→腌制→挂吹发酵→称重包装→检验→成品入库及贮存

3. 操作要点

(1) 原辅料验收　选择产品质量稳定的供应商，向供应商索取每批原料的检疫证明、有效的生产许可证和检验合格证，对每批原料进行感官检验。对原料猪通脊肉、白砂糖、食用盐、白酒等原辅料进行验收。

(2) 原料肉解冻　原料猪通脊肉在常温条件下解冻，解冻后在 22℃下存放不超过 2h。

(3) 分割整理　猪通脊肉经分割，去除脂肪等杂质。

(4) 腌制　腌制时称重，按比例配置辅料（固体香辛料要先熬汁，然后添加），搅拌均匀，同时加入香料汁，洒在原料上拌匀，反复抹擦透，待出现卤汁时，逐只放平（进行腌制整理），下入腌制缸中，另外配置湿腌料液，加入冰水混合拌匀。在0～4℃的库中腌制48h左右，待中心发出红色即已腌透。

（5）挂吹发酵　取出原料挂吹，发酵6h后进入干燥室（烘房），温度65℃，时间4h左右。

（6）称重包装　按不同规格要求，称重包装，转入冷藏库中，保存期为6个月。

（7）检验　按国家有关标准的要求对产品进行检验，合格后方可出厂。

（8）成品入库及贮存　经检验合格的产品，装入彩袋或贴不干胶，封口打印生产日期，放入专用纸箱，标明名称、规格、重量等，保质期6个月。运输车辆必须进行消毒和配备冷藏设施。

4. 成品质量标准

（1）感官指标　肥肉洁白，瘦肉色红，咸度适中，有自然发酵香味。

（2）微生物指标　菌落总数≤140个/g，大肠菌群≤30个/100g，致病菌不得检出。

第五章
酱卤制品

第一节 酱卤制品简介

一、酱卤制品的分类

酱卤制品是指原料肉加调味料和香辛料，水煮而成的熟肉制品，主要产品包括白煮肉、酱卤肉、糟肉等。酱卤制品是我国传统的一类肉制品，其主要特点是成品都是熟的，可以直接食用，产品酥润，有的带有卤汁，不易包装和贮藏，适于就地生产，就地供应。酱卤制品几乎在全国各地均有生产，但由于各地的消费习惯和加工过程中所用的配料、操作技术不同，形成了许多品种。

酱卤制品中，酱与卤两种制品特点有所差异，两者所用原料及原料处理过程相同，但在煮制方法和调味材料上有所不同，所以产品特点、色泽、味道也不相同。在煮制方法上，卤制品通常将各种辅料煮成清汤后将肉块下锅以大火煮制；酱制品则和各辅料一起下锅，大火烧开，小火收汤，最终使汤形成肉汁。在调料使用上，卤制品主要使用盐水，所用香辛料和调味料数量不多，故产品色泽较淡，突出原料的原有色、香、味；而酱制品所用香辛料和调味料的数量较多，故酱香味浓。酱卤制品突出调料与香辛料以及肉本身的香气，食之肥而不腻。

二、酱卤制品加工原理

酱卤制品加工中有两个主要过程，一是调味，二是煮制。

调味就是根据地区消费习惯、原料肉品种的不同加入不同种类和数量的调味料，加工成具有特定风味的产品。如北方人喜欢咸味稍浓些，则加盐量多，而南方人喜爱甜味，则加糖多些，不能强求一律。

调味的方法根据加入调味料的时间大致可分为基本调味、定性调味、辅助调味。在加工原料整理之后，经过加盐、酱油或其他配料腌制，奠定产品的咸味，叫基本调味；原料下锅后，随同加入主要配料如酱油、香料等，加热煮制或红烧，决定产品的口味叫定性调味；加热煮制之后或即将出锅时加入糖、味精等以增进产品的色泽、鲜味，叫辅助调味。

酱卤制品中又因加入调味料的种类、数量不同而分为五香或红烧制品、酱汁制品、蜜汁制品、糖醋制品、卤制品等。

五香或红烧制品是酱制品中最广泛的一大类。这类产品的特点是在加工中用较多量的酱油，所以有的叫红烧；另外在产品中加入八角茴香、桂皮、丁香、花椒、小茴香等五种香料，故又名叫五香制品。

在红烧的基础上使用红曲米做着色剂，产品为樱桃红色，鲜艳夺目，稍带甜味，产品酥润，叫酱汁制品。

在辅料中加入多量的糖分，产品色浓味甜，又叫蜜汁制品。而辅料中加糖醋，使产品具有甜酸的滋味，又叫糖醋制品。

煮制是对产品进行加热的过程，加热的介质有水、蒸汽、油等。其目的是改善制品的感官性质，使肉黏着、凝固，形成产品特有的质构和口感，同时形成特殊的风味、杀死微生物和寄生虫，达到原料熟化、提高制品耐贮性和稳定肉色的目的。煮制包括清煮（也称白烧）和红烧。清煮是汤中不加任何调味料，只是清水煮制；红烧是加入各种调味料进行煮制的过程。

用于煮制酱卤制品的汤汁统称卤汁，一般把使用过一次以上的卤汁称为老汤。在煮制过程中，肉中蛋白质、脂肪、硫胺素等发生降解，浸出物浸出，使卤汁中含有很多的呈味物质。卤汁使用次数越多，呈味物质也越多，因此利用老卤对改善产品风味有利。卤汁使用后，撇去过多的油脂，经煮沸、过滤、冷却后于阴凉处保存。

第二节 酱卤制品加工技术

一、水晶猪肘

1. 配方

新鲜猪肘肉 100kg，花椒 50kg，小茴香 100kg，八角 50kg，桂皮 0.15kg，丁香 4kg，草果 4kg，食盐 3kg，白糖 1.5kg，味精 0.3kg，姜、葱各 1.5kg。

2. 工艺流程

原料选择→原料预处理→腌制→冲洗→煮制→冷却→包装→杀菌→成品

3. 操作要点

(1) 原料选择　选择新鲜的猪肘肉。

(2) 原料预处理　原料肉经过剔骨、拔毛、去皮、切片等预处理之后，平均分割成 4cm×3cm，质量约为 60g 的肉块。

(3) 腌制　将经过预处理的猪肉，按肉：水＝2：3（质量分数）的比例放入配制好的腌制液中进行真空腌制。将原料肉在真空压力为 0.09MPa，同时添加腌制剂异抗坏血酸钠 400mg/kg、烟酰胺 500mg/kg、茶多酚 300mg/kg，8%食盐浓度下腌制 6h，确保腌制液能完全浸没原料肉。

(4) 煮制　将花椒、八角、小茴香、桂皮、丁香等香辛料装入纱布袋内，姜切丝、葱切段后装入另一纱布袋内，扎紧袋口。将香料袋放入盛有水的锅中，熬煮 30min 后，放入预煮（旺火烧沸，撇去浮沫）过的原料肉（肉朝下，皮朝上），再加入姜葱袋和盐、白糖、味精等调味料，于 90～95℃温度下焖煮，使卤汁保持微沸状态，煮制 1h 后捞出。

(5) 冷却　冷却至室温。

(6) 包装　于保鲜液（0.5%乳酸链球菌素、0.26%溶菌酶、2.9%乳酸钠、0.05%山梨酸钾）中浸泡 30s，取出置于干净筛网中，沥水 1min 后进行真空包装。

(7) 杀菌　将猪肉产品进行低温长时杀菌，杀菌条件为 80～

85℃，30min。

4. 成品质量标准

(1) 感官指标 肉色均匀，肉呈玫瑰红色，肉间有透明胶冻，味道清香，有猪肘特征香味且香味浓郁，肥而不腻，咸味适中，肉质柔软且嫩，弹性好。

(2) 微生物指标 菌落总数≤400 个/g，大肠菌群≤70 个/100g，致病菌不得检出。

二、藏香猪白切肉

1. 配方

藏猪臀部肉 100kg，食盐 6kg，陈皮 0.6kg，八角 0.9kg，亚硝酸钠 0.03kg，葱、姜、蒜适量。

2. 工艺流程

原料选取→预处理→切块→腌制→搅拌→浸泡→煮制→冷却→切片→成品

3. 操作要点

(1) 选料及预处理 选取通过动物检疫检验且肉质新鲜、无任何异味的藏猪臀部肉，洗净血污。

(2) 腌制 从处理好的原料肉中切取重约 150g 的肉块，并按其重量计算好食盐、八角、陈皮、亚硝酸钠的添加量，并称好腌制时所需的各类辅料。将称好的辅料加入到肉块中，并将其混匀，最后用保鲜膜将装有肉块的碗密封起来，放在冰箱内进行腌制，腌制时间为 7d，每天翻动 1 次。

(3) 浸泡 腌制结束后，将腌制好的肉块放入清水中进行浸泡 8h，每隔 2h 换一次浸泡水。浸泡完毕后，将肉块捞出，沥去水分。

(4) 煮制 按肉重计算出煮制时所需的葱、蒜、姜、料酒，并将其一一称好，然后，在锅内加入约为肉重 6 倍的水。待锅内水煮沸后，加入肉块和已经切碎的葱、蒜、姜，并稍加搅拌，将锅盖盖好，将电磁炉调到蒸煮模式，进行煮制 9min。待肉快要煮熟时，向锅内加入称好的料酒，并稍加搅拌。煮至完成后，将肉块捞出，沥干水分，得到成品。

（5）冷却包装　产品冷却至室温后，采用真空包装出售。

4. 成品质量标准

（1）感官指标　脂肪白，瘦肉为粉红色，肉香明显，柔嫩多汁。

（2）微生物指标　菌落总数≤360 个/g，大肠菌群≤55 个/100g，致病菌不得检出。

三、松茸肉丸

1. 配方

藏香猪肉 100kg，食盐 2kg，白砂糖 1.5kg，味精 0.8kg，五香粉 0.2kg，小苏打 0.8kg，复合磷酸盐 0.2kg，淀粉 15kg，松茸 20kg。

2. 工艺流程

原料的选取→原料的预处理→绞碎→添加配料→斩拌→丸子成型→冷冻→煮制→冷却

3. 操作要点

（1）藏香肉原料的选取和预处理　选取非疫区经卫生检验合格的藏猪，经屠宰后去污，并剔出骨、筋腱、淋巴等不可食部分，将猪肉绞碎，绞碎后放在 0～4℃清洁环境中备用。

（2）松茸原料的选取和预处理　选取新采集松茸，形若伞状，色泽鲜明，菌盖呈褐色，菌柄为白色，均有纤维状茸毛鳞片，菌肉白嫩肥厚，质地细密，有浓郁的特殊香气。将松茸菌柄底部的泥土用刀削掉、洗净，然后切成 3～6mm 大小的块，放入 10%的盐水中煮制。待煮熟后捞出晾干冷却，然后放入冰箱贮存备用。

（3）斩拌及添加配料　将绞碎的藏猪肉进行斩拌，边斩拌边按先后顺序添加白砂糖、味精、五香粉、食盐、复合磷酸盐、淀粉、小苏打、水、葱、姜、松茸。在整个斩拌过程中，肉馅的温度要尽量控制在 10℃以下。

（4）肉丸成型　搅拌好的肉馅静置 20～30min，使丸子进一步乳化，然后制丸，控制肉的直径在 2～3cm 左右。

（5）冷冻　将成型的肉丸放入冰箱进行速冻，使丸子快速成型，时间约为 30min。

(6) 煮制 将冻好的丸子取出立即放入沸水中煮制 7～10min 左右，至丸子有弹性、光滑或者肉丸漂浮至水面时即可，将煮制好的肉丸捞出放于盛装容器中。

(7) 冷却 将产品冷却至室温，即可包装出售。

4. 成品质量标准

(1) 感官指标 表面均匀光滑，保留藏香猪和松茸的特殊风味和滋味。

(2) 微生物指标 菌落总数≤500 个/g，大肠菌群≤130 个/100g，致病菌不得检出。

四、清蒸荷叶豪猪肉

1. 配方

豪猪肉 200g，青辣丝 10g，干荷叶 2 片，黄酒 10g，姜汁 5g，色拉油 5g，猪油 5g，蒜蓉 5g，鸡精 2g。

2. 工艺流程

原料预处理→拌料→蒸制→成品

3. 操作要点

(1) 原料预处理 将豪猪肉切片，青辣椒切丝。

(2) 拌料 把豪猪肉放在盆子里加入黄酒、姜汁、色拉油、猪油、蒜蓉、鸡精、食盐拌匀。

(3) 蒸制 把干荷叶垫在蒸笼底下，将拌佐料的豪猪肉放在荷叶上蒸熟，撒上青椒丝装盘食用。

4. 成品质量标准

(1) 感官指标 肉色均匀，肉呈玫瑰红色，味道清香，有荷叶香味，肥而不腻，咸味适中，肉质柔软且嫩。

(2) 微生物指标 菌落总数≤450 个/g，大肠菌群≤70 个/100g，致病菌不得检出。

五、酱卤猪拱嘴

1. 配方

猪拱嘴 50kg，食盐 2.5kg，白砂糖 1kg，白酒 0.45kg，三聚磷酸钠 0.3kg，双乙酸钠 0.2kg，谷氨酸钠 0.4kg，异抗坏血酸钠

0.05kg，红曲红 0.09kg，脱氢乙酸钠 0.03kg，乳酸链球菌素 0.03kg，亚硝酸钠 80mg/kg。

2. 工艺流程

原料接收→解冻→修整→一次脱血水、燎毛→滚揉腌制→二次脱水→真空包装→杀菌蒸煮→冷却

3. 操作要点

(1) 原料验收　选用来自非疫区的冻猪拱嘴为原料，要求原料无残缺、黑斑、淤血及其他杂质。

(2) 解冻　解冻池内预先放 2/3 用于浸泡解冻的自来水，向池内加入原料重量 1%的食盐并搅匀使之溶解，将去掉外包装的原料倒入解冻池内并继续放入自来水使水面刚好淹没过原料，水浸泡解冻 12～16h 左右，过程要求每 4h 将原料翻拌 1 次，解冻中心温度控制在 4～7℃之间。谨防解冻过度或不足，解冻好的原料肉停留在解冻间的时间不超过 3h。

(3) 修整　用手及刀具彻底修去表面浮毛、黑点、脏皮等杂质，选出变质原料；修整用工器具保持整齐、清洁，修整刀等器具要定时清洗消毒，修整好的原料入浸泡池进行浸泡。

(4) 香料水的熬制　香料 1 份加自来水 10kg，98℃煮制 1h，冷却到室温后使用；香料 1 份包括八角 50g、桂皮 30g、小茴香 40g、甘草 20g、山柰 20g、花椒 40g、豆蔻 10g、丁香 20g、生姜 150g，装入纱袋中熬制。

(5) 糖浆的熬制　将白糖放进干净的锅中，置大火上加热，同时不断搅拌至糖完全融化为止；将火开小，继续加热至糖液沸腾；一旦沸腾，不断搅动，防止糖液溢出，如锅边出现糖的结晶，可用少量水将其冲洗进糖液中；沸腾结束后，小火熬制 5min，然后加入白糖重量 1 倍的水，继续烧至温度大于等于 100℃后出锅备用（10kg 白糖熬出 20kg 糖浆溶液）。

(6) 一次脱血水、燎毛　将清洗后的原料倒入离心机内进行离心脱水 3min，脱水后的原料用液化气喷火枪将脱好水的原料表皮的猪毛烧除干净。

(7) 滚揉　将燎毛后的原料肉放入滚揉机中，同时根据原料量按配方加入辅料，30Hz 频率连续真空滚揉 4h；滚揉结束后真空静

腌 12～24h。

(8) 脱水　将静腌完毕的原料进行脱水处理，脱水时间为 4min；每次脱水分两次完成，中间需停下机器翻动产品 1 次，以防脱水不均匀，脱水后的半成品表面干爽无水迹。

(9) 真空包装　产品摆放整齐，猪拱嘴猪鼻孔正对着包装袋透明面，装袋后产品为自然形状；包装时需将拱嘴表面黏附的黑色香料渣去除后方能进行装袋封口；真空抽气时间：40～50s；真空包装后热合紧密，无褶皱，无气泡。

(10) 杀菌蒸煮　摆盘时产品必须背面朝上；杀菌参数：杀菌温度 114℃、恒温时间 15min、压力 1.8MPa、冷却时间 10min；要求产品出罐后 1h 内产品中心温度降至 35℃以下；杀菌后的产品严禁翻动，防止产品出油、漏气；放在箅子内冷却至室温。

4. 成品质量标准

(1) 感官指标　红棕色，上色均匀，颜色鲜亮；咸淡适中，酱卤味纯正，味道鲜美；鲜嫩爽口，口感细腻；具有酱卤肉特有的气味，浓香。

(2) 微生物指标　菌落总数≤230 个/g，大肠菌群≤63 个/100g，致病菌不得检出。

六、香辣圆蹄

1. 配方

肉汤 100kg（浓度为 3%左右），酱油 20kg，黄酒 0.45kg，砂糖 6kg，精盐 2.1kg，生姜 0.45kg，味精 0.15kg，大葱 0.45kg。

2. 工艺流程

原料选择→解冻→修割→预煮→上色→油炸→调配→烘烤→冷却→包装→杀菌→去污→装箱贮藏

3. 操作要点

(1) 原料选择　取非疫区饲养的成熟生猪蹄膀作加工原料。生猪屠宰加工过程中进行同步检疫检验合格的生猪肉品，坚决剔除病害死猪进入加工。

(2) 解冻　将原料置于操作台上自然解冻。夏季采用冷风或其他方法进行降温，冬季以直接喷蒸汽或鼓热风调节，不允许直接吹原料，以免导致表面干缩，影响解冻效果，也不允许经常用温水直接冲原料，以免肉汁流失过多。解冻过程中应常对原料表面进行清洁工作。解冻后原料品质要求肉色鲜红，富有弹性，无肉汁溢出，无冰晶体，气味正常，后腿肌肉中心 pH 值为 6.2～6.6。解冻前蹄膀与肉块连在一起者，片肉应以吊挂式解冻；蹄膀与胴体分开冷冻贮藏的，以堆放式解冻。

（3）修整　剔去前后蹄膀的骨头，蹄膀呈整只形态，去净骨头，无碎渣残留。去骨后的蹄膀应保证每只具有一定的质量。注意去骨时要保证蹄膀肉质的完整美观。

（4）预煮　在洁净的沸水中进行，预煮时间为 30min 左右，煮至肉质发软有黏性为止，预煮中每 100kg 原料加入生姜（老姜为佳）、青葱（大葱为佳）各 200g，黄酒 125～150g。水淹没原料，水温在 98℃左右，预煮中常翻动。

（5）上色　上色液配比为酱油 1 份、黄酒 2 份、饴糖 2 份混合均匀即成。将预煮后的原料趁热拭干表面水分，涂上一层色液，涂抹均匀一致。

（6）油炸　油温升至 200～220℃油炸 1～2min，要求油炸后的肉质有皱纹，并呈均匀的酱红色色剂，炸后冷却，得率为 90%左右。

（7）调整配料　方法是先将上述配料在锅内加热煮沸后，黄酒在出锅前加入，汤汁经过滤后备用，配汤按产品规格加入。

（8）调料　将蹄膀原料与配料混合煮制 10～15min，温度为 90～95℃，取出沥干水分，置 58～68℃的烘烤房中，平整摊开，烘烤 1～2h，取出冷却。

（9）修整　装袋前将其边角修整齐，形状美观大方。质量不够的可添加腿肉补充。

（10）装罐（袋）　以每只蹄膀为单位，装为一袋或一罐。每袋（罐）装 300g 或 320g，蹄膀形状色彩应美观大方。

（11）封口　软包装采用高温复合薄膜袋或铝箔蒸煮袋均可。封口设备采用真空充气包装机热封，温度为 180℃、热封时间为 2～3s、真空压力为 0.09～0.1MPa。

（12）硬包装封口　采用马口铁罐或玻璃瓶罐进行。无真空设备条件的，可用手扳封口机，封口前进行预封处理，即排气处理，排气时间为12～15min，中心温度达88～92℃后进行手板封口。

(13) 杀菌处理 软包装300g内容物杀菌式为10min—25min/120℃反压降温。硬包装的杀菌处理：铁听真空封口式10min—60min/120℃反压降温或自然降温；玻璃瓶排气式10min—45min/118℃反压降温或自然降温，反压降温经调配78～80℃水温作反压水。

(14) 去污 软包装和铁听包装采用擦拭法去污物，玻璃瓶包装采用去污液和擦拭法并用法去污。

(15) 包装贮存 剔除废次品，去净污物后贴上商标，置于箱中，存放于25℃以下10℃以上库中，库房空气流通、光线明亮、无鼠害等危害。

4. 成品质量标准

(1) 感官指标 内容物呈酱红色，具有香辣元蹄应有的风味与滋味。

(2) 理化指标 食盐1.8%。

(3) 微生物指标 菌落总数≤190个/g，大肠菌群≤75个/100g，致病菌不得检出。

七、酱卤猪肘新工艺

1. 配方

去骨猪肘100kg，食盐1.5kg，白砂糖3.0kg，红曲米粉0.5kg，良姜0.3kg，陈皮0.2kg，砂仁0.2kg，丁香0.3kg，山萘0.5kg，花椒0.4kg，葱2kg，生姜2kg，桂皮0.8kg，水150kg。

2. 工艺流程

原料采购→解冻→预处理→注射→滚揉腌制→成型→卤制→冷却包装→杀菌→贮存

3. 操作要点

(1) 原料采购 选用安全非疫区之健康猪的一次冷冻前、后肘，要求前肘取自腕关节至肘关节部位，后肘取自腕关节至膝关节部位，表皮完整，无伤痕、无脚圈、无密集猪毛和毛根、无恶性杂质。肌肉色泽鲜红或深红，有光泽；脂肪呈乳白色或粉红色。

(2) 解冻　采用低温高湿空气解冻机解冻，分三个解冻温度解冻：(10±1)℃，(6±1)℃，(−1±1)℃，这样可以克服常规自然风解冻或水解冻的解冻时间长、失水率高，原料色泽、质地差的缺陷。

(3) 预处理　首先对猪肘进行去骨处理，在去骨时要确保肘子的表皮完整，然后再修净肘子上的伤血、淤血、猪毛和毛根，剔除表皮破损、肉色苍白、感官不正常的原料备用。

(4) 注射　将预处理好的猪肘皮内肉外翻制后放于注射机上，使用盐水注射机注射。工作参数：压力 0.2MPa、速度 55 次/min、密度 50mm 步进/冲程，注射率在 40%左右。

(5) 滚揉腌制　将注射好的猪肘放于滚揉机中，采用间隙式滚揉工艺，滚揉 15min，停止 15min，总滚揉时间为 1h，转速 3r/min，滚揉好后出机在 0～4℃库静置 8～9h。

(6) 成型　用直径 150mm 网套对腌制好的猪肘进行成型处理，成型时尽可能将肉包裹于肘表皮中，同时确保肘形状的美观。

(7) 卤制　将配方中配料（除食盐、白砂糖、红曲米粉）用纱布包裹后放入水中熬制成香料水再加入食盐、白砂糖、红曲米粉熬制成卤，然后加入成型好的猪肘，先煮沸腾再微沸进行焖煮卤制，卤制过程中确保猪肘完全浸没于卤中，卤制总时间 4h。

(8) 冷却　将卤制完毕的猪肘捞出，去除表面成型网套，分割刀口向下放置在钢铁架上用快速冷却机冷却至中心温度≤10℃。

(9) 包装　剔除猪肘表面杂物，根据市场需求将冷却后猪肘劈半或整个采用双层高阻隔白复袋包装，真空封口，不得有皱褶、真空不足、假封等现象。

(10) 杀菌　采用连续式微波杀菌机杀菌，杀菌时间 50s，中心温度≤85℃，水冷却至中心温度≤25℃。

(11) 贮存　0～4℃库贮存，低温运输、冷藏、销售，保质期 60d。

4. 成品质量标准

(1) 感官指标　色泽鲜艳，呈桃红色，肉质酥润，酱香味浓郁。

(2) 微生物指标　菌落总数≤420 个/g，大肠菌群≤75 个/

100g，致病菌不得检出。

八、弥渡卷蹄

1. 配方

每100kg原料肉用红曲米粉3kg、精盐4kg、米酒5kg、丁香100g、肉桂60g、八角50g、草果30g、萝卜丝80g。

2. 工艺流程

原辅料收购→猪脚皮的制作→原料肉腌制→灌制缝合→捆扎、整形→腌制→蒸煮→冷凉→入罐贮藏（或真空包装）

3. 操作要点

（1）猪脚皮的制作　先将猪脚除去毛，蹄壳及污物，清洗干净。然后抽去骨头留下皮下的筋肉，最后在其内擦上一层盐。操作时要求动作熟练精细以免造成猪蹄皮的破损。

（2）原料肉的盐腌　原料肉一般选用猪的里脊肉或后腿肉。将原料肉分切成4cm长的肉块，然后加入草果粉、丁香粉、红曲米粉等配料以及食盐，搅拌均匀，静置片刻进行盐腌。

（3）灌制包扎　将搅拌均匀的肉灌入猪蹄皮内，要求装紧灌满，将开口处缝合好，然后用麻绳扎紧，目的是使肉和蹄皮黏合紧密。

（4）腌制　包扎好的卷蹄进行腌制。在夏季腌制时间为2～3d，冬季则需5～6d。

（5）蒸煮　腌制完成后，将卷蹄进行煮或蒸2～3h。

（6）冷却　煮熟的卷蹄坯排放在清洁的木板上冷却，约需12h。

（7）下罐贮藏（或真空包装贮藏）　冷却后的卷蹄为便于贮藏，可解开麻绳后将其切分，装入清洗干净并用白酒消毒的瓦罐中。装时一层卷蹄，一层萝卜丝填塞压紧，密封罐口，一个月后即可直接食用。一般密封的卷蹄可存放一年不变质、变味。

4. 成品质量标准

（1）感官指标　外观金黄色，皮质半透明，切片色泽红白分明，肉质鲜嫩，食之有微酸味。

（2）理化指标　水分＜53%，盐3.5%。

(3) 微生物指标　菌落总数≤210 个/g，大肠菌群≤90 个/100g，致病菌不得检出。

九、肘花肉

1. 配方

猪皮 4kg，肘瘦肉 96kg，食盐 2.5kg，味精 0.7kg，卡拉胶 0.5kg，异抗坏血酸 0.45kg，葡萄糖 0.06kg，焦磷酸钠 0.2kg，淀粉 1kg，亚硝酸钠 0.15kg。

2. 工艺流程

猪皮→去脂、除毛、去污物等→浸泡→刮脂、冲洗→漂白→冲洗后中和
↓
精瘦肉→切成小块→腌制→绞碎→装模成型→蒸煮→冷却→定型(切割)→
保温检验←密封←装袋←

3. 操作要点

(1) 猪皮的选择与去脂　卫检合格的新鲜猪皮，清洗除去污物、毛根等并刮去脂肪层。

(2) 浸泡　将猪皮放入 4%的碳酸钠和 0.1%氢氧化钠混合液中浸泡，将其全部淹没，每隔 4h 翻动一次；之后捞出猪皮，进行第二次刮脂、除毛根、异物等，直到干净为止。

(3) 漂白　用 1%的双氧水在碱性环境中漂白，水浴 40℃ 30min 即可。

(4) 中和　把漂白过的猪皮冲洗后，放入 pH2.3 的盐酸液中中和 1h，使呈中性。

(5) 肉的腌制　将肘瘦肉切成 3cm×4cm×0.5cm 大小的块后，先与异抗坏血酸混合搅匀，再放入加亚硝酸盐和食盐的水中腌制。其腌制液的成分配比根据配方配制。

(6) 制馅　将腌制后的肉绞碎后加卡拉胶、味精、盐不断搅拌，防止产生胶凝作用。

(7) 装模蒸煮　将猪皮、肉馅、猪皮压紧装模后在沸水中蒸煮 1h 左右，达到成熟和杀菌效果。

(8) 冷却、包装　将蒸煮后的产品冷却后进行切割、真空密封包装。

(9) 保温检验　将产品置于 0～4℃环境中保存 7d 后开袋进行

检验。

4. 成品质量标准

(1) 感官指标 猪皮透明，肉馅粉红色，切片弹性良好，切面光滑，咸淡适中。

(2) 理化指标 水分＞34%，食盐2.5%～4.2%，亚硝酸盐≤26mg/kg。

(3) 微生物指标 大肠菌群≤38个/100g，菌落总数＜300个/g，致病菌不得检出。

十、酱汁方便猪肘

1. 配方

猪肘100kg，食盐4.5kg，味精1.5kg，生姜0.9kg，桂皮0.15kg，干辣椒0.9kg，草果0.15kg，料酒7kg，香叶0.03kg。

2. 工艺流程

肘子收购→去骨、刮毛→清洗、整理→烫漂→卤煮→称量、上钵→加配料→蒸制→冷却、热封包装→辐照灭菌→产品检测→成品出厂

3. 操作要点

(1) 原料选择 新鲜或冷冻肘子，要求经卫生防疫部门检疫，达到食用卫生要求，保持肘子一定的形状，无骨、无毛，重量为0.8～0.9kg。

(2) 原料处理 将肘子烙毛、清洗、整理。称取一定数量的肘子放入锅中，加入清水煮开，注意翻动，清除表面泡沫，将肘子起锅，沥干表水，并用刀子将肘子割开。

(3) 配料卤煮 根据配方将配料加水放于锅底，上盖小竹垫，再放入肘子，加清水煮开，经常翻锅，加糖色。卤煮时间为开后80～90min，要求肘子软而不烂，起锅后冷却。

(4) 上钵加料、称量盖膜 将肘子扣入成型碗中，整理后加入一定量的豆豉辣椒（经炒制），称重量每碗680～700g，盖上保鲜膜。

(5) 蒸制 将装好在成型碗中的肘子放入蒸柜（蒸笼）蒸制，蒸制时间为3～4h左右，达到蒸烂的要求，出笼后冷却成型。

(6) 包装、辐照杀菌　将成型碗（PP）密封包装。采用辐照剂量（4～6KGY）进行杀菌，产品达到卫生质量要求。

(7) 产品检验　将生产的产品进行卫生检测，产品合格后方可出厂。

4. 成品质量标准

(1) 感官指标　色泽红亮一致，肉烂味香，肥而不腻，咸淡适口。

(2) 理化指标　水分25%～50%，食盐≤5.5%，酸价≤4，亚硝酸盐≤30mg/kg。

(3) 微生物指标　菌落总数≤330个/g，大肠菌群≤65个/100g，致病菌不得检出。

十一、苏州酱汁肉

1. 配方

肉坯100kg，葱2kg，鲜姜200g，绍兴酒4～5kg，白糖5kg，食盐3kg，红曲米粉1.2kg，桂皮200g，茴香200g。

2. 工艺流程

原料选择与修整→酱制→制卤→成品

3. 操作要点

(1) 原料选择　选用皮薄肉嫩的新鲜猪肉，最好是选用江南太湖流域地区产的太湖猪为原料，取其带皮整块肋条肉。

(2) 原料预处理　用刀刮去残毛和污垢，去掉奶脯，斩下大排骨的脊椎骨，斩时刀不要直接斩到肥膘上，留有瘦肉3cm厚。剔除脊椎骨后，肉块成带大排骨的整方肋条肉。然后切成肉条（也叫抽条子），肉条宽约4cm，再将肉条砍成4cm方形小块，每千克肉大约切成20块，带排骨部分每千克14块左右。

(3) 酱制　将肉坯分批下锅用清水白煮10～15min（五花肉约煮10min，硬膘肉煮的时间长一些，约15min），捞出后放入清水洗去污沫，并将锅内的汤撇去浮油后舀出。在锅底摆放好拆出骨的猪头肉10只，放入事先用纱布包好的香辛料包，上面先摆五花肉，后放硬膘肉，加入肉汤至浸没肉块（如汤不够，可加清水）。用大火烧煮1h，待汤沸腾时加入红曲米粉、绍兴酒和3kg的糖，用中火再煮40min即可起锅。起锅时须用竹签逐块取出，平整放在盘中，不能叠放。

（4）制卤 将锅内煮肉的汤舀出，滤去杂物后再倒回洗净的锅内，加入2kg白糖，小火熬煮，要不断用铲翻动，防止糊锅，待锅内汤汁逐渐形成薄糊状时即成卤汁，舀出卤汁盛于带盖的缸内，出售或食用时，浇在肉上。

4. 成品质量标准

（1）感官指标 成品为小长方块，色泽鲜艳，呈桃红色，肉质酥润，酱香味浓郁。

（2）微生物指标 菌落总数≤300个/g，大肠菌群≤20个/100g，致病菌不得检出。

十二、镇江肴肉

1. 配方

猪肉50kg，食盐13kg，葱240g，白糖200g，花椒120g，八角120g，生姜250g，大曲酒250g，硝酸钠20g，矾粉50g。

2. 工艺流程

选料→上盐→涂硝水→水浸→制卤水→煮卤肉→成品

3. 操作要点

（1）选料 选择新鲜肥猪的前腿和后腿，肥瘦肉搭配均匀，一般肥肉40%，瘦肉60%。

（2）上盐 将猪腿的外皮刮净，剖开，去骨，然后将3kg食盐涂擦于整个肉面上，并用铁针戳肉面，使盐分渗入。最后取少许盐，涂擦于肉皮面，放入清洁的缸中，肉皮面要向上。

（3）涂硝水 硝酸钠和水的比例为1∶2.5，将硝酸钠完全溶解成硝水，均匀地涂在已擦过盐的猪腿上，根据经验介绍冬季在缸中放6～7d，春秋季3～4d，夏季1d。

（4）水浸 把浸过硝的猪腿取出放入温水中浸泡，冬天浸泡3h，夏天在冷水中浸泡2h，然后，用镊子拔去残留的毛根，直至将肉洗刷的洁白干净，颜色鲜美。

（5）制卤水 在50kg清水中加入10kg食盐和50g矾粉，煮沸用勺撇去上浮的污沫，即为卤水。

(6) 煮卤肉　把猪肉放入煮沸的卤水中，加入花椒、八角、生姜、葱、大曲酒、白糖，盖上篾盖，用旺火烧开，再用小火慢炖。煮卤肉的温度应控制在90℃，根据经验，一般情况冬季需煮5h，夏季3h，春秋季4h，直至用筷子穿刺时不费力就能穿入。

(7) 成品　将炖好的肴肉存放于盆中，并浇上部分原卤，压平冷却，即为风味独特的香酥肴肉。

4. 成品质量标准

(1) 感官指标　肉红皮白，光滑晶莹，香、酥、鲜、嫩，味道醇厚，无腻感。

(2) 微生物指标　菌落总数≤420个/g，大肠菌群≤65个/100g，致病菌不得检出。

十三、调理猪排

1. 配方

新鲜的猪背最长肌100kg，食盐1.5kg，复合磷酸盐（焦磷酸钠、三聚磷酸钠、六偏磷酸钠的复合比例为2∶1∶1）0.3kg，白胡椒粉0.4kg。

2. 工艺流程

配制腌制液
↓
原料选择→精修→滚揉腌制→静腌→修整成型→速冻→定量包装→质检入库

3. 操作要点

(1) 原料选择修整　剔去背最长肌外围的脂肪和结缔组织，沿着肌纤维方向修剪整理成大小为10cm×5cm×2cm的肉块备用。

(2) 腌制液配制　在冰水（冰水质量比为1∶1）中边加辅料边搅拌，然后用搅拌机均质10min（2000r/min），待滚揉机中滚揉时添加使用。

(3) 滚揉腌制　将配制好的腌制液及半成品肉块装入滚揉机中滚揉，滚筒内温度为2℃，真空度为−0.08MPa，滚筒倾角55°，滚揉时间8h，滚揉机转速11r/min，腌制液添加量为35%。

(4) 速冻　将经过腌制好的半成品送入−35℃冷库进行速冻，速冻时间为24h。

(5) 定量包装　对速冻加工后的半成品进行定量包装。

(6) 质检入库　对包装好的产品进行检验，送入−20℃的成品库。

4. 成品质量标准

(1) 感官指标　排骨焖酥，色泽金黄，甜中带咸。

(2) 微生物指标　菌落总数≤105 个/g，大肠菌群≤30 个/100g，致病菌不得检出。

十四、卤味猪耳

1. 配方

以 10kg 泡制后的猪耳计算，需取香辛料：大茴香（八角）、桂皮、花椒各 20g，陈皮、丁香各 10g，用纱布包好备用。鲜葱、姜各 200g，黄酒 100g，味精 5g，白糖 60g，红曲色素 50g。

2. 工艺流程

原料→佐料→预煮→煮制→装盒→消毒→冷却→包装→成品

3. 操作要点

(1) 原料的选择　选择符合食品卫生要求的猪耳，舍弃脓耳、淤血多的猪耳。猪耳不宜过大，否则成品外形不美观。用利刀刮去猪耳的残毛，除去污秽，切片整理使外形美观，用清水洗净，投入饱和盐水中泡制 4h。

(2) 佐料　在锅内加水 4kg，放入香辛料袋和洗净拍扁的葱、姜，加着色剂煮沸 10min，捞除浮沫与污垢，即成佐料汤，用干净容器盛装备用。

(3) 预煮　将泡制好的猪耳洗净，放入锅内，加水煮沸，捞出，洗净。

(4) 煮制　将经预煮的猪耳放入锅中，倒入佐料汤淹没猪耳，以大火煮沸 30min，加入黄酒和白糖，以小火煮 1h，除去多余的佐料汤，放入味精，即可收汤起锅。

(5) 装盒　用已消毒的不锈钢或铝制模盒装盒。先在模盒内铺设衬袋，将一片片猪耳竖立排放，当模盒填满后加盖压紧。

(6) 消毒　将装入猪耳的模盒放入锅内，以沸水淹没模盒并煮沸 30min，或用蒸汽消毒 30min。

(7) 冷却　目的是使产品温度迅速下降，减少微生物污染，延长销售期并使产品形成胶冻状。冷却最终温度为2～4℃，可在冷藏柜中完成。

(8) 包装　将猪耳从模盒取出，用经消毒处理的食品包装袋或玻璃瓶按250～500g规格包装，密封袋（瓶）口即可上市。

4. 成品质量标准

(1) 感官指标　表面均匀光滑，色泽淡雅，口味清香咸鲜，爽口不腻。

(2) 微生物指标　菌落总数≤170个/g，大肠菌群≤80个/100g，致病菌不得检出。

十五、佛山扎蹄

1. 配方

去骨肉和蹄膀部位的猪蹄100只，重约50kg，猪瘦肉35kg，猪肥肉20kg。

腌制配方：食盐2.5kg，酱油5kg，白酒6kg，白糖10kg，五香粉300g，芝麻油750g。

卤水配方：清水250～350kg，食盐15kg，汾酒2.5kg，丁香250g，大茴香1kg，小茴香1kg，草果1kg，甘草50g，桂皮2.5kg。

2. 工艺流程

原料选择与整理→腌制→烤制→腌制→装馅→卤制→切片浇卤

3. 操作要点

(1) 原料选择与整理　选用卫生新鲜的猪蹄和猪肉。将皮薄肉嫩的猪蹄刮净毛，去掉蹄壳，洗净后从蹄后面中心部位剖开，取出全部骨、肉和筋络，取的时候要小心，要保持皮面完整，不破损不带肉。夏天须将脚皮面翻转，擦些盐以防变质。

(2) 腌制　第一次腌制用盐1.25kg、酱油2.5kg、白糖3.5kg、白酒2kg和五香粉100g，腌制瘦肉15min。

(3) 烤制　将腌制后的瘦肉置于烤炉内用大火烤至五成熟取出。

(4) 腌制　将烤好的瘦肉进行二次腌制，使用酱油2.5kg、白酒2kg、白糖3.5kg、芝麻油750g和五香粉100g，时间也是

15min。在腌制瘦肉的同时要进行肥肉的腌制，用料为盐 1.25kg、白糖 3.5kg、白酒 2kg 和五香粉 100g，时间为 15min。

(5) 装馅 一层瘦肉一层肥肉均匀地填满猪脚，压实合口，用洗净的水草均匀捆扎 6～7 圈，捆扎时要扎成猪蹄状，扎得要结实不能松散，造型要美观。

(6) 卤制 将香辛料装入纱布袋中扎好，与扎蹄一起放入煮锅中，加入其他配料和水，先用文火烧煮，待七成熟时再稍加火力，待猪脚煮得变色将熟时，用钢钎在猪脚皮面上扎十几个孔，并用箩筛撇去汤面杂质使卤汤清亮，再用文火慢慢煨之，使之入味。

(7) 切片浇卤 扎蹄煮好后捞出，待卤汤凉冷后将扎蹄再放入卤汤中浸泡 12h，然后捞出切成薄片，浇上少量卤汁和麻油即为成品。

4. 成品质量标准

(1) 感官指标 造型美观，色泽深黄，皮爽肉脆，鲜香可口。

(2) 微生物指标 菌落总数≤100 个/g，大肠菌群≤66 个/100g，致病菌不得检出。

十六、天津酱肉

1. 配方

猪净肉 5kg，食盐 200g，酱油 250g，白糖 50g，绍兴酒 75g，大葱 100g，鲜姜 100g。

2. 工艺流程

原料整理→浸泡→氽制→酱制

3. 操作要点

(1) 选料整理 选用符合卫生要求的猪肉，肥膘厚度为 1.5～2cm，修去皮上的残毛、污物，割去五花肉，再切成 500～750g 左右的方块肉。

(2) 浸泡 切好的肉块放在凉水中浸泡，约经 4h 左右，捞出后沥去水分。

(3) 氽制 沥水后的肉块，放入沸水锅中，氽约 30min，除去血污。

(4) 酱制 氽好的肉块放入酱煮锅内，加入全部辅料（香料用纱布袋装），先用大火烧煮 30min，再改用小火焖煮 3.5～4h，待汤汁浸透猪肉块时出锅，冷却后即为成品。

4. 成品质量标准

(1) 感官指标　成品块状，色泽红褐色，肥瘦均匀，肉质细嫩，浓香可口。

(2) 微生物指标　菌落总数≤90 个/g，大肠菌群≤30 个/100g，致病菌不得检出。

十七、卤猪头皮

1. 配方

猪头皮 100kg，精盐 5kg，酱油 1kg，白酒 0.5kg，白糖 0.5kg，角茴 100g，桂皮 100g。

2. 工艺流程

原料选择→原料整理→预煮出水→配料→卤制→冷却→称重装袋

3. 操作要点

(1) 原料选择　选择经兽医卫生检验合格的，来自非疫区健康、无传染病的猪头。最好是选择新鲜的猪头，如果所用的原料为冻猪头，应将其放在流动的水池中解冻。

(2) 原料整理　将选择好的猪头除去头骨，并且将猪头皮上的长毛、桩子毛、绒毛整理干净，伤斑、烂眼、耳环修割干净，而后用清水洗净备用。

(3) 预煮出水　将整理好的头皮称重，按 100kg 加精盐 5kg，投入沸水中煮 30min，除去头皮的水分。

(4) 配料　依据原料肉重量按照配料标准称好各种辅助材料(桂皮、角茴装在纱布袋中)，而后投入卤锅沸腾。

(5) 卤制　将已经预煮出水的猪头皮放入沸腾的卤水锅中，卤制过程中要不断地用木桨将头皮翻动，煮 15～30min 即可起锅。在起锅前将锅中最大的猪头取出，在最厚之处用刀切开，如有带血现象，应将卤制时间再适当延长。一般情况只要卤锅温度能保持在 95～98℃之间，然后上下翻动猪头，是不会出现带血现象的。

(6) 冷却　将卤好的头皮用漏勺从卤锅中捞起，放在货架上摊凉即可。

(7) 称重包装　将摊凉后的头皮分别按400g，800g两种规格进行称量包装抽真空，而后按400g×20袋，800g×10袋将产品装箱，每小袋允许误差±2%，但每箱的总重量不得少于规定重量。

4. 成品质量标准

(1) 感官指标　呈诱人的酱红色，呈色均匀，具有卤猪头特有的香气和味道，无骨，头皮完整。

(2) 理化指标　盐2%～5%，亚硝酸盐<20mg/kg。

(3) 微生物指标　菌落总数<300个/g，大肠菌群≤70个/100g，致病菌不得检出。

十八、节节香

1. 配方

腌制液配方（以100kg原料计）：食盐3kg，白砂糖2kg，味精1kg，D-葡萄糖-δ-内酯100g，亚硝酸盐15g，硝酸盐30g，维生素C 100g，黄酒1.5kg，山梨酸钾100g，复合磷酸盐400g，五香粉1kg，葱、姜适量。

卤制液配方（以100kg原料计）：盐2kg，白砂糖1kg，味精0.5kg，鲜姜1.3kg，大葱2.5kg，焦糖色素1kg。

2. 工艺流程

原料→修整→清洗→切割→腌制→预煮→卤制→油炸→装袋→杀菌→封口→检验→入库→成品

3. 操作要点

(1) 原料选择　选用猪尾要求外观白色或略带黄色，有光泽，表面微干不粘手，脂肪层应为白色而不能为黄色，毛不能太多，有弹性，无异味、臭味、酸味，从尾根骨与臀部平行割下，外形完整，表皮洁白，无充血、出血、干痂及其他病变。

(2) 原料修整　用左手握住猪尾，右手持刀将尾根部的脂肪修掉，放入水盆中，然后去残毛，对局部病变的部位也应该修掉。修整方法是左手握住猪尾，右手用刀成一定倾斜度将局部病变由浅渐深仔细修掉，应注意不要修破皮肤。

(3) 清洗　将修整好的猪尾放入水中进行漂洗，对表皮应用刀刮洗。方法是将猪尾放于干净的操作台上，用左手按住猪尾的一端，右手持刀稍向前倾斜向猪尾的另一端刮洗，然后再用清水漂洗干净，直到水清为止。

(4) 切割　将猪尾切割成整齐的8～10cm长的小节。

(5) 腌制　按腌制液配方进行腌制，腌制时间是24h。腌制的目的是使腌制剂中的有关成分渗入并均匀分布于猪尾内部，以达到增进风味和延长保质期的目的。

(6) 预煮　将修整好的猪尾放入沸水锅内焯20min，然后捞出用自来水冲洗，以将血沫、脏物等冲洗干净，以待预煮。

(7) 卤制　按卤制液配方进行卤制，并先用大火将卤水烧开，然后用小火进行卤制，时间为1h左右。

(8) 油炸　油炸的目的是使产品表面的颜色均匀并且香味突出，还可部分脱出水分以延长保质期，油炸时油料比为3∶1左右，采用170℃，2min或180℃，1min产品质量较好。

(9) 装袋　采用尼龙复合材料袋，这样消费者可以直接看到产品的外观，对消费者有一定的吸引力，且耐高温、致密性和保存效果都与铝箔复合材料相近，且成本低。装袋时误差应控制在2%以下，而且应该防止袋口污染，以免影响封口质量，降低密封强度。

(10) 杀菌　本工艺采用微波杀菌方式进行，首先微波5min，冷却3min，然后再微波3min。

(11) 封口　采用真空封口，真空度需达0.09MPa以上。

(12) 检验、入库　产品经过保温检验合格后方可入库、销售。

4. 成品质量标准

(1) 感官指标　呈深红或棕色或深米黄色，具有猪尾应有的酯香，软硬适度，外观整齐美观，香味好，口感佳。

(2) 理化指标　盐3%～5%，水分30%～40%，亚硝酸盐≤30mg/kg。

(3) 微生物指标　菌落总数≤200个/g，大肠杆菌≤30个/100g，致病菌不得检出。

十九、酱方肉

1. 配方

五花肉100kg，豆瓣酱10kg，白砂糖6kg，食用盐2kg，味精

1kg，白酒 1kg，D-异抗坏血酸钠 0.15kg，香兰素 0.1kg，乙基麦芽酚 0.05kg，红曲红 0.02kg，亚硝酸钠 0.015kg，山梨酸钾 0.0075kg。

2. 工艺流程

原辅料验收→原料解冻→整理切块→配料腌制→烘干→蒸制→冷却称重→真空包装→杀菌→冷却→检验→外包装→成品入库

3. 操作要点

(1) 原辅料验收　选择产品质量稳定的供应商，向供应商索取每批原料的检疫证明、有效的生产许可证和检验合格证，对每批原料进行感官检验，对原料猪五花肉、白砂糖、食用盐、白酒、味精等原辅料进行验收。

(2) 原料解冻　原料猪五花肉在常温条件下解冻，解冻后在22℃下存放不超过2h。

(3) 整理切块　清除血伤等杂质，肉用刀或机械切成15cm×15cm正方形的块状。中间用刀尖刺5～6个小洞，腌制时便于腌透入味。

(4) 配料腌制　按原料重量配制辅料，反复搅拌均匀。

(5) 烘干　放在不锈钢网筛上，进入55～60℃的烘房中，烘制24h后取出冷却。

(6) 蒸制　放入蒸汽锅里蒸15min，温度为110℃，取出自然冷却。

(7) 冷却称重　卤煮好的产品摊放在不锈钢工作台上冷却，按不同规格要求准确称重。

(8) 真空包装　抽真空前先预热机器，调整好封口温度、真空度和封口时间，袋口用专用消毒的毛巾擦干（防止袋口有油渍）后封口，结束后逐袋检查封口是否完好，轻拿轻放摆放于杀菌专用周转筐中。

(9) 杀菌冷却　采用微波杀菌，打开微波电源盒按钮，设备自行运转，物料平放在进料平台上，不能重叠，同时调整好温度和加热时间，中心温度为85～90℃，再用巴氏杀菌，85℃、水浴40min流动自来水冷却30～60min，最后取出沥干水分、晾干。

(10) 检验　检查杀菌记录和冷却是否彻底凉透，送样到质检部门按国家有关标准进行检验。

(11) 外包装　按批次检验合格后下达检验报告单，打印批号同生产日期必须严格对应，打印的位置应统一，字迹清晰、牢固。

(12) 成品入库　按规格要求定量装箱，外箱注明品名、生产日期，方可进入0～4℃冷藏成品库。

4. 成品质量标准

(1) 感官指标　色泽酱红，醇香味美，肥而不腻，回味浓郁。

(2) 微生物指标　菌落总数≤100个/g，大肠菌群≤70个/100g，致病菌不得检出。

二十、玛瑙肉

1. 配方

去骨猪头肉100kg，食用盐8kg，酱油4kg，白砂糖2.5kg，黄酒2kg，生姜0.5kg，大葱0.5kg，桂皮0.2kg，八角0.15kg，肉果0.05kg，双乙酸钠0.3kg，复合磷酸钠0.3kg，乙基麦芽酚0.1kg，脱氢乙酸钠0.05kg，亚硝酸钠0.015kg。

2. 工艺流程

原辅料验收→原料解冻→清洗整理→腌制→预煮→配料烧煮→装模冷却→称重包装→杀菌冷却→检验→外包装→成品入库

3. 操作要点

(1) 原辅料验收　选择产品质量稳定的供应商，向供应商索取每批原料的检疫证明、有效的生产许可证和检验合格证，对原料猪头肉、白砂糖、食用盐、味精等原辅料进行验收。

(2) 原料解冻　原料猪头肉在常温条件下解冻，解冻后在22℃下存放不超过2h。

(3) 清洗整理　选皱纹较少而浅的猪头肉。采用人工拔毛或火焰燎毛，在清水中去除毛、血污和杂质，并除去淋巴结、眼圈毛污，割去耳朵，刮净毛根。

(4) 腌制　将洗净的猪头肉放入盐卤缸中浸泡腌制12h后取出。

(5) 预煮　然后放入夹层锅中预煮，待水沸后约10min提出冷却，再仔细检查有无细毛。

(6) 配料烧煮　放入锅中加料烧煮（一般老汤）至六成熟时，提锅冷却拆骨，原汤烧煮（至用手指一压就裂开为止），立即提锅冷却。

(7) 装模冷却　整修后进行装模，加盖压紧后送入预冷库冷却。

(8) 称重包装　经12h后取出整形，切片称重，真空包装。

(9) 杀菌冷却、检验、外包装　参见酱方肉。

(10) 成品入库及贮存　经检验合格的产品，装入彩袋或贴不干胶，封口打印生产日期，放入专用纸箱，标明名称、规格、重量等，包装好的产品及时进入0～4℃冷藏成品库。

4. 成品质量标准

(1) 感官指标　色泽红润，红白分明，鲜香味美，肥而不腻。

(2) 微生物指标　菌落总数≤210个/g，大肠菌群≤30个/100g，致病菌不得检出。

二十一、上海五香酱肉

1. 配方

方肉100kg，酱油5kg，盐2.5～3kg，白糖或冰糖屑1.5kg，硝酸钠25kg，葱500g，姜200g，桂皮150g，八角150g，陈皮50～100g，黄油2～2.5kg。

2. 工艺流程

原料选择和预处理→腌制→配汤→酱制→产品

3. 操作要点

(1) 原料选择和预处理　选用苏州、湖州地区的猪，肉质新鲜，皮细有弹性。原料肉须是割去排头、奶脯后的方肉，且要刮净皮上的余毛并拔去毛根，洗净，沥干水。然后，斩成长约15cm、宽约11cm的长方块。在肋骨旁用铁扦戳出距离基本相等的一排排小洞（洞不可戳穿肉皮）。

(2) 腌制　将盐和硝酸钠在50kg开水中搅拌溶解成腌制液，冷却后把酱肉坯摊放在缸或桶内，将腌制液洒在肉坯上，冬天还要擦盐腌制，然后将盐放置在腌制容器中腌制。腌制时间为春秋2～3d，冬天4～5d，夏天不能过夜，否则会变质。

(3) 配汤（俗称酱鸭汤） 配制时，在 100kg 水中约放酱油 5kg，使之呈不透明的深酱色，加葱 0.5kg、姜 200g、桂皮 150g、小茴香（放在布袋内）150g，用旺火烧开；捞出香料（其中桂皮、小茴香可再利用一次），舀出待用。汤可长期使用，但用量须视汤的浓度而定，使用前须烧开撇去浮油。

(4) 酱制 将酱肉坯料放入锅中，加酱鸭汤淹没肉坯，上面压以重物，盖上锅盖，用旺火煮开，打开锅盖，加黄酒 2～2.5kg，再盖上锅盖，用旺火煮沸后改用小火焖煮 45min，加冰糖屑或白糖 1.5kg，再用小火焖煮 2h，到皮烂肉酥时出锅，出锅时左手拿一特制的短柄带漏孔的宽铲子，右手用尖筷轻轻地将肉块捞到铲子上，皮向下摆放于盘中，拆除肋条骨和脆骨，趁热上市。

4. 成品质量标准

(1) 感官指标 香气扑鼻，咸中带甜，食之肥而不腻。

(2) 微生物指标 菌落总数≤310 个/g，大肠菌群≤70 个/100g，致病菌不得检出。

二十二、酱香大排

1. 配方

猪大排 100kg，食用盐 3kg，亚硝酸钠 0.015kg，味精 0.8kg，生姜 0.5kg，大葱 0.5kg，肉桂 0.15kg，八角 0.1kg，花椒 0.05kg，丁香 0.03kg，乙基麦芽酚 0.15kg，红曲红 0.03kg，山梨酸钾 0.0075kg。

2. 工艺流程

原辅包装材料验收→原辅包装材料贮存→原料肉解冻→清洗整理→配料腌制→焯沸→煮制→冷却称重→真空包装→杀菌→冷却→检验→外包装→成品入库

3. 操作要点

(1) 原辅包装材料验收 选择产品质量稳定的供货商。对新的供应商进行原料安全评价。向供应商索取每批原料的检疫证明、有效的生产许可证和检验合格证。对每批原料进行感官检查，对原料猪大排、食用盐、味精、食品添加剂等原辅料及包装材料进行验收。

(2) 原辅包装材料的贮存　原料猪大排在−18℃条件下贮存。辅助材料和包装材料在干燥、避光、常温条件下贮存。

(3) 原料肉解冻　原料猪大排在常温条件下解冻，解冻后在22℃下存放不超过2h。

(4) 清洗整理　选用猪脊背的大排骨，骨与肉的比例约为1∶4，用刀或者切片机切成厚1.5cm左右、长度为5cm、宽度为3cm的扇形块状。用流动的自来水冲洗干净、沥水。

(5) 配料腌制　按原料100%计算所需的各自不同的配方，用天平和电子秤配置香辛料和调味料（香辛料用文火煮制30～60min）。将亚硝酸钠、食用盐用水溶解、拌和，均匀地洒在排骨上，反复搅拌后置于缸内腌制，腌制时间为，夏季4h，春、秋季8h，冬季10～24h。在腌制过程中须上下翻动1～2次，使咸味均匀。

(6) 焯沸　锅内用100℃的开水，放入排骨烧煮，上下翻动，撇除血沫，时间为3～5min出锅，用流动自来水冲洗干净后沥干。

(7) 煮制　将生姜、大葱及香辛料分装布袋，放在锅底，再放入排骨，加上黄酒、酱油、精盐再放入白烧（焯沸）的肉汤，大火烧开后10min，改用文火焖煮1h左右，加入白砂糖等辅料，再用大火烧5min，待汤汁变浓后即可出锅。

(8) 冷却称重　将产品摊放在不锈钢工作台上冷却，按不同规格要求准确称重（正负在3～5g）。

(9) 真空包装、杀菌冷却、检验、外包装、成品入库　参见酱方肉。

4. 成品质量标准

(1) 感官指标　色泽红润，有光泽，酱香味浓，滋味鲜。

(2) 微生物指标　菌落总数≤280个/g，大肠菌群≤75个/100g，致病菌不得检出。

二十三、无锡酱排骨

1. 配方

猪排骨100kg，腌制料：食用盐3kg，花椒0.025kg，亚硝酸钠0.015kg；煮制料：酱油8kg，白砂糖6kg，黄酒2kg，食用盐

1.5kg，味精0.8kg，生姜0.5kg，大葱0.5kg，桂皮0.1kg，八角0.1kg，丁香0.03kg，白芷0.03kg，乙基麦芽酚0.1kg，红曲红0.04kg，山梨酸钾0.0075kg。

2. 工艺流程

原辅包装材料验收→原辅包装材料贮存→原料肉解冻→清洗整理→配料腌制→焯沸→煮制→冷却称重→真空包装→杀菌→冷却→检验外包装→成品入库

3. 操作要点

（1）原辅包装材料验收　选择产品质量稳定的供应商，对新的供应商进行原料安全评价，向供应商索取每批原料的证明、有效的生产许可证和检验合格证，对每批原料进行感官检查，对猪排骨、白砂糖、食用盐、日常食品添加剂等原辅料及包装材料进行验收。

（2）原料包装材料的贮存　原料猪排骨在－18℃的条件下贮存，贮存期不超过6个月，辅助材料和包装材料在干燥、避光、常温条件下贮存。

（3）原料肉解冻　原料猪排骨在常温条件下解冻，解冻后在22℃下存放不超过2h。

（4）清洗、整理　选用猪的胸腔骨（肋排）为原料，也可采用脊背的大排骨，骨与肉的比例约为1∶3。斩成宽7cm，长11cm的方块，如以大排为原料则切成厚约1.2cm的扇形方块，用流动的自来水冲洗干净，沥水。

（5）配料腌制　接100%计算各自所需的不同配方，用天平和电子秤配制香辛料和调味料（香辛料用文火煮制30～60min），将亚硝酸盐、食用盐水溶解，拌匀洒在排骨上，使咸味均匀。

（6）焯沸　锅内用100℃的开水，放入排骨烧煮，上下翻动，3～5min出锅，用自来水洗净后沥干。

（7）煮制　将生姜、大葱及香辛料分别装于布袋，放在锅底，再放入排骨，加上黄酒、酱油、精盐，再放入煮沸的热汤，旺火烧开后10min，改用温火焖煮1h左右，加入白砂糖等，再用旺火烧5min，待汤汁变浓厚，方可出锅。

（8）冷却称重　卤煮好的产品摊放在不锈钢工作台上冷却，按不同规格要求准确称重。

(9) 真空包装、杀菌冷却、检验、外包装、成品入库 参见酱方肉。

4. 成品质量标准

(1) 感官指标 色泽红润，美味可口，肥而不腻，香酥味浓。

(2) 微生物指标 菌落总数≤110 个/g，大肠菌群≤22 个/100g，致病菌不得检出。

二十四、无锡酥骨肉

1. 配方

原料肉 50kg，硝酸钠 15g（和清水 1.5kg），盐 1.5kg，姜 250g，桂皮 150g，小茴香 125g，丁香 15g，味精 30g，绍兴酒 1.5kg，酱油 5kg，白糖 3kg。

2. 工艺流程

原料选择与修整→腌制→白烧→红烧→成品

3. 操作要点

(1) 原料选择与修整 选用猪的胸腔骨（即炒排骨、小排骨）为原料，也可用肋排（带骨肋条肉去皮和去肥膘后称肋排）和脊背的大排骨。骨肉重量比约为 1∶3。斩成宽 7cm，长 11cm 左右的长方形。如用大排骨作原料，斩成厚约 1.2cm 的扇形。

(2) 腌制 把盐和硝酸盐用水溶化拌和均匀，然后洒在排骨上，要洒均匀，之后放在缸内腌制，腌制时间夏季为 4h、春秋季为 8h、冬季为 10～24h。在腌制过程中，须上下翻动 1～2 次，使成味均匀。

(3) 白烧 把坯料放入锅内，注满清水烧煮，上下翻动，撇出血沫，待煮熟后取出坯料，冲洗干净。

(4) 红烧 将葱、姜、桂皮、小茴香、丁香分装成几个布袋，放在锅底，再放入坯料，加上绍酒、红酱油、精盐及去除杂质的白烧肉汤，汤的数量掌握在高于坯料平面 3.33cm。盖上锅盖，用大火煮沸 30min 后改用小火焖煮 2h。焖煮时不要翻动，焖到骨酥肉透时加进白糖，再用大火烧 10min，待汤汁变浓稠即停火，将成品取出平放在盘上，再将锅内原料撇去油层和捞起碎肉，这时取部分汤汁加味精调匀后均匀地泼洒在成品上，将锅内剩下的汤汁盛入容器内，可循环使用。

4. 成品质量标准

(1) 感官指标　色泽酱红，油润光亮，咸中带甜，口味鲜美，香味浓郁，骨酥肉烂。

(2) 微生物指标　菌落总数≤100 个/g，大肠菌群≤90 个/100g，致病菌不得检出。

二十五、中式拆烧

1. 配方

猪后腿肌肉（分割 4 号肉）100kg，香料水、冰水 45kg，白砂糖 6 千克，食用盐 4kg，大豆分离蛋白 0.5kg，味精 0.5kg，白酒 0.5kg，复合磷酸盐 0.4kg，卡拉胶 0.4kg，D-异抗坏血酸钠 0.15kg，猪肉精 0.15kg，亚硝酸钠 0.015kg。

2. 工艺流程

原辅料及包装材料验收→原辅料及包装材料贮存→原料解冻→分割整理→腌制注射→滚揉→预煮切块→煮制→冷却→称重包装→杀菌→冷却检验→成品入库及贮存

3. 操作要点

(1) 原辅料及包装材料验收　选择产品质量稳定的供应商，对新的供应商进行原料安全评价，向供应商索取每批原料的检疫证明、有效的生产许可证和检验合格证，对每批原料进行感官检查，对原料肉、白砂糖、食用盐、白酒、味精、食品添加剂等原辅料及包装材料进行验收。

(2) 原辅料及包装材料的贮存　原料肉在－18℃条件下贮存，贮存期不超过 6 个月。辅助材料和包装材料在干燥、避光、常温条件下贮存。

(3) 原料解冻　原料肉在常温条件下解冻，解冻后在 22℃下存放不超过 2h。

(4) 分割整理　猪后腿肌肉（分割 4 号肉）去皮、肌腱、血伤、淋巴结等。

(5) 腌制注射　取腌制料水、辅料混合后搅拌均匀，用盐水注射机注射，边注射边搅拌，一次不够时注两次。

(6) 滚揉 注射完毕后，用小车运输到真空滚揉机中，在 0～4℃腌制间滚揉 16h（启动 20min，停止 30min）。

(7) 预煮切块 从滚揉机中取出原料，用蒸汽锅预煮定型，冷却后切成长 15cm、宽 6cm 的肉块。

(8) 煮制 锅内放 120kg 清水，烧开放入辅料和原料，煮制 15min 左右取出。

(9) 冷却 将卤煮好的产品摊放在不锈钢工作台上冷却，在常温下自然冷却。

(10) 称重包装 按不同规格的要求称重，用真空包装机进行包装。

(11) 杀菌 杀菌公式 15min—20min—15min（升温—恒温—降温)/121℃，反压冷却。

(12) 冷却 用流动的自来水冷却 60min，上架、沥干水分。

(13) 检验 检查杀菌记录表和冷却是否彻底凉透，送样到质检部门按国家有关标准要求进行检验。

(14) 成品入库及贮存 经检验合格的产品装入彩袋或贴不干胶，封口打印生产日期，放入专用纸箱，标明名称、规格、重量等，包装好的产品及时进入库中存放。

4. 成品质量标准

(1) 感官指标 表面均匀光滑，咸鲜合一，鲜酥软烂，色泽鲜明。

(2) 微生物指标 菌落总数≤100 个/g，大肠菌群≤23 个/100g，致病菌不得检出。

二十六、维扬拆烧

1. 配方

猪后腿精肉 100kg，白砂糖 8kg，食用盐 3kg，黄酒 2kg，味精 0.5kg，生姜 0.5kg，大葱 0.5kg，大茴香 0.1kg，丁香 0.05kg，肉豆蔻 0.05kg，肉桂 0.05kg，复合磷酸盐 0.3kg，D-异抗坏血酸钠 0.15kg，乙基麦芽酚 0.1kg，亚硝酸钠 0.015kg。

2. 工艺流程

原辅料验收→原辅料贮存→原料解冻→分割整理→配料腌制→

油炸→煮制→收膏→冷却→称重包装→杀菌→冷却→检验→外包装→成品入库

3. 操作要点

（1）原辅料验收　选择产品质量稳定的供应商，对新的供应商进行原料安全评价，向供应商索取每批原料的检疫证明、有效的生产许可证和检验合格证，对每批原料进行感官检查，对原料肉、白砂糖、食用盐、味精等原辅料进行验收。

（2）原辅料的贮存　原料肉在－18℃条件下贮存，贮存期不超过6个月，辅料在干燥、避光、常温条件下贮存。

（3）原料解冻　原料肉在常温条件下解冻，解冻后在22℃下存放不超过2h。

（4）分割整理　猪后腿肉经去皮等工序整理，肉块切成6cm×12cm的长方块。

（5）配料腌制　把肉块投入到腌制缸中，先把香料用小火煮制60min，用筛网过滤去渣，同原辅料一起充分混合搅拌，腌制12h取出。

（6）油炸　油炸时温度上升到170℃时分批放入锅内炸至表面稍有黄红色时，起锅沥油。

（7）煮制　把清水120kg同生姜、大葱和剩余的香料一同在锅中煮开，放入半成品拆烧，大火烧开，改用文火约煮20min。

（8）收膏　锅中放入白砂糖、卤汁20kg，慢慢收膏，卤汁呈稠状，放入煮制的拆烧，不停翻炒，使糖液沾在肉上面为止。

（9）冷却　卤煮好的产品摊放在不锈钢工作台上冷却，按不同规格要求准确称重。

（10）称重包装　按不同规格的要求进行称重，真空包装。

（11）杀菌冷却　采用微波杀菌，打开微波电源盒按钮，设备自行运转，物料平放在进料平台上，不能重叠，同时调整好温度和加热时间，中心温度为85～90℃，再用巴氏杀菌，85℃、水浴40min，流动自来水冷却30～60min，最后取出沥干水分、晾干。

（12）检验　检查杀菌记录表和冷却是否彻底凉透，送样到质检部门按国家有关标准进行检验。

(13) 外包装　按批次检验合格后下达检验报告单，打印批号同生产日期必须严格对应，打印的位置应统一，字迹清晰、牢固。

(14) 成品入库及贮存　经检验合格的产品装入彩袋或贴不干胶，封口打印生产日期，放入专用纸箱，标明名称、规格、重量等，包装好的产品及时进入库中存放。

4. 成品质量标准

(1) 感官指标　色泽淡红，切断面整齐，味美鲜嫩。

(2) 微生物指标　菌落总数≤200 个/g，大肠菌群≤30 个/100g，致病菌不得检出。

二十七、四川卤猪肉

1. 配方

以 100kg 鲜猪肉计。

味精味：白豆油 3kg，白胡椒 5g，桂皮 5g，味精 70g（要起锅时再下，下同）。

麻辣味：花椒 300g，辣椒 400g，芝麻 400g，白豆油 2kg，味精 30g，香油 400g，白胡椒 5g，桂皮 5g。

果汁味：冰糖 400g，香菌 150g，熟鸡油 150g，玫瑰 100g，醪糟 150g，白豆油 3kg。

金钩味：金钩 500g（切成小颗），熟鸡油 300g。

2. 工艺流程

原料处理→卤制→冷却→产品

3. 操作要点

(1) 原料处理　先将 100kg 鲜猪肉切成重 800～1500g 的大块，用清水漂洗干净，然后放入锅中稍煮（加老姜 600g、硝石 500g），煮开后立即捞起，目的是除去血腥味。在煮时可先在锅底放两把干净谷草，据说可除去鲜猪肉的血污。最后，剔除筋膜。

(2) 卤制　首先制备卤汁，凉净水 20kg，白豆油 3kg，盐 2.5kg，小茴香、山柰、八角、花椒、桂皮、姜、胡椒、草果等香料各适量装袋，总重量为 500～800g，混合煮开熬成卤汁。将不同味别的辅料下到卤汁中，再依次放入煮过的猪肉，急火烧开，小火慢焖 30～60min 起锅即成不同味别的卤猪肉。

（3）冷却　产品冷却至室温即为成品。

4. 成品质量标准

（1）感官指标　精瘦净肥，卤汁紧渗，纤维细嫩，鲜美可口，醇香味厚。

（2）微生物指标　菌落总数≤60 个/g，大肠菌群≤15 个/100g，致病菌不得检出。

二十八、香酥肉排

1. 配方

猪肋排骨 100kg，食用盐 4kg，白砂糖 3kg，酱油 3kg，白酒 0.5kg，生姜 0.5kg，味精 0.1kg，五香粉 0.05kg，D-异抗坏血酸钠 0.1kg，红曲红 0.02kg，亚硝酸钠 0.015kg。

2. 工艺流程

原辅料验收→原辅料贮存→原料解冻→分割整理→配料→腌制→烘干→蒸（煮）制→称重包装→杀菌→冷却→检验→成品入库

3. 操作要点

（1）原辅料验收　选择产品质量稳定的供应商，对新的供应商进行原料安全评价，向供应商索取每批原料的检疫证明、有效的生产许可证和检验合格证，对每批原料进行感官检查，对原料猪肋排骨、白砂糖、食用盐、白酒、味精等原辅料进行验收。

（2）原辅料的贮存　原料猪肋排肉在－18℃条件下贮存，贮存期不超过 6 个月，辅助材料在干燥、避光、常温条件下贮存。

（3）原料解冻　原料猪肋排肉在常温条件下解冻，解冻后在 22℃下存放不超过 2h。

（4）分割整理　将猪肋排肉除去脂肪，切成长为 5cm 左右、宽度为 3cm 的块状，清洗沥干水分。

（5）配料腌制　按原料计算所需的各自不同的配方，用天平和电子秤配制辅料及食品添加剂，加入 60kg 清水和调味料混合均匀，放入肉排反复搅拌，腌制 24h，中途翻动 2 次。

（6）烘干　用专用不锈钢筛网平铺摊肋排，进入 55～60℃的烘房内，烘制 15h 左右，中途翻动 2 次。

（7）蒸（煮）制　把烘干的肋条放入蒸汽锅中，进行 20min

蒸制，取出冷却。

(8) 称重包装　按不同规格要求，进行定量真空包装。

(9) 杀菌　杀菌操作按压力容器操作要求和工艺规范进行，升温时必须保证有3min以上的排气时间，排净冷空气。杀菌公式10min—20min—10min（升温—恒温—降温）/121℃，反压冷却。

(10) 冷却　排净锅内水，剔除破包，出锅后应迅速转入流动自来水池中，强制冷却1h左右，上架、平摊、沥干水分。

(11) 检验　检查杀菌记录表和冷却是否彻底凉透，送样到质检部门按国家有关标准进行检验。

(12) 外包装　按批次检验合格后下达检验报告单，打印批号同生产日期必须严格对应，打印的位置应统一，字迹清晰、牢固。

(13) 成品入库　按规格要求定量装箱，外箱注明品名、生产日期，方可进入成品库。

4. 成品质量标准

(1) 感官指标　产品回味浓郁，鲜香有嚼劲，固有特殊的腊香味。

(2) 微生物指标　菌落总数≤100个/g，大肠菌群≤30个/100g，致病菌不得检出。

二十九、百味扎蹄

1. 配方

新鲜猪前腿（蹄肉）100kg，白砂糖5kg，酱油5kg，食用盐3kg，干辣椒1kg，味精0.5kg，花椒0.5kg，大葱0.5kg，生姜0.5kg，咖喱粉0.3kg，胡椒粉0.2kg，复合磷酸盐0.3kg，D-异抗坏血酸钠0.15kg，乙基麦芽酚0.1kg，亚硝酸钠0.015kg。

2. 工艺流程

原辅料验收→原料解冻→分割整理→配料腌制→焯沸→预煮冷却→称重包装→杀菌→检验→外包装→成品入库及贮存

3. 操作要点

(1) 原辅料验收　选择产品质量稳定的供应商，向供应商索取每批原料的检疫证明、有效的生产许可证和检验合格证，对每批原料进行感官检查，对原料肉、白砂糖、食用盐、味精等原辅料进行验收。

(2) 原料解冻　原料肉在常温条件下解冻，解冻后在22℃下存放不超过2h。

(3) 分割整理　原料肉经分割加工处理，去血伤、去淋巴结等杂质，蹄肉经修整去除多余的边角料。

(4) 配料腌制　香辛料用小火慢慢熬煮，约1h左右，把所有的辅料混合连同香料水，一起充分搅拌均匀。取清洗干净的原料肉，用卤液在上面涂擦，让辅料充分吸附在上面，通过反复的擦、按摩，加速蹄子的腌制。通过3～5d的浸泡，肉色呈酱红色，用刀切开里面看是否腌透，如有两种色泽，说明里面还夹生，需反复翻堆，如果切开面颜色一个样，证明已经达到效果。第二次重新找细绒毛，再把皮刮一下，除去部分杂质。

(5) 焯沸　锅中水达到95℃时，逐个放入原料肉，在锅中焯沸，外表变硬时起锅待用。

(6) 预煮　预煮时放入姜、葱和香料熬煮，再放入原料肉烧煮1h取出冷却。

(7) 称重包装　按规定要求定量进行真空包装。

(8) 杀菌　杀菌公式15min—25min—15min（升温—恒温—降温)/121℃，反压冷却。

(9) 检验　检查杀菌记录表和冷却是否彻底凉透，送样到质监部门按国家有关标准进行检验。

(10) 外包装　沥干水分后装上彩袋，用联动封口机封口，装箱入库。

(11) 成品入库　按规定要求定量装箱，外箱注明品名、生产日期，方可进入成品库。

4. 成品质量标准

(1) 感官指标　味香独特，鲜美爽口，回味浓郁，香辛料风味。

(2) 微生物指标　菌落总数≤80个/g，大肠菌群≤21个/100g，致病菌不得检出。

三十、杭州东坡肉

1. 配方

五花肋条肉100kg，白砂糖5kg，酱油3kg，食用盐2.5kg，糖色 2kg，味精 1kg，黄酒 1kg，生姜 0.5kg，大葱 0.5kg，乙基麦芽酚 0.1kg，红曲红 0.02kg，山梨酸钾 0.0075kg。

2. 工艺流程

原辅料验收→原辅料贮存→原料肉解冻→清洗整理→油炸→煮制→冷却称重→真空包装→杀菌冷却→检验→外包装→成品入库

3. 操作要点

(1) 原辅料验收　选择产品质量稳定的供应商，对新的供应商进行原料安全评价，向供应商索取每批原料的检疫证明、有效的生产许可证和检验合格证，对每批原料进行感官检查，对原料肉、白砂糖、食用盐、味精等原辅料进行验收。

(2) 原辅料的贮存　原料肉在−18℃条件下贮存，贮存期不超过 6 个月。辅助材料在干燥、避光、常温条件下贮存。

(3) 原料肉解冻　原料肉在常温条件下解冻，解冻后在 22℃下存放不超过 2h。

(4) 清洗整理　取太湖猪五花肋条肉，用流动自来水清洗后沥水，去除血污等杂质，切成 10cm×10cm 的方块。

(5) 油炸　先配制上色调料，清水 10kg、饴糖 3kg 搅拌均匀，肉块在里面浸一下取出沥干水分，待油温达到 175℃时放入肉块微炸 2～3min，皮面有皱纹或呈褐红色时取出，沥油。

(6) 煮制　按原料的重量配制各种辅料，锅内放入 120kg 清水后加入调料，大火烧开，再投入肉块，烧开改用文火焖煮 20～30min，起锅冷却。

(7) 冷却称重　卤煮好的产品摊放在不锈钢工作台上冷却，按不同规格要求准确称重。

(8) 真空包装、杀菌冷却、检验、外包装、成品入库　参见酱方肉。

4. 成品质量标准

(1) 感官指标　色泽红润，有光泽，肥而不腻，酥嫩爽口，鲜香味美。

(2) 微生物指标　菌落总数≤105 个/g，大肠菌群≤76 个/100g，致病菌不得检出。

三十一、苏式拆烧

1. 配方

后腿肌肉（分割 4 号肉）100kg，白砂糖 10kg，食用盐 5kg，黄酒 2kg，味精 0.5kg，生姜 0.5kg，红曲米粉 0.4kg，八角 0.2kg，肉桂 0.1kg，D-异抗坏血酸钠 0.15kg，亚硝酸钠 0.015kg。

2. 工艺流程

原辅料验收→原辅料贮存→原料解冻→分割整理→配料腌制→煮制→冷却→称重包装→杀菌→冷却→检验→外包装→成品入库

3. 操作要点

(1) 原辅料验收　选择产品质量稳定的供货商，对新的供应商进行原料安全评价，向供货商索取每批原料的检疫证明、有效的生产许可证和检验合格证，对每批原料进行感官检查，对原料肉、白砂糖、食用盐、味精等原辅料进行验收。

(2) 原辅料的贮存　原料肉在－18℃条件下贮存，贮存期不超过 6 个月。辅料在干燥、避光、常温条件下贮存。

(3) 原料解冻　原料肉在常温条件下解冻，解冻后在 22℃下存放不超过 2h。

(4) 分割整理　选择经兽医检验合格的猪腿肌肉，经去皮、去脂肪等，原料肉切成长 15cm、宽 5cm 的长方块。

(5) 配料腌制　把八角、肉桂用纱布扎紧放在蒸煮锅中煮制 1h，待有香味时冷却备用。在锅中放入水和原料，比例是 80∶120，倒入熬煮的香味料，反复搅均匀，进行腌制，15h 左右出缸。

(6) 煮制　取出后在蒸锅里预煮 20min 左右，红曲米用白酒溶开，逐步加入调成理想色泽，煮熟后，出料装盘。

(7) 冷却　卤煮好的产品放在不锈钢工作台上进行冷却。

(8) 称重包装　按不同规格的要求进行称重，真空包装。

(9) 杀菌冷却　采用微波杀菌，打开微波电源盒按钮，设备自行运转，物料平放在进料平台上，不能重叠，同时调整好温度和加热时间，中心温度为 85～90℃，再用巴氏杀菌，85℃、水溶 40℃，流动自来水冷却 30～60min，最后取出沥干水分、晾干。

(10) 检验　检查杀菌记录表和冷却是否凉透，送样到质监部门按国家有关标准进行检验。

(11) 外包装 按批次检验合格后下达检测报告单，打印批号同生产日期必须严格对应，打印的位置应统一，字迹清晰、牢固。

(12) 成品入库及贮存 经检验合格的产品装入彩袋或贴不干胶，封口打印生产日期，放入专用纸箱，标明名称、规格、重量等，包装好的产品应及时进入0～4℃冷藏成品库。

4. 成品质量标准

(1) 感官指标 外表呈棕红色，味美鲜嫩，香甜浓郁。

(2) 微生物指标 菌落总数≤100个/g，大肠菌群≤86个/100g，致病菌不得检出。

三十二、方模盐水蹄

1. 配方

猪前腿蹄肉100kg，食用盐3kg，白砂糖0.5kg，大葱0.5kg，曲酒0.5kg，生姜0.5kg，味精0.5kg，八角0.5kg，花椒0.1kg，肉果0.05kg，双乙酸钠0.3kg，D-异抗坏血酸钠0.1kg，乙基麦芽酚0.1kg，乳酸链球菌素0.05kg，亚硝酸钠0.015kg。

2. 工艺流程

原辅料验收→原料解冻→清洗整理→原料腌制→焯沸→煮制→压膜切片→称重包装→成品

3. 操作要点

(1) 原辅料验收 选择产品质量稳定的供应商，向供应商索取每批原料的检疫证明、有效的生产许可证和检验合格证，对原料肉、白砂糖、食用盐、味精等原辅料进行验收。

(2) 原料解冻 原料肉在常温条件下解冻，解冻后在22℃下存放不超过2h。

(3) 清洗整理 原料选用经检验合格的前腿（蹄）肉，经去骨、去毛清洗干净。用刀反复在皮上面刮洗，沥干水分。

(4) 配料腌制 按称重比例配制辅料（香料要预先用清水熬煮1h），同香料水一起混合均匀，洒在蹄面上反复擦盐后出汗（卤水），再投入腌制缸中干腌3～5d。

(5) 焯沸 出缸后用清水浸泡1h左右，用开水放入原料焯沸到收缩为止。取出用清水冲洗干净，进行第二次清洗去毛。

(6) 煮制　煮制时投入原料烧开后加入生姜、大葱、曲酒、香料煮制约30min到九成熟。

(7) 压膜切片　定量装入不锈钢模具中，压紧后送入0～4℃的冷库中12～24h后脱模，按规格要求切片包装。

(8) 称重包装　按不同规格的要求，转入包装间称重，用真空包装机进行包装。

(9) 成品　包装完成后即为成品或进入0～4℃的冷库中存放，保质期30d。

4. 成品质量标准

(1) 感官指标　红白分明，肥而不腻。

(2) 微生物指标　菌落总数≤200个/g，大肠菌群≤30个/100g，致病菌不得检出。

三十三、酱肘子

1. 配方

① 腌制料：猪前、后蹄膀100kg，食用盐5kg，花椒0.03kg，D-异抗坏血酸钠0.15kg，亚硝酸钠0.015kg。

② 香辛料：八角0.15kg，肉桂0.15kg，肉果0.1kg，砂仁0.1kg，陈皮0.1kg。

③ 煮制料：白砂糖6kg，酱油6kg，食用盐1.5kg，味精1kg，白酒0.5kg，生姜0.5kg，大葱0.5kg，乙基麦芽酚0.15kg，红曲红0.03kg，山梨酸钠0.0075kg。

2. 工艺流程

原辅料验收→原辅料贮存→原料肉解冻→分割整理→配料腌制→煮制→冷却称重→真空包装→杀菌→冷却→检验→外包装→成品入库

3. 操作要点

(1) 原辅料验收　选择产品质量稳定的供应商，向供应商索取每批原料的检疫证明、有效的生产许可证和检验合格证。对原料猪蹄膀、白砂糖、食用盐、白酒、味精等原辅料进行验收。

(2) 原辅料的贮存　原料猪蹄膀在−18℃条件下贮存，辅料在干燥、避光、常温条件下贮存。

(3) 原料肉解冻　原料猪蹄膀在常温条件下解冻，解冻后在22℃下存放不超过2h。

(4) 分割整理　原料经分割，去除骨、小毛、明显的脂肪、血伤等杂质。

(5) 配料腌制　用天平和电子秤准确称重，花椒、盐、亚硝酸钠混合均匀后撒在肘子上，反复拌数次，辅料全部溶解后放入缸中腌制24h出缸。用自来水冲洗干净，沥水待用。

(6) 煮制　按原料的重量配制各种辅料，锅内放入120kg清水后加入调料，大火烧开，再投入肉块，烧开改用文火焖煮20～30min，起锅冷却。

(7) 冷却称重　卤煮好的产品摊放在不锈钢工作台上冷却，按不同规格要求准确称重。

(8) 真空包装、杀菌冷却、检验、外包装、成品入库　参见酱方肉。

4. 成品质量标准

(1) 感官指标　肉皮油亮，红中透紫，肥肉不腻，瘦肉不干，不咸不淡，甜香适口。

(2) 微生物指标　菌落总数≤100个/g，大肠菌群≤58个/100g，致病菌不得检出。

三十四、龙肉蛋

1. 配方

猪通脊肉（分割3号肉）100kg，白砂糖5kg，食用盐3kg，味精0.5kg，曲酒0.5kg，胡椒粉0.2kg，复合磷酸盐0.3kg，D-异抗血酸钠0.1kg，乙基麦芽酚0.1kg，亚硝酸钠0.015kg。

2. 工艺流程

原辅料及包装材料验收→原辅料及包装材料贮存→原料肉解冻→整理→配料腌制→挂吹→烘干熟制→称重包装→杀菌→冷却→检验→外包装→成品入库

3. 操作要点

(1) 原辅料及包装材料验收　选择产品质量稳定的供应商，对新的供应商进行原料安全评价，向供应商索取每批原料的检疫证明、有效的生产许可证和检验合格证，对每批原料进行感官检查，对原料肉、白砂糖、食用盐、味精、食品添加剂等原辅料及包装材料进行验收。

(2) 原辅料及包装材料的贮存　原料肉在－18℃条件下贮存，贮存期不超过6个月。辅助材料在干燥、避光、常温条件下贮存。

(3) 原料肉解冻　原料肉在常温条件下解冻，解冻后在22℃下存放不超过2h。

(4) 整理　选用的猪通脊肉（分割3号肉）去除脂肪等，修除部分碎肉。

(5) 腌制　腌制时按称重配料，把料液拌均匀，撒在原料上反复抹擦，以渗透到肉中，腌制2～3d，切开中间色变红为止。

(6) 挂吹　取出挂吹，待干燥时用荷叶包紧扎牢。

(7) 烘干熟制　入烘房用50～55℃温度慢慢烘干（半干），上架发酵，需煮熟时取出。

(8) 称重包装　按不同规格要求，称重后再进行真空包装。

(9) 杀菌　杀菌操作按压力容器操作要求和工艺规范进行，升温时必须保证有3min以上的排气时间，排净冷空气。采用高温杀菌，15min—20min—15min（升温—恒温—降温)/121℃，反压冷却。产品在常温下能保存6个月。另外一种方法，采用巴氏杀菌，水温85～90℃、时间40min，取出用冷水快速降温。保质期1个月。如果反复用巴氏杀菌一次，保质期可以达2～3个月。

(10) 检验　检查杀菌记录表和冷却是否彻底凉透，送样到质检部门按国家有关标准进行检疫。

(11) 外包装　按批次检验合格后下达检验报告单，打印批号同生产日期必须严格对应，打印的位置应统一，字迹清晰、牢固。

(12) 成品入库　按规格要求定量装箱，外箱注明品名、生产日期、方可进入成品库。

4. 成品质量标准

(1) 感官指标　肉质松软而不干燥，回味浓郁，腊香可口。

(2) 微生物指标　菌落总数≤80个/g，大肠菌群≤30个/100g，致病菌不得检出。

三十五、维扬扣肉

1. 配方

猪五花肉 100kg，食用盐 3kg，色拉油 3kg，曲酒 0.5kg，生姜 0.5kg，大葱 0.5kg，味精 0.5kg，八角 0.05kg，肉桂 0.05kg，肉果 0.05kg，香叶 0.05kg，双乙酸钠 0.3kg，D-异抗坏血酸钠 0.15kg，乙基麦芽酚 0.1kg，乳酸链球菌素 0.05kg，亚硝酸钠 0.015kg。

2. 工艺流程

原辅料验收→原料解冻→分割整理→配料腌制→焯沸清洗→油炸→预煮→称重包装→杀菌→冷却→检验→外包装→成品入库及贮存

3. 操作要点

(1) 原辅料验收　选择产品质量稳定的供应商，向供应商索取每批原料的检疫证明、有效的生产许可证和检验合格证，对原料肉、食用盐、味精等原辅料及包装材料进行验收。

(2) 原料解冻　原料肉在常温条件下解冻，解冻后在 22℃下存放不超过 2h。

(3) 分割整理　原料经分割去除明显的脂肪、血伤等杂质。

(4) 配料腌制　按规格要求准确称重，配制各种辅料和添加剂，放在肉中搅拌均匀，腌制 2～4h。

(5) 焯沸　锅内烧开水，把原料肉焯沸一下，焯沸后用水洗净，沥干水分待用。

(6) 油炸　油炸时温度上升到 170℃时分批把原料肉放入锅中，炸至表面稍有黄红色时起锅、沥油。

(7) 预煮　预煮时放入姜、葱和香料熬煮，再放入原料烧煮 10min 取出。

(8) 称重包装　按不同规格的要求称重，用真空包装机进行包装

(9) 杀菌冷却　杀菌公式 15min—25min—15min（升温—恒温—降温)/121℃，反压冷却。

(10) 检验　检查杀菌记录表和冷却是否彻底凉透，送样到质

检部门按国家有关标准进行检验。

（11）外包装　按批次检验合格后下达检验报告单，打印批号同生产日期必须严格对应，打印的位置应统一，字迹清晰、牢固。

（12）成品入库　按规格要求定量装箱，外箱注明品名、生产日期，方可进入0～4℃冷藏成品库。

4. 成品质量标准

（1）感官指标　香酥可口，色泽红润，肥而不腻。

（2）微生物指标　菌落总数≤70个/g，大肠菌群≤30个/100g，致病菌不得检出。

三十六、香卤蒲包肉

1. 配方

精肉60kg，猪肥膘肉40kg，白砂糖5kg，食用盐3kg，味精1kg，白酒0.5kg，生姜0.5kg，大葱0.5kg，五香粉0.05kg，胡椒粉0.05kg，乙基麦芽酚0.1kg，红曲红0.02kg，山梨酸钾0.0075kg。

2. 工艺流程

原辅料验收→原料解冻→清洗整理→分切搅拌→配料腌制→斩拌→称重包装→蒸制→冷却包装→杀菌→冷却→检验→外包装→成品入库

3. 操作要点

（1）原辅料验收　选择产品质量稳定的供应商，向供应商索取每批原料的检疫证明、有效的生产许可证和检验合格证，对原料肉、白砂糖、食用盐、味精等原辅料及包装材料进行验收。

（2）原料解冻　原料肉在常温条件下解冻，解冻后在22℃下存放不超过2h。

（3）清洗整理　去除血伤、淋巴结等杂质。

（4）分切搅碎　肥肉切成1cm×1cm方块，瘦肉用直径为3cm网眼的绞肉机绞成碎肉。

（5）配料腌制　按规格要求准确称重，配制各种辅料和食品添加剂，放在肉中搅拌均匀，腌制2h左右。

（6）斩拌　把原料肉投入到斩拌机中，用中速斩1～2min，取出。

(7) 称重包装　按规格要求称重，每只肉泥包装在蒲草包内，扎紧袋口，摆放在蒸制周转箱中。

(8) 蒸制　蒸制箱排列在不锈钢小车上，进入蒸汽锅中，100℃、30min 蒸熟后取出。

(9) 冷却包装　在常温下自然冷却，两只为一袋进行真空包装。

(10) 杀菌冷却、检验、外包装、成品入库　参见酱方肉。

4. 成品质量标准

(1) 感官指标　色泽美观，造型独特，蒲叶清香，回味浓郁。

(2) 微生物指标　菌落总数≤67 个/g，大肠菌群≤24 个/100g，致病菌不得检出。

第六章
熏烧烤制品

第一节　熏烧烤制品简介

一、熏烧烤制品的概念

熏烧烤制品是指经腌制或熟制后的肉，以熏烟、高温气体或固体、明火等为介质热加工制成的一类熟肉制品，包括熏烤类和烧烤类。熏烧烤制品的特点是色泽诱人、香味浓郁、咸味适中、皮脆肉嫩，是深受欢迎的特色肉制品。我国著名的传统熏烧烤制品，如北京烤鸭、叉烧肉、广东脆皮乳猪等早已享誉海内外；地方特色的熏烧烤制品，如东江盐焗鸡、常熟叫化鸡、新疆烤全羊和烤羊肉串等久负盛名；国外的烧烤制品也是种类繁多，如欧美烧烤、巴西烤肉、日式烧肉、韩国烧烤等。

二、熏烧烤制品加工原理

虽然烧烤的发展历史经历了数千年，但仍沿用祖先“把食物放到火焰上烧烤”的原理。尽管使用的器材和调料大不相同，烧烤的基本方式却没有太大的改变。现代的熏烧烤是指将原料腌制或加工成半熟制品，放进烤炉，用木炭、木柴等燃料或电力，利用高温的辐射热能把原料直接烤熟。熏烧烤的方式主要有以下几种。

1. 明炉烧烤

明炉烧烤是用不关闭炉门的烤炉，在炉内烧红木炭或木柴，然后把腌制好的原料肉用一支长铁叉叉住或挂在炉内，放在烤炉上进行烤制。在烧烤过程中，原料肉不断转动或移动，因而受热均匀。

这种烧烤方法的优点是设备简单，比较灵活，火候均匀，成品质量较好，但花费人工多。北京全聚德烤鸭和广东的烤乳猪就是采用这种烧烤制成的。此外，野外多采用此种烧烤方法。

2. 焖炉烧烤

焖炉烧烤是用一种特制的可以关闭的烧烤炉，在炉内通电或烧红木炭直接烤制，也可通过热源加热壁层间接烤制，然后将腌制好的原料肉（鸭坯、鹅坯、猪坯、肉条）穿好挂在炉内，关上炉门进行烤制。烧烤温度和烧烤时间视原料肉而定，一般为200～220℃，叉烧肉烤制25～30min，鸭鹅烤制30～40min，猪烤制50～60min。焖炉烧烤应用比较多，它的优点是花费人工少，一次烧烤的量比较多。

3. 远红外烧烤

它是近年来新兴的烧烤方式，根据热源不同分为无烟远红外气热烧烤和无烟远红外电热烧烤两种。

（1）无烟远红外气热烧烤　采用高品质远红外线催化燃烧陶瓷板作为核心发热体，实现天然气、液化石油气等气体燃料的无火焰催化燃烧。燃气燃烧能量的绝大部分（95%以上）将直接转化成有效热能辐射到物体上，其加热成本是电烤、炭烤的一半或更低，使用非常经济。

（2）无烟远红外电热烧烤　采用远红外电热元件作热源，将烧烤的食品放置在做往复运动的烧烤玻璃上，通过远红外线的辐射和热传导，对烧烤原料进行穿透加热，达到烧烤的目的。

4. 微波烧烤

微波烧烤是一种利用高频电波——微波进行加热的先进烧烤方法。微波烧烤较传统的烧烤方式有加热均匀、耗电量低的优点。早期的微波炉不能使烧烤的食物表面有焦黄色，但现在的微波炉已经解决了此问题。由于微波烧烤不仅操作简单、方便，使用安全、卫生，而且速度快，节能省电，能最大限度地保持食物中原有的维生素与其他营养成分，同时还具有杀菌、消毒、解冻等功能，因此受到了越来越多的消费者的青睐。

5. 其他烧烤方式

在日常生活中，除了上述烧烤方式外，还有诸多如新疆的馕坑烧烤、部分少数民族的石烤、铁板烧烤、盐焗等。火山石烧烤以煤气或天然气作为燃料，利用火山石的优异的导热性、稳定性和极强的吸附能力，使食物在烧烤过程中受热均匀，效率大大提高；同时由于加热燃料是罐装煤气或天然气，完全不用担心食物被炭黑或炭燃烧后产生的灰烬所污染。

第二节 熏烧烤制品加工技术

一、高沟捆蹄

1. 配方

猪前脚 1 只 750g，猪腹尾皮 100g，猪瘦肉 750g，干扁鱼 75g，干虾米 75g，水发香菇 75g，白糖 10g，高粱酒 50g，精盐 5g，味精 6g，卤水 1500g。

2. 工艺流程

原料预处理→腌制→缝制→捆蹄→煮制、烘烤→成品

3. 操作要点

(1) 原料预处理 将猪脚刮净，洗净，去掉蹄甲、蹄旁带肉的部分，用刀片刮净。剔除上膝骨肉，只剩下膝连着一张整猪皮状。接着一手紧抓已剥下的猪脚皮往下方拉，一手持尖口刀朝下膝骨四周徐徐剥割至蹄跟，剔去下膝的骨肉，刮净油脂，留下蹄尖四块小骨和一张完整的猪脚皮，成为筒状待用。

(2) 腌制 将猪腹尾皮刮洗干净，把猪腱子肉、猪皮冻、猪瘦肉均切成 4cm 长、1cm 宽、0.3cm 厚的片，把水发香菇切成粗丝，干虾米用清水泡软，沥干水。干扁鱼下油锅炸酥，取出研成末。将以上各种材料一并盛入盆内，加高粱酒、白糖、精盐、味精搅拌成馅料，腌渍 1h。

(3) 缝制 将腌渍过的馅料装入筒状的猪脚，边装边向蹄跟填实，并用钢针由皮外向里略戳小孔，使已填馅部分的空气流出，确保装灌进的馅料紧而实，当把馅料填满猪脚皮时，再用针线将口部位密缝。

(4) 捆蹄 用净纱布将装填好馅料的猪脚按原形包裹，再取同

样长短的四条竹板夹住四周，然后用麻绳上下捆牢扎紧，即成捆蹄生坯。

(5) 煮制、烘烤 往瓦钵内倒入卤水，加上清水1500g，用中火烧沸后，放入捆蹄，改用微火煮1h后取出，再用钢针在猪脚皮上下戳进小孔，放进瓦钵里，再用微火煮1h，取出晾冷后，解去绳子、竹板和纱布，用芝麻油涂抹猪脚皮面50℃烘烤30min。食用时将缝线抽出，然后放于砧板上，先切成两半，再分别切成半月形薄片，叠放于盘中。食用时根据宾客品味可适量饰配番茄片、芫荽、酸萝卜、芥末酱、辣椒酱汁，分盛小碟盏即成。

4. 成品质量标准

(1) 感官指标 色泽红润，精细美观，质地柔软香甜，富有胶质弹性，皮酥肉嫩。

(2) 微生物指标 菌落总数≤700个/g，大肠菌群≤28个/100g，致病菌不得检出。

二、重组培根

1. 配方

猪大五花肉80kg，猪后腿肉15kg，8mm猪后腿肉粒5kg，腌制剂（BT-50）1kg，食盐1.8kg，白砂糖1kg，葡萄糖2.5kg，木薯变性淀粉2kg，大豆分离蛋白2kg，注射卡拉胶0.3kg，贝特尔烟料0.3kg，亚硝酸钠和D-异抗坏血酸钠适量。

2. 工艺流程

新鲜五花肉→修整→注射→滚揉→静置腌制→加淀粉滚揉→装模压模→吊挂→蒸煮、烟熏→冷却→速冻→切片真空包装

3. 操作要点

(1) 原料修整 将经卫生检验合格的冷冻大五花肉去掉包装袋，经自然解冻，放在操作台上进行修整。由于大五花是整块猪腹肉，局部脂肪分布极不均匀，靠近背部的硬脂肪厚且多，而靠近脐部的则结缔组织与软脂肪较多，修整时应该把整体较厚且硬的脂肪，并且厚度超过1cm的地方直接分割成两层，修整时脂肪下面一层尽量保持其整体性，把软脂肪与结缔组织的地方直接修掉，然后根据模具的尺寸，将中间肥瘦整体较好的修整成合适的大小。后

腿肉分割成 1cm 左右的厚度，块形尽量保持大，部分肉经绞肉机绞成 8mm 肉粒备用。

(2) 注射　注射前先配制料水，将上述部分料配成盐水，配制时注意先将腌制剂与盐缓慢加入到水中，然后再加白砂糖与葡萄糖充分溶解后，接下来加入亚硝酸钠、色素、D-异抗坏血酸钠与 TG 酶，再加入分离蛋白与注射卡拉胶。控制盐水温度为 0～4℃。接下来进行清洗盐水注射机，用 50mg/kg 二氧化氯消毒 3min，后用清水冲洗干净，注意检查针头不要堵塞，以防盐水不能注射入肉中，影响腌制效果。注射时采用正、反两面注射法，每次注射率为 20%。最后称重，保证总注射量为 40%，不够注射量时，最后以料水的形式加入进去。

(3) 滚揉　将滚揉机用清水洗净后，用二氧化氯溶液（50mg/kg）消毒 3min，然后用清水冲洗干净，将注射后的肉放入滚揉机中，这时将注射好的原料与肉粒一起入机，抽真空至－0.08MPa，滚揉工艺为运行 30min，暂停 30min，总时间为 8h，在机中静置腌制 2h 以上，准备出机生产时加入黏合剂与淀粉，滚揉 30min 后，即可出机。

(4) 压模成型　将清洗干净的不锈钢网状模具铺上 PE，再将五花肉光滑的一面从下装入模具，上面不平整的地方用后腿肉与肉粒去添补平整，然后上面也盖上一层 PE 薄膜，排干净空气，压紧扣好扣链。

(5) 吊挂　将装好的模具吊挂在架车上，留有合适有间隙，保证蒸汽流动，推入蒸煮箱中进行蒸煮。

(6) 蒸煮、烟熏　采用蒸汽蒸煮，蒸汽压力最好达到 39.2N 压力，保证短时间内将温度升到指定温度 74℃，当达到中心温度 65℃时出蒸煮箱，熏制温度保持在 60～65℃，经 7h 熏烤即可。

(7) 冷却　蒸煮好的培根通过架车拉出散热，冷却到常温，然后转入 0～4℃冷却库中，冷却 8h。接下来进行脱模处理。

(8) 速冻　脱模好的培根转放在专用冷却架车上，摆放整齐，不要叠加，保证块与块之间有缝隙，推入－33℃速冻库中，进行急速冷冻。8h 后转入－18℃冷藏库中待用。

(9) 切片包装　将冷冻好的培根出库转入 0～4℃库中解冻，

等到中心温度到−5℃附近时，进行切片。切片前，切片机先进行消毒处理，用50mg/kg二氧化氯溶液消毒3min，然后用清水冲洗干净，再用75%酒精消毒一次。切片厚度在2.5～2.7mm之间。包装过程中应保证环境卫生与人员卫生到位。

（10）装箱入库　包装好的产品应贴好标签，打印好日期及时入库。

4. 成品质量标准

（1）感官指标　肌肉呈自然粉红色，脂肪呈乳白色，有光泽，组织致密，有弹性，切片性能好，肉嫩爽口，咸淡适中，烟熏味醇厚。

（2）微生物指标　菌落总数≤100个/g，大肠菌群≤30个/100g，致病菌不得检出。

三、烤乳猪

1. 配方

5～6kg小乳猪一只，白糖150g，食盐75g，五香粉7.5g，干酱50g，南味豆腐乳50g，芝麻酱25g，葱、蒜、麦芽糖各少许。

2. 工艺流程

预处理→配料→烫皮→烤制

3. 操作要点

（1）预处理　小猪经宰杀、放血、除毛、去内脏后，从小猪背部内侧接骨处顺脊骨开，要留表皮。然后除去板油，同时割去脊骨部位最肥厚处的部分瘦肉，再用清水彻底洗干净，沥干水。

（2）配料　将五香粉炒熟，拌入食盐均匀地涂抹在乳猪的腹腔内，过12min再涂上白糖、芝麻酱、干酱、南味豆腐乳、葱蒜泥混合料。

（3）烫皮　涂好的乳猪胴体用特制的长叉从后腿至嘴角处穿好，用70℃的热水烫皮。晾干水分后，体表涂上麦芽糖溶液，挂在通风处吹干表皮。

（4）烤制　乳猪体表干后即可烤制，现列举两种烤制技术。

① 明炉烤制　自制长方形铁炉一只，把炉膛烧红，将叉好的乳猪内侧胸腹部放在火上烤制约20min，再用竹片条把胸腹腔支

开，然后依次烤头、背、尾及胸腔部边缘部分，在烤的同时，在猪的全身特别是脖颈和腰部，须用针刺排除水分，而且要将体内外烤出来的油脂擦去或刷干，以免流在肉、皮上形成痕迹，影响外观。

② 暗炉烤制　先将炉内烧至高温，将乳猪胴体放入炉腔内烤约30min左右，在猪皮开始变色时取出针刺，然后再烤30min即成。

4. 成品质量标准

(1) 感官指标　造型生动，色泽红润，皮脆肉香，入口松化，肥肉不腻，瘦肉不柴。

(2) 微生物指标　菌落总数≤120个/g，大肠菌群≤25个/100g，致病菌不得检出。

四、日式培根

1. 配方

新鲜猪五花肉50kg，蒸馏水5kg，着色剂100g，植物蛋白300g，食物添加物500g，大粒盐70g，消泡剂2滴，白胡椒粉200g。

2. 工艺流程

原料肉处理→用次亚硫酸钠溶液浸泡→清水洗→冷却→修去脂肪、整理成型→抽检化验→水洗处理（100μL/L）次亚硫酸钠→真空滚揉→取出原料肉入2～3℃的腌制间→整形→入腌制间→干燥→烟熏→蒸煮→冷却→冷藏保存→真空包装→成品间→销售

3. 操作要点

(1) 原料肉的选择与修割　使用的原料肉是刚屠宰完的新鲜猪肉。修割是去骨、去皮、去污物，提取的中段五花肉用次亚硫酸钠溶液（200μL/mL）浸泡4min，再用清水洗2min，猪五花肉温度冷却到5℃以下，开始整理成型，同时把通脊肉料备好，通脊肉的规格要求是厚度10～15mm，如果超过这个厚度要用刀片成标准厚度，五花肉部位的肥膘留5mm，其余肥膘全部去掉，五花肉中的瘦肉厚度不得超过10～15mm。

(2) 原料肉的腌制和滚揉　日式培根采用的是湿腌法，把每种腌制剂分别称重，先把蒸馏水倒入容器内，再加入大粒盐进行搅拌，溶化后放入食物添加物、着色剂、白胡椒粉、消泡剂，搅拌溶

解后把整理好的肉块均匀地放在容器内，洒上腌制剂反复翻倒，然后放入2～3℃冷库内腌制24h后，把原料肉和未渗透进肉中的剩余腌制剂一同放入滚揉机内，连续抽真空滚揉10h，转速为6r/min，当滚揉到6h时，加入植物蛋白再继续滚揉，在整个滚揉过程中，库温要控制在2～3℃，肉温控制在7℃左右，待滚揉到所需时间时，便可停机出料，称重后倒入容器内盖好塑料布放入2～3℃的冷库内存放3～4d进行熟化。

(3) 装模成型　将模具放在案板上打开放平，然后在底部垫上一层玻璃纸铺平；码第一层肉，最好选择大块的肉，码时瘦肉在下面，肥肉在上面。在码第二层肉块时，先在肉上面抹一层日本食用胶，抹胶时要抹在瘦肉上，然后码在第一层的上面，也是瘦肉朝下，黏合好再用手压一下，依此类推，装满为止。装填完毕放入2～3℃的冷库内存放4～6h。

(4) 烤、熏、煮　日式培根是以低温烤熏为主，干燥温度是55～60℃，时间30～40min，烟熏温度55～60℃，时间2h，蒸煮温度80℃，产品中心温度至70℃即熟透。出炉后立即用自来水冲洗，待产品中心温度降到45℃时，停止自来水冷却，入2～3℃的冷库保存16h以上，进行切块包装。

(5) 真空包装　包装方法是在无菌包装室里进行的，包装前对工具消毒，把培根产品的模具放在案子上，用刀把培根产品切成10小块放入塑料包装袋中，黏合压边封口。

4. 成品质量标准

(1) 感官指标　外观呈深黄色，外焦里嫩，咸淡适口，鲜美清香。

(2) 微生物指标　菌落总数≤100个/g，大肠菌群≤17个/100g，致病菌不得检出。

五、烟熏通脊

1. 配方

通脊100kg，糖2.5kg，盐2kg，味精300g，亚硝酸钠10g，维生素C 8g，三聚磷酸盐400g，八角、茴香、桂皮、月桂各25g熬成汁液25kg。

2. 工艺流程

原料→解冻→整理（去脂、血污）→清洗→熏制→真空揉滚→上烟熏液→干燥→蒸煮→干燥→冷却→包装→成品

3. 操作要点

（1）原料　以自然形状的猪通脊肉为原料，检查原料肉是否有二次解冻的现象。将原料肉顺自然纹路剔去筋腱、角膜、软骨、脂肪、淤血，保留肉的原块形状。

（2）腌制　严格控制腌制温度为4℃，另外腌制液温度也要降到4℃，腌制时间为10h。

（3）滚揉　滚揉条件下，在转速为8r/min，运转30min，停机15min，操作8h，在真空度为98kPa下进行滚揉操作。

（4）烟熏　烟熏液用水稀释（1：5）呈黄色，用量为千分之七刷到通脊上，再熏制15min。

（5）干燥　在60℃条件下，干燥35～40min，风扇高速运行，要求产品表面色泽发黄、干爽。

（6）蒸煮　使产品中心温度达到78℃为准。

（7）干燥　在60℃条件下，干燥35～40min，风扇高速运行。通过干燥、蒸煮、干燥工序，制品色泽由浅棕黄转成深棕色。

（8）冷却　干燥后的产品应迅速推入散热间冷却，待冷却至产品中心温度为20℃以下开始包装，冷却时间不得超过2h。

（9）包装　成品采用真空包装即可。

4. 成品质量标准

（1）感官指标　棕黄色，淡烟熏清香味，切片致密，外观表面带一薄脂层。

（2）微生物指标　菌落总数≤86个/g，大肠菌群≤27个/100g，致病菌不得检出。

六、巴马烤香猪

1. 配方

巴马香猪体重约6～10kg，食盐60～70g，白糖120～150g，白酒20～50g，味精10g，芝麻酱50～100g，南乳50～60g，五香粉8～15g，硝酸钠5g，葱、米醋及麦芽糖各适量。

2. 工艺流程

原料的屠宰与整理→腌制→烫皮、挂糖色→烤制→成品

3. 操作要点

（1）原料的屠宰与整理　香猪宰杀放净血，用65℃左右的热水浸烫，取出迅速刮净毛，刮去粗皮上的黑皮，用清水冲洗干净。取出全部内脏器官及板油，剔出体内所有的骨头，不要破坏皮肤。也可将头骨和脊骨劈开，取出脊髓和猪脑，剔出第2～3条胸肋骨和肩胛骨。

（2）腌制　除米醋和麦芽糖外，将所有辅料混合后均匀地涂擦在体腔内，放入2～5℃的腌制室内腌制。时间为夏天5～8h，冬天可延长到12～24h。

（3）烫皮、挂糖色　腌制好的猪坯，用特制的长铁叉从后腿穿过前腿到嘴角，把其吊起沥干水。然后用90℃热水浇淋在猪皮上，直到皮肤收缩，达到定型的作用。在烫皮的水中加入适量的米醋，可使烤香猪的皮更脆。待晾干水分后，将麦芽糖水（1份麦芽糖加6份水）刷在皮面上，只能刷1次，而且要均匀。最后放在通风处晾干表皮。

（4）烤制　采用挂炉烤制。烤制时正常的炉温需控制在160～200℃之间，烤制40min左右，猪皮开始转色时，将猪坯移出炉外扎针，用竹针或钢针从皮刺入，均匀地刺遍猪身。然后刷上一层油（最好用生茶油），作用是把香猪的皮层炸脆。猪坯再挂入炉内烤制40～60min，至皮脆呈枣红色时即可出炉。

（5）包装　产品出炉后，挂在阴凉通风处，放置时间不宜超过10h，否则皮硬而不脆。成品及时包装或出售。

4. 成品质量标准

（1）感官指标　色泽鲜亮，肉质柔嫩，香醇爽口，荤而不腻。

（2）理化指标　氯化钠含量<4%，水分含量<35%。

（3）微生物指标　菌落总数≤109个/g，大肠菌群≤21个/100g，致病菌不得检出。

七、北京叉烧肉

1. 配方

猪肉100kg，白糖4kg，蜂蜜1kg，白酒2kg，精盐1kg，芝麻

酱6kg，肉料面200g，酱油2kg，红曲米400g，麦芽糖8kg。

2. 工艺流程

原料选择与修整→腌制→烤制→成品

3. 操作要点

（1）原料选择与修整　选用卫生检验合格、肥膘厚度不超过2～2.5cm的新鲜（或冷冻）去皮五花肉为原料；去掉碎骨、淤血、脏污后将其切割成长35cm左右、宽3～4cm、厚5～6cm的长条。

（2）腌制　将白糖、白酒、芝麻酱、酱油、精盐、肉料面、红曲米等放入容器内搅拌均匀后放入肉条，每隔2h搅拌一次，使肉条充分吸收配料；腌制6h后将肉逐条穿在铁排环上，每排穿6～8条，然后晾在铁杆上片刻即可烤制。

（3）烧烤　在烧烤过程中，炉温保持在270℃左右，烤15min后打开炉盖转动排环，同时调换上下排环位置，使肉条烧烤均匀；再盖上炉盖烧烤15min后，把炉温降到220℃，注意不要让火苗窜上来，以免烤焦；再烤15min出炉，挂在铁杆上冷却一下，把肉条放进麦芽糖浆或蜂蜜内涂布均匀，再放进烤炉内烧烤3min后取出，挂在铁杆上晾凉即为成品。

4. 成品质量标准

（1）感官指标　皮色金黄，油润光亮，皮脆肉香，味美不腻。

（2）微生物指标　菌落总数≤95个/g，大肠菌群≤14个/100g，致病菌不得检出。

八、北京烧方肉

1. 配方

鲜猪五花肉100kg，精盐8kg，酱油8kg，五香粉4kg，甜面酱8kg，大蒜2kg，酱豆腐4kg，白糖8kg，白酒8kg，芝麻酱8kg，麦芽糖2kg，香油5kg。

2. 工艺流程

原料选择与修整→煮制→穿铁钩→涂料→烤制→刷香油→烤制→成品

3. 操作要点

(1)原料的选择与修整　将卫生检验合格的新鲜五花肉刮洗干

净，切成宽 21cm、长 33cm 的长方块，用刀在瘦肉面每隔 3cm 处划一小口，深度约为肉厚的一半，两端不划通。

(2) 煮制　将备好的原料肉放在白水锅内煮制 60min。

(3) 穿铁钩　将煮好的肉片逐片穿上铁钩。

(4) 涂料　除麦芽糖及香油外，将全部辅料混合在一起，擦在肉上，用干净水冲洗皮部，用刀刮净，将麦芽糖加水 1kg 左右刷在肉和皮上。

(5) 烤制　将肉块挂进烤炉，皮面向炉壁，温度为 150℃，烤 20～30min。

(6) 刷香油　将第一次烤制的肉块从炉内取出，用排针遍扎皮部，深度约为皮部的一半，然后刷上香油。

(7) 烤制　将刷过香油的肉块入烤炉烤 20～30min，温度为 300℃，每隔 6min 在皮部刷一次香油，皮部起泡、外表呈现金黄色泽时即为成品。

4. 成品质量标准

(1) 感官指标　外酥里嫩，肥而不腻，具有浓郁的烤肉香味。

(2) 微生物指标　菌落总数≤90 个/g，大肠菌群≤30 个/100g，致病菌不得检出。

九、北京烤脊肉

1. 配方

猪里脊肉 50kg，食盐 1kg，味精 100g，红曲米 50g，亚硝酸钠 7.5g，大豆分离蛋白 500g，抗坏血酸钠 10g，白糖 1kg，卡拉胶 250g，混合磷酸盐 100g。

2. 工艺流程

原料选择与修整→注射→腌制→滚揉→上架→烤制→蒸煮→烟熏→冷却→成品

3. 操作要点

(1) 原料的选择与修整　选用猪鲜里脊肉或通脊肉为原料，剔净筋膜、修净杂物等，用刀切割成 3～4cm 宽、15～20cm 长的肉块。

(2) 注射　首先将磷酸盐用适量的温水溶解后加入食盐、白糖、味精、亚硝酸钠、抗坏血酸钠，充分溶解并使温度降至4℃后过滤，用盐水注射机将备好的2℃左右的肉块逐块注射。

(3) 腌制　注射好的肉块加入大豆蛋白、卡拉胶、红曲米后搅拌均匀，放在4℃的腌制间内，腌制12h，再放入滚揉机内滚揉。

(4) 烘烤　滚揉成熟后将烤肉挂到架上送入烤炉，用60～80℃的温度先烘烤20min后倒换肉块位置再烘烤15～20min，待表面干燥且呈现紫色时出炉。

(5) 蒸煮　在84℃以下小火蒸煮35～40min。

(6) 烟熏　放入60～80℃烟熏炉内烟熏30～40min即为成品。熏好的成品放入4℃的冷却间内，冷却12h即可销售。

4. 成品质量标准

(1) 感官指标　呈枫叶红色，油润光泽，味道鲜美，咸中有甜。

(2) 微生物指标　菌落总数≤72个/g，大肠菌群≤13个/100g，致病菌不得检出。

十、烤猪肝、猪心、猪脾

1. 配方

猪肝、猪心、猪脾10kg，精盐400g，酱油200g，大曲酒125g，白砂糖600g，五香粉3g，生姜汁50g，红曲米少量。

2. 工艺流程

原料选择→预处理→腌制→烤制→成品

3. 操作要点

(1) 原料选择　选用符合卫生检验要求的新鲜猪肝、猪心、猪脾，作为加工的原料。

(2) 预处理　选好的猪肝放入清水中洗净血水，修去白筋、油脂（淋巴血管、肝淋巴结），如肝上有水泡和颗粒，亦需修去，如肝的右内叶上有黄色苦胆沾污，亦修去。修整后的猪肝，切成长条。肝共有5叶，其中最长的左右两叶，切成长17cm、宽1.7cm的长条，其他较短的肝叶切成N形连接条，最后一律修整成长17cm的条；选好的猪心放入清水中，漂洗干净，洗去表面附着的杂物和血污，剪去心血管及护心油，再剖开心室，使之成为连在一起的两个半球，并挖净心室内的淤血，再放在清水中漂洗干净。然后用棉纱绳把各个猪心串起来，形似串珠，其长度依烤炉高度而定。选好的猪脾用清水漂洗干净，洗净血水，修去白筋，清洗干净。

(3) 腌制　精盐、白砂糖、酱油、大曲酒、五香粉、生姜汁和红曲米等放在一起，调拌均匀，再和整理好的肉料拌在一起，要上下翻动、拌匀，进行腌制，猪肝和猪脾腌制1～2h，猪心需腌制5～6h。

(4) 烤制　腌好的肉料挂于特制铁排环上，再送入烤炉内。原料底端距火不得少于17cm，炉温200～240℃，烤制30min后取出，调换原料位置，并降炉温至180℃，再烤15min，即为成品。

4. 成品质量标准

(1) 感官指标　肉色酱红，甜中带咸，外焦香，内鲜嫩。

(2) 微生物指标　菌落总数≤140个/g，大肠菌群≤16个/100g，致病菌不得检出。

十一、脆皮乳猪

1. 配方

1只5～6kg重的乳猪，香料粉7.5g，食盐75g，白糖150g，干酱50g，芝麻酱25g，豆腐乳50g，蒜和料酒、麦芽糖溶液少许。

2. 工艺流程

选料→配料→晾皮→烧烤

3. 操作要点

(1) 选料　选用皮薄、身躯丰满的小猪，宰后符合卫生标准，并冲洗干净，使其不带色、血、粪。

(2) 配料　按照配方比例配制腌制剂。

(3) 晾皮　将炒过的香料粉加入食盐拌匀，涂于猪的胸腹腔内，腌10min后，再于内腔中加入白糖、干酱、芝麻酱、豆腐乳、蒜、料酒等，用长铁叉把猪从后腿穿至嘴角，再用70℃的热水烫皮，浇上麦芽糖溶液，挂在通风处晾干表皮。

(4) 烧烤　将铁制的长方形烤炉内的炭烧红，把腌好的猪用长铁叉叉住，放在炉上烧烤。先烤猪的内胸腹部，约烤20min后，再在腹腔安装木条支撑，使猪坯成型，顺次烤头、尾、胸、腹部边缘部分和猪皮。猪的全身特别是头和腰部，须进行针刺和扫油，使其迅速排出水分，保证全猪受热均匀。

4. 成品质量标准

(1) 感官指标　色泽鲜艳，皮脆肉香，入口松化。

(2) 微生物指标　菌落总数≤100 个/g，大肠菌群≤27 个/100g，致病菌不得检出。

十二、叉烧桂花肠

1. 配方

猪瘦肉 80kg，猪肥肉 20kg，精盐 1.8kg，白糖 5kg，白酒 1.8kg，酱油 6.5kg，芝麻酱 1.8kg，桂花 1.8kg，硝酸钠 50g。

2. 工艺流程

原料肉和辅料选择→切肉→拌馅→灌肠→煮制→烘烤→成品

3. 操作要点

(1) 原料肉和辅料选择　选用健康新鲜的精瘦肉为原料，必须除去筋腱等结缔组织和碎软骨，以腿肉和臀肉为最好。肠衣要求无异味，直径为 16～18mm，肠衣一般用羊小肠。食盐用纯度在 95%以上的精盐，要求无杂质，水分在 2%以下，蔗糖选用含水分和灰分少的精白糖。酱油是加工香肠的主要调味品（灌肠中不加），用量较多，对香肠风味影响较大，所以选用上等白酱油或优质特制酱油。白酒是使干式香肠具有醇郁味的重要配料，要求使用优质白酒。

(2) 切肉　将瘦肉剔去结缔组织和碎骨后，切割成长 10～12cm、宽 2.5～3cm 的肉条，用清水洗泡，排出血水后沥干。再用绞肉机绞成 8～10mm 的肉末。肥肉以背膘最好，切成 1cm 的小方块，用 35℃温水清洗，以除去浮油和杂质，捞出沥干后可加食盐腌制。

(3) 拌馅　将定量的瘦肉末和沥干的肥肉丁混合倒入搅拌机内，按配制好的各种调料均匀撒在肉面上，固体性配料可稍许溶化后再加入，以免搅拌不匀。同时加入一定量的清水，以加快渗透作用并使肉馅多汁柔软（冬季可加温水），加水量为肉重的 10%～15%。

(4) 灌肠　灌制前将肠衣洗净，泡在清水中，待其变软后捞出控干。灌制后的香肠，每24～26cm为一小节，用水草绳结扎，然后在中间用小线再系结，使制品长度为12～13cm。再用钢针刺孔，使肠内气体可排出。

(5) 煮制　将灌好的肉肠用沸水煮4～5min，捞出挂在叉环上。

(6) 烘烤　将煮好的肉肠放入烤炉内烤20min，提出后浇糖稀，再放入炉内烤10min，颜色呈金黄色发亮即为成品。

4. 成品质量标准

(1) 感官指标　色泽金黄，典型桂花味香，鲜嫩而不腻。

(2) 微生物指标　菌落总数≤80个/g，大肠菌群≤30个/100g，致病菌不得检出。

十三、化皮烧猪

1. 配方

猪肉100kg，食盐3kg，酱油400g，五香粉30g，麦芽糖适量。

2. 工艺流程

选料作坯→腌制→挂轨→去毛→去污→挂糖→烤制→成品

3. 操作要点

(1) 选料作坯　选用25～30kg重、肥瘦均匀的薄皮猪胴体作原料，然后进行制坯（俗称劈猪），除去不适宜烧烤的内脏。将胴体从后部接骨处顺脊骨劈开两道，但不要劈穿皮，再挖除脑，割去舌、尾、耳等，去掉蹄壳，剥去板油，剔除股骨、肩胛骨和前肋骨，然后在肉较厚的部位用刀割花，以便于吸收配料和烤熟。

(2) 腌制　将猪坯用酱油、盐和五香粉擦抹于胴表内外及割花处，使配料均匀渗入肌肉内。

(3) 挂轨　将腌好的猪坯用铁环倒挂在钢轨上，用圆木插入猪耻骨两边，把猪脚屈入体内，用小钩钩好猪前脚。

(4) 去毛　用煤油喷火灯把未去掉的猪毛烧去。

(5) 去污　用清水浇遍猪的外皮，再用刀刮去皮上残留的残毛及污物。

(6) 挂糖　用麦芽糖水遍擦猪身表面（包括头、脚），要擦得均匀，渗透猪皮，晾干。麦芽糖只能上一次，不能重上，否则影响色泽的鲜明度或者使色泽不均匀，有损质量。夏天可多用。

(7) 烤制　烤制用的热源有木柴、煤球、电热远红外线三种，其中以远红外线较为理想。慢火烤制：把整理好的猪坯挂入炉内（头向下），用较慢的火力烤至皮熟，时间为30min，然后把猪体取出，针刺、贴湿纸，即用特制针刺工具（烤猪刺针）从皮刺入，刺遍猪身，针刺时既不要过重，也不要过轻，以刺过皮层为宜，然后在猪体受火力较多的部位贴上湿草纸，以缓和火力，避免烧焦。猛火烧烤：提高炉内温度至250℃左右，将猪坯放入炉内烤约90min，即为成品。

4. 成品质量标准

(1) 感官指标　产品鲜红松脆，具有烧烤产品特有的香味。

(2) 微生物指标　菌落总数≤96个/g，大肠菌群≤21个/100g，致病菌不得检出。

十四、广式烤肉

1. 配方

猪肉100kg，精盐2.5kg，白酱油3kg，饴糖130g，五香粉60g，红曲米（食用红色素）微量。

2. 工艺流程

原料整理→腌制→挂炉烧烤→成品

3. 操作要点

(1) 原料整理　选用皮薄、肉嫩、无头、无后腿的新鲜猪的半片肉（俗称段头或单刀），亦可采用新鲜的肋条肉。猪肉的肥肉厚度最好在1.5～2cm之间。在肌肉厚实处，依照肉的组织纹理，每隔2～3cm用刀纵向划开，以便于腌制时渗入盐分。

(2) 腌制　先将精盐和五香粉拌匀，将猪肉坯皮朝下肌肉向上平铺在案板上。然后将混匀的精盐和五香粉仔细地揉擦在全部肌肉的表面及内部，浇上白酱油，用手揉擦均匀，使配料渗入肌肉内部。腌制10～20min后，用特制长铁扦从猪前腿肌肉（肚骨）处穿过胸膛，在对面肌肉处穿出。用沸水浇烫猪背皮，但不能浇到肌肉上，刮净皮上细毛及油污。皮晾干后，用排笔把红色素和饴糖混合液涂在背皮上，糖水不宜过甜，否则烤制时容易发黑，影响质量。

(3) 挂炉烧烤 将料坯挂在炉中，炉内温度由高至低，当温度达到260℃左右时，经1～1.5h的烧烤，猪皮面上出现小泡突起，此时肌肉已基本烤熟。将炉温降至208℃，烤30min左右，待肉呈枣红色，皮面金黄色，并布满细微小泡时，即为成品。

4. 成品质量标准

(1) 感官指标 猪皮金黄，肥肉奶白，瘦肉棕红，皮酥肉嫩，入口不腻。

(2) 微生物指标 菌落总数≤92个/g，大肠菌群≤25个/100g，致病菌不得检出。

十五、哈尔滨叉烧肉

1. 配方

猪肉100kg，精盐2kg，酱油5kg，白糖6.5kg，肉桂粉500g，黄酒2kg，砂仁粉200g，糖稀5kg，姜汁1kg，五香粉250g，硝酸钠50g。

2. 工艺流程

原料的选择与整理→腌制→烤制→成品

3. 操作要点

(1) 原料选择与修整 选用经卫生检验合格的鲜、冻猪前后腿肉为原料。修割净皮毛、淤血、脏污等，切割成35～36cm长、3～4cm宽、1.5～2cm厚的长条肉。

(2) 腌制 除糖稀和黄酒外，其余所有的辅料都放在容器里搅拌均匀后，将肉条倒入其中一起拌均匀，每隔2h翻搅1次，使肉条腌制均匀。腌制6h后加入黄酒，再充分搅拌，然后将肉条逐条穿在铁排环上，每排穿10条左右，适当晾干。

(3) 烧烤 用木炭火把烤炉烧热，然后把穿好的肉条排环挂入炉内，盖好炉盖，进行烧烤。炉温保持在270℃左右，烤制15min，打开炉盖，转动排环，使肉面调换方向，并适当加一些木炭，再盖上炉盖烧烤，烤15min后把炉温降到220℃左右，再烤15min出炉即可。

(4) 成品　待肉条稍冷却，把肉条放进糖稀里，或用勺把糖稀浇在肉条上，再放进炉里烧烤3min后取出，即为成品。为了避免在烧烤中油脂溶化流失，可在炉底下方流油小孔处放一容器，进行收集。叉烧肉的出品率为80%左右。

4. 成品质量标准

(1) 感官指标　色泽为深红中略带黑色，肌肉切面微赤红，块形整齐，软硬适度，具有浓厚的烧烤肉香味。

(2) 微生物指标　菌落总数≤75个/g，大肠菌群≤17个/100g，致病菌不得检出。

十六、济南双烤肉

1. 配方

带骨猪肋肉2.5kg，水淀粉15g，鸡蛋清4个。

2. 工艺流程

选料→修整→一次烤制→浸泡→煮制→挂糊→二次烤制→修整→成品

3. 操作要点

(1) 选料　选用符合卫生要求的新鲜带骨肋肉，作为加工的原料。

(2) 修整　选好的猪肋肉刮去皮上的残毛、脏污，修齐周边，将肉用火筷叉好。

(3) 一次烤制　叉好的肉方放在炭火旺火上，将肉皮烤煳。

(4) 浸泡　烤煳皮后的肉方放入八成热的水中，进行浸泡，泡透，再用小刀刮净煳皮，清洗干净。

(5) 煮制　刮好洗净的肉方放入水中，烧煮至八成熟，出锅，沥去水分。

(6) 挂糊　沥好水的肉方在肉面上抹由鸡蛋清和水淀粉调好的糊。

(7) 二次烤制　挂好糊的方肉，再放入烤炉里，用小火烤制，先烤皮面，烤至呈红色时，翻面再烤，约烤30min，至烤熟为止。

(8) 修整　烤好的肉方出炉，先刮去煳皮，再片为四层，即肉皮、肥肉、瘦肉和排骨。除排骨外，其余均片为0.4cm厚。再将肉皮、肥肉、瘦肉分别切为长6cm、宽1cm的长方块；排骨剁成5cm长的段。分开装盘，即为成品。

4. 成品质量标准

(1) 感官指标　皮焦肉嫩，鲜嫩味美，质地酥软。

(2) 微生物指标　菌落总数≤100个/g，大肠菌群≤20个/100g，致病菌不得检出。

十七、叉烧酥方

1. 配方

方肉1块（重约3.5kg），葱150g，空心饽饽（面制的一种饼饵）16个，芝麻油50g，绵白糖215g，甜酱150g。

2. 工艺流程

选料→修整→一次定型→一次烤制→修整→二次定型→二次烤制→成品

3. 操作要点

(1) 选料　选用符合卫生检验要求的新鲜嫩薄皮仔猪，取中间7根排骨的五花方肉，作为加工的原料。

(2) 修整　选好的方肉皮面刮洗干净，放在砧板上，用刀从中间将排骨斩断，并将四面修平整，切成25cm宽、37cm长的长方块。用竹签在瘦肉面扎上若干个洞眼，深度至皮而不穿透。

(3) 一次定型　烤叉从第2根至第6根排骨间插入，沿骨缝叉至6.6cm深处，翘起叉尖，叉出肉面，隔6.5cm叉入，叉尖从肉另一边穿出。再用两根竹筷叉在叉齿上，使肉平整、固定。

(4) 一次烤制　木炭放在砖砌的100cm长、7cm宽的烤池内，点燃。手持叉柄将方肉皮面向火，反复晃动烤叉，烧烤至表面起薄黑壳、皮色均匀。

(5) 修整　抽出烤叉，将方肉放在清水中，用刀将黑壳刮洗干净，刮至呈淡黄色。

(6) 二次定型　刮好的方肉用叉从原叉眼中再次叉好，两边仍用两根筷子横叉在烤方上，使方肉平整、固定。

(7) 二次烤制　将烤池内的炭摊平，在距底火14cm的地方摆上烤肉，皮面向火。烤约25min，待皮呈橘黄色离火，用刀刮去橘黄色焦皮，抹一层芝麻油继续烤至皮呈焦黄色离火，再刮去焦皮，涂上芝麻油，仍放在烤池上烧烤，烤至七成熟时离火，刮去焦皮污物，再将肉方翻转，将排骨的一面放在烤池上，烤至肋肉收缩露出骨头，肉熟离火。

4. 成品质量标准

（1）感官指标　外表玫瑰红色，油光发亮，肉面微焦，香嫩适口。

（2）微生物指标　菌落总数≤110 个/g，大肠菌群≤30 个/100g，致病菌不得检出。

十八、烧烤松板肉

1. 配方

猪颈部肌肉 100kg，白砂糖 5kg，饴糖 5kg，食用盐 3kg，味精 1kg，白酒 1kg，胡椒粉 0.1kg，五香粉 0.05kg，乙基麦芽酚 0.1kg，纳他霉素 0.03kg，红曲红 0.03kg，亚硝酸钠 0.015kg。

2. 工艺流程

原辅料验收→原料肉解冻→清洗整理→配料腌制→分切定型→烤制→冷却称重→真空包装→杀菌冷却→检验→外包装→成品入库

3. 操作要点

（1）原辅料验收　选择产品质量稳定的供应商，向供应商索取每批原料的检验证明、有效的生产许可证和检验合格证，对原料肉、白砂糖、食用盐、白酒、味精等原辅料进行验收。

（2）原料肉解冻　原料肉在常温条件下解冻，解冻后在 22℃下存放不超过 2h。

（3）清洗整理　用清水浸泡去除血污、淋巴结、血伤等杂质。

（4）配料腌制　按配方规定的要求，用天平和电子秤配制各种调味料和食品添加剂，原料称重后放入不锈钢桶里，投入已搅拌好的调味料反复搅拌，使辅料全部溶解后腌制，中途翻动 2 次，腌制 2h，至肉色发红，去除沥卤。

（5）分切定型　腌制后的原料，用切片机切成肉块厚度为 3cm、长度为 5cm 的长方形状。在厚度为 3cm 的肉中间，用刀分成两段，一段为 2cm，呈切断状；一段为 1cm，呈不切断状。

(6) 烤制　将原料肉送进烤炉挂吊，用电烤炉或木炭烧烤，先用中温（150～170℃）烤 15min 左右，再上升温度到 210℃左右，烤 30min 左右，至肉收缩出油，色泽红润即可出炉。

(7) 冷却称重　产品摊放在不锈钢工作台上冷却，按不同规格要求准确称重。

(8) 真空包装　抽真空前先预热机器，调整好封口温度、真空度和封口时间，袋口用专用消毒的毛巾擦干（防止袋口有油渍）后封口，结束后逐袋检查封口是否完好，轻拿轻放摆放于杀菌专用周转筐中。

(9) 冷却杀菌　采用微波杀菌，打开微波电源盒按钮，设备自行运转，物料平放在进料平台上，不能重叠，同时调整好温度和加热时间，中心温度为 85～90℃，再用巴氏杀菌，85℃、水浴 40min，流动自来水冷却 30～60min，最后取出沥干水分、晾干。

(10) 检验　检查杀菌记录表和冷却是否凉透，送样到质检部门按国家有关标准进行检验。

(11) 外包装　按批次检验合格后下达检验报告单，打印批号同生产日期必须严格对应，打印的位置应统一，字迹清晰牢固。

(12) 成品入库　按规格要求定量装箱，外箱注明品名、生产日期，方可进入 0～4℃冷藏成品库。

4. 成品质量标准

(1) 感官指标　色泽红润，鲜香味美，烤香酥嫩，咸淡适中。

(2) 微生物指标　菌落总数≤130 个/g，大肠菌群≤24 个/100g，致病菌不得检出。

十九、熏烤头面

1. 配方

无骨猪脸面 100kg，食用盐 4kg，白砂糖 4kg，饴糖 4kg，大曲酒 1kg，味精 1kg，五香粉 0.1kg，胡椒粉 0.1kg，花椒粉 0.1kg，D-异抗坏血酸钠 0.15kg，乙基麦芽酚 0.1kg，红曲红 0.03kg，纳他霉素 0.03kg，亚硝酸钠 0.015kg。

2. 工艺流程

原辅料验收→原料肉解冻→清洗整理→配料腌制→烘干→熏

制→冷却称重→真空包装→杀菌冷却→检验→外包装→成品入库

3. 操作要点

(1) 原辅料验收　选择产品质量稳定的供应商，向供应商索取每批原料的检验证明、有效的生产许可证和检验合格证，对原料肉、白砂糖、食用盐、味精等原辅料进行验收。

(2) 原料肉解冻　原料肉在常温条件下解冻，解冻后在22℃下存放不超过2h。

(3) 清洗整理　经清洗去毛、脂肪、血伤等杂质，沥干水分。

(4) 配料腌制　按配方规定的要求，用天平和电子秤配制各种调味料和食品添加剂，原料称重后放入不锈钢桶里，取清水70kg，同调味料反复搅拌，使辅料全部溶解后腌制，中途翻动2次，腌制2h，肉色发红时去除沥卤。

(5) 烘干熏制　原料平摊在不锈钢网筛上，进入烘房经15h，表面干爽呈黄褐色，取出后进入到熏制烘房中1～2h上色，自然冷却后即为成品。

(6) 冷却称重、真空包装、冷却杀菌、检验、外包装、成品入库　参见烧烤松板肉。

4. 成品质量标准

(1) 感官指标　风味独特，肥而不腻，香酥味美，回味悠长。

(2) 微生物指标　菌落总数≤100个/g，大肠菌群≤20个/100g，致病菌不得检出。

二十、北京熏猪

1. 配方

按100kg猪肉计算，花椒50g，桂皮200g，鲜姜300g，白糖200g，大料150g，小茴香50g，大葱500g，大盐6kg。

2. 工艺流程

原料选择与修整→煮制→熏制→成品

3. 操作要点

(1) 原料选择与修整　选用经卫生检验合格的鲜、冻三级猪肉，然后将猪肉剔骨后用喷灯烧毛，修净血块、杂物等，切成15cm见方的肉块，刮干净肉块后，用清水泡2h，以待煮制。

（2）煮制　把老汤倒入煮锅内加入辅料、大盐等，开锅后把肉块放入锅内，待大开锅后，撇净汤油及血沫，盖上锅盖用中火煮制20min翻一次锅，约翻2～3次锅。煮制时间在90min左右，出锅前把汤油及血沫撇净，把肉块捞到盘子内，控净水分，再整齐地码放在熏屉内，以待熏制。

（3）熏制　熏肉的方法有两种，一种是用空铁锅坐在炉子上，用大火将锅底部放入的糖加热至出烟，将熏屉放在铁锅内熏10min左右即可出屉码盘；另一种熏的方法是用锯末刨花放在熏炉内，闷热20min左右，即熏好为成品。

4. 成品质量标准

（1）感官指标　外观呈杏黄色，食之不腻，味美爽口，有浓郁的烟熏香味。

（2）微生物指标　菌落总数≤125个/g，大肠菌群≤30个/100g，致病菌不得检出。

二十一、茶香烤猪排

1. 配方

猪排骨（肋排）100kg，白砂糖4kg，食用盐3.5kg，红茶叶2kg，白酒1kg，味精0.6kg，生姜汁0.5kg，白胡椒0.1kg，五香粉0.05kg，D-异抗坏血酸钠0.1kg，乙基麦芽酚0.1kg，红曲红0.03kg，茶多酚0.03kg，亚硝酸钠0.015kg。

2. 工艺流程

原辅料验收→原料肉解冻→分割整理→配料腌制→烤制→冷却称重→真空包装→杀菌冷却→检验→外包装→成品入库

3. 操作要点

（1）原辅料验收　选择产品质量稳定供应商，向供应商索取每批原料的检疫证明、有效的生产许可证和检验合格证，对原料猪排骨、白砂糖、食用盐、白酒、味精等原辅料进行验收。

（2）原料肉解冻　原料猪排骨在常温条件下解冻，解冻后在22℃下存放不超过2h。

（3）分割整理　猪排骨去除脂肪等杂质，按骨头每根从中间切开，成长条状，每块长15cm左右。

(4) 配料腌制　按配方规定的要求，用天平和电子秤配制各种调味料和食品添加剂，原料称重后放入不锈钢桶里，取清水 70kg 同调味料反复搅拌，使辅料全部溶解后腌制，中途翻动 2 次，腌制 1～2h，至肉色发红，取出沥卤。

(5) 烤制　肋排用烧烤纸包裹，平摊在不锈钢筛网上，放在 175℃的烤制箱中烤制 30～40min，至表面收缩出油，取出冷却。

(6) 冷却称重、真空包装、杀菌冷却、检验、外包装、成品入库　参见烧烤松板肉。

4. 成品质量标准

(1) 感官指标　色泽红润，烤香风味浓郁，固有本产品特有的芳香味。

(2) 微生物指标　菌落总数≤76 个/g，大肠菌群≤30 个/100g，致病菌不得检出。

二十二、广州烧上叉

1. 配方

以 100kg 猪前（后）腿肉为准，生抽 4kg，白糖 4kg，麦芽糖 5kg，精盐 1.8kg，黄酒 800g，五香粉 300g，猪油 900g。

2. 工艺流程

原料选择与修整→腌制→烧烤→成品

3. 操作要点

(1) 原料选择与修整　选用经卫生检验合格的，去皮猪前（后）腿肉，切成长 35～36cm、宽 3cm、厚约 5cm，每条重约 200g。

(2) 腌制　将切好的肉条放在容器内，按原料与辅料的比例加入生抽、白糖、精盐、五香粉等，将肉条和辅料搅拌均匀，腌浸 30min，然后再加入猪油和黄酒与肉条充分混合，随即穿入铁质的排环，每环约穿 10 条。

(3) 烧烤　烤炉烧热后，把用排环穿好的肉条挂入炉内，钩在炉口铁环上，盖上炉盖进行烧烤。烧烤时炉内肉条上滴下来的油，从炉底的边沿小孔流入炉外底部的容器内，避免了猪油的浪费。烧烤约 15min 后开炉盖转动排环使肉面调换方向，并适当加一次木炭，再盖上炉盖继续烤制 30min，即可出炉。稍冷却后将制品放进麦芽糖水内，使其附上糖液，即为成品。

4. 成品质量标准

（1）感官指标　美味可口，色泽鲜明，香润光滑。

（2）微生物指标　菌落总数≤100 个/g，大肠菌群≤28 个/100g，致病菌不得检出。

二十三、双色叉烧

1. 配方

猪通脊肉（分割 3 号肉）60kg，鸡胸脯肉 40kg，白砂糖 6kg，饴糖 5kg，食用盐 2.5kg，白酒 0.5kg，味精 0.5kg，辣椒粉 0.1kg，胡椒粉 0.05kg，复合磷酸盐 0.3kg，D-异抗坏血酸钠 0.15kg，乙基麦芽酚 0.1kg，红曲红 0.04kg，纳他霉素 0.03kg，亚硝酸钠 0.015kg。

2. 工艺流程

原辅包装材料验收→原辅包装材料贮存→原料肉解冻→整理分切→配料腌制→整型→烤制→冷却称重→真空包装→杀菌冷却→检验→外包装→成品入库

3. 操作要点

（1）原辅包装材料验收　选择产品质量稳定的供应商，对新的供应商进行原料安全评价，向供应商索取每批原料的检疫证明、有效的生产许可证和检验合格证，对每批原料进行感官检查，对原料肉、白砂糖、食用盐、白酒、味精、食品添加剂等原辅料及包装材料进行验收。

（2）原辅包装材料的贮存　原料肉在－18℃条件下贮存，贮存期不超过 6 个月。辅助材料和包装材料在干燥、避光、常温条件下贮存。

（3）原料肉解冻　原料肉在常温条件下解冻，解冻后在 22℃下存放不超过 2h。

（4）整理分切　经分割去除猪通脊肌肉和鸡胸脯肉明显脂肪、血伤等，猪肉、鸡肉分别切成长 30cm、宽 2cm、厚 2cm 长方形块状。用刀在猪肉片上每隔 4cm 打个小洞，备用。

(5) 配料腌制　按配方规定的要求，用天平和电子秤配制各种调味料和食品添加剂，原料称重后放入不锈钢桶里，投入已搅拌好的调味料反复搅拌，使辅料全部溶解后腌制，中途翻动2次，腌制1～2h，至肉色发红，取出沥卤。

(6) 整型　各取腌制后的猪肉条和鸡肉条，拿住鸡肉条的一头穿在猪肉条洞眼中翻转过来再穿，反复操作，使两块肉条成为S形(麻花状)。

(7) 烤制　将原料肉送进烤炉挂吊，用电烤炉或木炭烧烤，先用中温（150～170℃）烤15min左右，再上升温度到210℃左右，烤30min左右，至收缩出油，色泽红润，即可出炉。

(8) 冷却称重、真空包装、杀菌冷却、检验、外包装、成品入库　参见烧烤松板肉。

4. 成品质量标准

(1) 感官指标　色泽红黄分明，香酥脆嫩，鲜香爽口，烤香浓郁。

(2) 微生物指标　菌落总数≤100个/g，大肠菌群≤17个/100g，致病菌不得检出。

二十四、蜜汁叉烧

1. 配方

猪通脊肉（分割3号肉）100kg，白砂糖8kg，饴糖5kg，食用盐3kg，黄酒2kg，味精1kg，五香粉0.05kg，玉果粉0.03kg，复合磷酸盐0.3kg，双乙酸钠0.3kg，乙基麦芽酚0.15kg，红曲红0.03kg，纳他霉素0.03kg，亚硝酸钠0.0015kg。

2. 工艺流程

原辅料验收→原料肉解冻→整理分切→配料腌制→烤制→冷却称重→真空包装→杀菌冷却→检验→外包装→成品入库

3. 操作要点

(1) 原辅料验收　选择产品质量稳定的供应商，对新的供应商进行原料安全评价。向供应商索取每批原料的检疫证明、有效的生产许可证和检验合格证。对原料肉、白砂糖、味精等原辅料进行验收。

(2) 原料肉解冻 原料肉在常温条件下解冻，解冻后在 22℃下存放不超过 2h。

(3) 整理分切 经分割去除脂肪、血污等，将肉切成长 45cm、宽 4cm、厚 1.5cm 长条形。

(4) 配料腌制 按配方规定的要求，用天平和电子秤配制各种调味料和食品添加剂，原料称重后放入不锈钢桶里，投入已搅拌好的调味料反复搅拌，使辅料全部溶解后腌制，中途翻动 2 次，腌制 1～2h，至肉色发红，取出沥卤。

(5) 烤制 将原料肉送进烤炉内挂吊，用电烤炉或木炭烧烤，先用中温（150～170℃）烤 15min 左右，再上升温度到 210℃左右，烤 30min 左右，至收缩出油，色泽红润，即可出炉。

(6) 冷却称重、真空包装、杀菌冷却、检验、外包装、成品入库 参见烧烤松板肉。

4. 成品质量标准

(1) 感官指标 色泽红润，有光泽，烤香味浓，鲜香味美。

(2) 微生物指标 菌落总数≤100 个/g，大肠菌群≤21 个/100g，致病菌不得检出。

二十五、天津伊大利斯烤肠

1. 配方

牛肉 35kg，红葡萄酒 500g，猪肉 15kg，椒面 50g，精盐 1750g，肉蔻面 50g，白兰地酒 25g，丁香面 30g，白糖 500g，牛直肠衣适量。

2. 工艺流程

选料→腌制→制馅→灌制→烤制→煮制→熏制→风干→成品

3. 操作要点

(1) 选料 选用鲜牛肉和鲜猪肉，作为加工的原料。

(2) 腌制 选好的牛肉剥去脂肪和筋膜，切成条块，撒上 3.5%的盐，再绞成 1cm 的方丁，放入－7～－5℃的冷库或冰箱里，腌 24h。猪肉切成条块，撒上 3.5%的盐，绞成 0.5cm 的小丁，放入－7～－5℃的冷库或冰箱中，腌 24h。腌好的牛肉丁，再绞成 0.3cm 的肉糜。

(3) 制馅　肉料放在一起，全部辅料放在一起混拌均匀，倒入肉料里搅拌均匀即为馅料。

(4) 灌制　牛直肠衣剪成40cm的节段，扎牢一段，放入温水中泡软（夏天可用凉水），洗干净，灌入馅料扎好，留一绳套并扎刺排气。

(5) 烤制　灌好的肠体穿在竹竿上，送进烤箱里，炉温控制在70℃左右，烘烤1.5h，见肠体表面干燥、手感光滑、透出微红色时为好。

(6) 煮制　烤好的肠体原杆放入90℃的热水锅里，水温保持85℃以上，煮制半小时，把肠体活动一下，再煮制1h左右，用温度计测肠体中心温度达到75℃即熟。

(7) 熏制　煮好的肠体出锅，原杆送入熏炉里，用不含油脂的木材火熏烤，炉温控制在70℃左右，烘烤2h，再往火上加盖锯末子，烟熏4h，见肠体呈红褐色、表皮有皱纹即好。出炉后的肠体挂在干燥阴凉通风处风干20d即为成品。

4. 成品质量标准

(1) 感官指标　肠体呈红褐色，表皮有皱纹。

(2) 微生物指标　菌落总数≤100个/g，大肠菌群≤30个/100g，致病菌不得检出。

二十六、南宁烧猪

1. 配方

活猪1头（重30～40kg为宜），精盐200g，酱油300g，米酒200g，白糖500g，香葱、姜汁、原豉、蜂蜜糖水、五香粉等各适量。

2. 工艺流程

选料→修整→腌制→清洗→烤制→成品

3. 操作要点

(1) 选料　选用符合卫生检验要求的肥嫩、皮薄、细脚、短嘴的活猪作为加工的原料。

(2) 修整　选好的猪经宰杀、放血、煺毛、取出内脏、清洗干净，成净猪。割去前后腿骨、排骨、猪腿，脯部保留沙骨；瘦肉部分用刀割花（便于吸收辅料和烤熟），猪皮要保持完好。

（3）腌制　将全部辅料放在一起搅拌均匀，淋入猪体各个部位，并用手涂抹均匀，腌制30min。

（4）清洗　腌好的猪体用铁钩吊起，猪表皮用清水清洗干净，晾干。晾好的猪体涂上蜂蜜糖水，抹匀，稍晾一会儿。

（5）烤制　先用木柴（2kg）烧红炉膛，再将抹好蜂蜜糖水的猪体吊入炉膛中，烤30min左右，取出，随即用铁针刺戳猪皮周围，再用木棍将猪内膛撑开，然后再吊入炉内，烧烤1h左右，即为成品。

4. 成品质量标准

（1）感官指标　体态完整，造型独特，色泽鲜红或橙黄，表皮脆酥，皮酥肉嫩，肥而不腻。

（2）微生物指标　菌落总数≤70个/g，大肠菌群≤30个/100g，致病菌不得检出。

二十七、肋骨叉烧

1. 配方

猪肋排100kg，白砂糖5kg，麦芽糖5kg，食用盐3kg，白酒1kg，味精0.8kg，五香粉0.05kg，山柰粉0.05kg，胡椒粉0.05kg，乙基麦芽酚0.15kg，纳他霉素0.03kg，红曲红0.02kg，亚硝酸钠0.015kg。

2. 工艺流程

原辅料验收→原辅料贮存→原料肉解冻→整理分切→配料腌制→烤制→冷却称重→真空包装→杀菌冷却→检验→外包装→成品入库

3. 操作要点

（1）原辅料验收　选择产品质量稳定的供应商，对新的供应商进行原料安全评价，向供应商索取每批原料的检疫证明、有效的生产许可证和检验合格证。对原料肋排、白砂糖、食用盐、白酒、味精等原辅料进行验收。

（2）原辅料的贮存　原料肋排在－18℃条件下贮存，贮存期不超过6个月。辅助材料在干燥、避光、常温条件下贮存。

(3) 原料肉解冻　原料肋排在常温条件下解冻，解冻后在22℃下存放不超过2h。

(4) 整理分切　猪肋条方块肉去除明显脂肪，取下整块肋排骨，肉厚占2/3、骨头占1/3。

(5) 配料腌制　按配方规定的要求，用天平和电子秤配制各种调味料和食品添加剂，原料称重后放入不锈钢桶里，投入已搅拌好的调味料反复搅拌，使辅料全部溶解后腌制，中途翻动2次，腌制1～2h，至肉色发红，取出沥卤。

(6) 烤制　将原料肉送进烤炉挂吊，用电烤炉或木炭烧烤，先用中温（150～170℃）烤15min左右，再上升温度到210℃左右烤30min左右，至收缩出油、色泽红润，即可出炉。

(7) 冷却称重、真空包装、杀菌冷却、检验、外包装、成品入库　参见烧烤松板肉。

4. 成品质量标准

(1) 感官指标　色泽红润，鲜香酥嫩，醇香浓郁，回味悠长。

(2) 微生物指标　菌落总数≤90个/g，大肠菌群≤20个/100g，致病菌不得检出。

二十八、兰州烤香肠

1. 配方

猪前、后腿肉10kg，食盐200g，酱油400g，白糖650g，大葱末100g，鲜姜末100g，香油200g，五香面20g，味精20g，料酒200g，亚硝酸钠2g。

2. 工艺流程

原料选择→原料预处理→拌馅→灌肠→一次烤制→二次烤制→成品

3. 操作要点

(1) 原料选择　选用符合卫生检验要求的新鲜猪腿肉，作为加工的原料。

(2) 原料预处理　选好的猪肉剔去骨头、筋腱，再用绞肉机将猪肉绞成1cm见方的块。

(3) 拌馅　全部辅料放在一起混合均匀，倒在肉块上搅拌均匀成馅料。

(4) 灌肠　猪肠衣用温水泡软、洗净，沥去水，再灌入馅料。每间隔 40cm 长截断为 1 根，并将两端合起系住，呈环形，再针刺排气和水分。

(5) 一次烤制　灌好的环状肠体，系头向下，搭在铁钩上，送入烤炉，炉温 160℃左右，烤制 0.5h，炉温降至 140℃左右，继续烤 1.5h，烤熟出炉。烤制过程中，要调换肠体的位置 2～3 次，以便烤匀，不要烤焦。

(6) 二次烤制　肠体出炉前要涂刷稀糖水（6 份水、4 份麦芽糖或蜂蜜），然后入炉再烤 10min，即为成品。

4. 成品质量标准

(1) 感官指标　成品环状，整齐一致，色泽黄褐，皮脆馅嫩，爽口不腻。

(2) 微生物指标　菌落总数≤100 个/g，大肠菌群≤28 个/100g，致病菌不得检出。

二十九、樟茶熏猪柳

1. 配方

猪通脊肉（分割 3 号肉）100kg，白砂糖 5kg，鲜鸡蛋 5kg，食用盐 3kg，玉米淀粉 3kg，淀粉 2kg，味精 1kg，黄酒 1kg，胡椒粉 0.15kg，五香粉 0.05kg，复合磷酸盐 0.3kg，乙基麦芽酚 0.1kg，D-异抗坏血酸钠 0.1kg，红曲红 0.03kg，亚硝酸钠 0.015kg。

2. 工艺流程

原辅料验收→原料肉解冻→整理分切→配料腌制→成型→蒸制→熏制→冷却称重→真空包装→冷却杀菌→检验→外包装→成品入库

3. 操作要点

(1) 原辅料验收　选择产品质量稳定的供货商，向供应商索取每批原料的检疫证明、有效的生产许可证和检验合格证，对原料肉、白砂糖、食用盐、味精等原辅料进行验收。

(2) 原料肉解冻　原料肉在常温条件下解冻，解冻后在 22℃

下存放不超过2h。

(3) 整理分切　分割3号肉去除明显脂肪、筋膜等杂质，用切片机切成长5cm、宽2cm、厚2cm的条形状。

(4) 配料腌制　按配方要求准确称重辅料和食品添加剂，用清水20kg混合后均匀洒在猪柳条上，放入搅拌机中搅拌2～3min后出料，在腌制盘中浸渍30min左右。

(5) 成型　用竹扦把肉条串在一起，每根约50g。

(6) 蒸制　放在蒸制周转箱中，平摊均匀，在里面蒸制10min。

(7) 熏制　转入熏制间用樟木屑、红茶叶、红糖拌匀撒在明火上，使熏料冒烟，熏约15min，肉表面色泽呈淡黄色时停止即可出炉，冷却。

(8) 冷却称重、真空包装、杀菌冷却、检验、外包装、成品入库　参见烧烤松板肉。

4. 成品质量标准

(1) 感官指标　色香味浓，具中草药特有风味，鲜嫩味美。

(2) 微生物指标　菌落总数≤200个/g，大肠菌群≤29个/100g，致病菌不得检出。

三十、烤蜜汁火腿

1. 配方

火腿2kg，蜜糖6汤匙，凤梨汁250mL。

2. 工艺流程

原料整理→烤制→成品

3. 操作要点

(1) 原料整理　先将蜜糖和凤梨汁调和，放置待用。可以在汁中放一片肉桂，不但可以增加风味，而且烤出来的火腿色泽更美。

(2) 烤制　把整个火腿放在平底锅上，放进烘烤炉，将蜜汁浇淋在火腿上。起初在250℃烘烤，一边烤，一边淋上蜜汁。必须等蜜汁蒸发后，再次淋上蜜汁，火腿才会吸收蜜汁的精华，煮熟后，才会有胶凝汁。如此反复多次，约30min后，将烤炉的温度调低至175℃或150℃，大约60min后，火腿烘烤完成。

一般烘烤后平底锅内会有浓稠的蜜汁，如果凤梨汁有剩余，可与蜜汁混合搅拌，成火腿汁，加黍粉使汁更稠。要使烘烤出来的火腿色、香、味俱全，可在烘烤前在火腿表面从左至右用刀划过，然后再划出多个“田”字形，在各“田”字间插上丁香，使火腿呈现更多“凤梨眼”，感官好，使人增加食欲。

4. 成品质量标准

（1）感官指标　色泽棕红，外酥里嫩，香甜适口。

（2）微生物指标　菌落总数≤94 个/g，大肠菌群≤30 个/100g，致病菌不得检出。

三十一、美味叉烧

1. 配方

猪梅条肉 100kg，麦芽糖 5kg，食用盐 3kg，味精 0.6kg，白酒 0.5kg，鲜姜汁 0.5kg，乙基麦芽酚 0.15kg，纳他霉素 0.03kg，亚硝酸钠 0.015kg。

2. 工艺流程

原辅材料及包装材料验收→原辅材料及包装材料贮存→原料肉解冻→整理分切→烤制→冷却称重→真空包装→杀菌冷却→检验→外包装→成品入库

3. 操作要点

（1）原辅材料及包装材料验收　选择产品质量稳定的供应商，对新的供应商进行原料安全评价，向供应商索取每批原料的检疫证明，有效的生产许可证和检验合格证，对每批原料进行感官检查，对原料肉、食用盐、味精、食品添加剂等原辅料及包装材料进行验收。

（2）原辅材料及包装材料的贮存　原料肉在－18℃条件下贮存，贮存期不超过 6 个月。辅助材料在干燥、避光、常温条件下贮存。

（3）原料肉解冻　原料肉在常温条件下解冻，解冻后在 22℃下存放不超过 2h。

（4）整理分切　经分割去除脂肪、血污等杂质，将肉切成长 45cm、宽 4cm、厚 1.5cm 长条形。

(5) 烤制　将原料肉送进烤炉挂吊，用电烤炉或木炭烧烤，先用中温（150～170℃）烤 15min 左右，再上升温度到 210℃左右，烤 30min 左右，至肉收缩出油，色泽红润，即可出炉。

(6) 冷却称重　产品摊放在不锈钢工作台上冷却，按不同规格要求准确称重（正负在 3～5g）。

(7) 真空包装、杀菌冷却、检验、外包装、成品入库　参见烧烤松板肉。

4. 成品质量标准

(1) 感官指标　色泽红润，外形美观，烤香味浓，鲜香味美，口味香甜。

(2) 微生物指标　菌落总数≤50 个/g，大肠菌群≤30 个/100g，致病菌不得检出。

三十二、上海烧猪

1. 配方

以 50kg 整只光猪为准，猪油 1kg，精盐 1kg，五香粉 300g，麦芽糖适量。

2. 工艺流程

原料修整→腌制→烤制→成品

3. 操作要点

(1) 原料修整　选用 25～30kg 去内脏的、薄皮细脚、肥瘦适中的整只光猪为原料。将整只光猪从背部顺脊骨劈开，但不能劈破表皮，保持猪外形完整。割去脑、舌、尾、耳，剥去板油，拆出葫芦骨和矢板骨。然后再将肉膘较厚的部位用刀割花纹，制成生坯。

(2) 腌制　将生坯用喷灯烧净遗留的猪毛，用水浇淋体表，再用小刀刮去皮上遗留的细毛和杂质污物，使猪体干爽洁白。然后将调味料搅拌均匀，再将配料均匀地揉擦于猪体内腔的肌肉内。腌好的猪坯用铁环倒挂在铁架上，并用圆木插入猪的交生骨两边，用扁木放在耻骨两端，再用铁钩和大小木柱将猪生坯撑开装架。在猪体表皮上均匀地涂上一层麦芽糖水（包括头脚）晾干。麦芽糖只能上一次，否则将会使成品表皮色泽不均匀，而影响美观，晾干后即可入炉烤制。

（3）烤制　烤制使用的原料有木柴、煤和电热远红外线三种，加工方法是将腌装好的猪坯挂入炉内（头朝下），用小火烧烤约30min至皮熟取出。用布满金针的工具（即一块木板上插入无数的小针）刺猪身。然后在猪体受温较高的部位贴上湿纸，避免烤焦。最后用猛火烧烤，首先提高炉内温度，使炉温达280℃左右，将猪坯放入炉内烤约90min即为成品。

4. 成品质量标准

（1）感官指标　外形完整丰满，色泽红亮鲜明，肉质嫩脆，无焦斑，口味鲜美。

（2）微生物指标　菌落总数≤10个/g，大肠菌群≤6个/100g，致病菌不得检出。

三十三、澳式烤肉

1. 配方

（以100kg的猪肉为准）水10kg，精盐1.2kg，白糖0.5kg，葡萄糖0.5kg，味精0.15kg，亚硝酸钠10.0g，聚合磷酸盐0.2kg，卡拉胶0.25kg，香辛料粉适量。

2. 工艺流程

选料→解冻→修正切块→盐水注射（腌制液配制）→真空滚揉→滚沾→烘烤→真空包装→杀菌→成品

3. 操作要点

（1）选料　选择经卫生检验合格的猪肉。

（2）解冻　一般加工厂用的是冷冻猪肉，冷冻猪肉应解冻，使其恢复解肉状态。一般采用自然解冻法，解冻室夏季为12℃左右，时间为8～10h；冬季为16℃左右，时间为10～12h。解冻结束后的猪肉内部温度应在0～4℃，以减少解冻后肉汁和营养成分的损失。

（3）修正及切块　将已解冻好的肉剔除筋腱、淋巴等，切成1kg左右的长方形肉块，然后沥干水分。

（4）盐水注射　按配方配制腌制剂，盐水注射量为10.0%。配置方法是盐水应在注射前24h配制，先将聚合磷酸盐用少量的热水溶解，然后加水，再加入卡拉胶和食盐配成盐水，再在盐水中加入白糖和葡萄糖、味精，充分搅拌均匀后放在7℃的冷藏间存放，在使用前1h再加入亚硝酸钠，经充分搅拌并过滤后使用。

按以上比例配置好的腌制液注入盐水注射机内，对肉进行注射和嫩化，以加快盐水在肉块中的渗透、扩散，起到发色均匀、缩短腌制时间、增加保水性作用。盐水总用量为肉重的10.0%。

（5）真空滚揉　腌制采用动态和静态腌制法，将已注射的原料肉一起倒入滚揉机中，在真空度为0.8MPa、0～4℃的低温下真空滚揉10h（注意要顺时针转20min，停止10min，再逆时针转20min，再停止10min，如此反复循环至规定的时间）。

（6）滚沾　涂料配方（质量分数）为花椒粉50.0%、辣椒粉30.0%、小茴香粉20.0%。将滚揉好的肉块表面均匀涂上由花椒粉、辣椒粉和小茴香粉构成的麻辣风味涂料。

（7）烘烤　将滚沾好涂料的猪肉放在烤炉中，先用90℃温度烤30min，再升温至150～160℃条件下烤1h，使肉的中心温度达到72～73℃即可。此时肉色淡红，手按有弹性。

（8）真空包装　将烤好的猪肉晾凉后，按包装规格装入复合膜袋中，用0.1MPa真空抽真空后，密封包装。

（9）杀菌　真空包装后，采用低温杀菌，温度为80～85℃，时间为20～25min。

4. 成品质量标准

（1）感官指标　表面干燥，肉质紧密，富有弹性，光滑亮丽。

（2）理化指标　亚硝酸盐＜70mg/kg，复合磷酸盐＜4g/kg。

（3）微生物指标　菌落总数＜100个/g，大肠杆菌＜30个/100g，致病菌不得检出。

三十四、酱香熏肉

1. 配方

猪前、后腿肌肉100kg，白砂糖5kg，食用盐3.5kg，甜面酱2kg，味精1kg，生姜汁0.5kg，白酒0.5kg，黑胡椒粉0.1kg，D-异抗坏血酸钠0.15kg，乙基麦芽酚0.1kg，红曲红0.04kg，纳他霉素0.03kg，亚硝酸钠0.015kg。

2. 工艺流程

原辅料及包装材料验收→原辅料及包装材料贮存→原料肉解

冻→整理分切→配料腌制→熏制→冷却称重→真空包装→杀菌冷却→检验→外包装→成品入库

3. 操作要点

（1）原辅料及包装材料验收　选择产品质量稳定的供应商，对新的供应商进行原料安全评价，向供应商索取每批原料的检疫证明、有效的生产许可证和检验合格证，对每批原料进行感官检查，对原料肉、白砂糖、食用盐、白酒、味精、食品添加剂等原辅料及包装材料进行验收。

（2）原辅料及包装材料贮存　原料肉在−18℃条件下贮存，贮存期不超过6个月。辅助材料和包装材料在干燥、避光、常温条件下贮存。

（3）原料肉解冻　原料肉在常温条件下解冻，解冻后22℃下存放不超过2h。

（4）整理分切　原料肉经分割去除血伤、小毛等杂质，切成长15cm、宽8cm的长方形块状。

（5）配料腌制　按配方规定的要求，用天平和电子秤配制各种调味料和食品添加剂。原料称重后放入不锈钢桶里，清水70kg同调味料反复搅拌，使辅料全部溶解后腌制，中途翻动2次，腌制1～2h，至肉色发红，取出沥卤。

（6）烘干熏制　肉块平摊在不锈钢筛网上，进入烘房经15h烘干，表面呈黄褐色，取出后进入到熏制烘房中1～2h上色，自然冷却后即为成品。

（7）冷却称重、真空包装、杀菌冷却、检验、外包装、成品入库　参见烧烤松板肉。

4. 成品质量标准

（1）感官指标　色泽呈褐黄色，鲜香细腻，熏香味浓，美味可口。

（2）微生物指标　菌落总数≤30个/g，大肠菌群≤11个/100g，致病菌不得检出。

三十五、碳烤猪排

1. 配方

猪肋排100kg，白砂糖5kg，麦芽糖5kg，食用盐2kg，黄酒

2kg，香酥料 2kg，味精 0.8kg，D-异抗坏血酸钠 0.15kg，乙基麦芽酚 0.1kg，红曲红 0.03kg，纳他霉素 0.03kg，亚硝酸钠 0.015kg。

2. 工艺流程

原料验收→原料肉解冻→分割整理→配料掩制→烤制→冷却称重→真空包装→杀菌冷却→检验→外包装→成品入库

3. 操作要点

（1）原料验收　经兽医宰前检疫、宰后检验合格的猪肋排为原料，向供应商索取每批原料的检疫证明、有效的生产许可证和检验合格证。

（2）原料肉解冻　原料肋排在常温条件下解冻，解冻后在22℃下存放不超过 2h。

（3）分割整理　去除明显脂肪等杂质，分切两根肋骨一块。

（4）配料腌制　按配方规定的要求，用天平和电子秤配制各种调味料和食品添加剂，原料称重后放入不锈钢桶里，投入已搅拌好的调味料反复搅拌，使辅料全部溶解后腌制，中途翻动 2 次，腌制1～2h，至肉色发红，取出沥卤。

（5）烤制　将原料肉送进烤炉挂吊，用电烤炉或木炭烧烤，先用中温（150～170℃）烤 15min 左右，再上升温度到 210℃左右，烤 30min 左右，至肉收缩出油、色泽红润即可出炉。

（6）冷却称重、真空包装、杀菌冷却、检验、外包装、成品入库　参见烧烤松板肉。

4. 成品质量标准

（1）感官指标　色泽红润，有光泽，烤香味浓，美味可口。

（2）微生物指标　菌落总数≤22 个/g，大肠菌群≤7 个/100g，致病菌不得检出。

第七章 干制品

第一节 干制品简介

一、干制品概念

干肉制品是指将肉先经熟制加工再成型干燥或先成型再经热加工干燥制成的肉制品。这类肉制品可直接食用，成品呈小的片状、条状、粒状、絮状。根据产品的形态，干肉制品主要包括肉干、肉脯和肉松三大类；根据产品的干燥程度，可分为干制品和半干制品，半干制品水分含量一般在15%～50%，水分活度为0.6～0.9，干制品的水分含量通常在15%以下。大多数干肉制品属于半干制品。

最新肉松、肉干和肉脯的行业标准分别见GB/T 23968—2009、GBT 23969—2009和GB/T 31406—2015。

二、干制品加工的原理和方法

1. 原理

(1) 降低食品的水分活度 微生物经细胞壁从外界摄取营养物质并向外界排出代谢物时，都需要以水作为溶剂或媒介质，故水为微生物生长活动必需的物质。水分对微生物生长活动的影响，起决定因素的并不是食品的水分总含量，而是它的有效水分，即用水分活度进行估量。对食品中有关微生物需要的水分活度进行研究表明，各种微生物都有自己适宜的水分活度。水分活度下降，它们的生长速率也下降，水分活度还可以下降到微生物停止生长的水平。

各种微生物保持生长所需的最低水分活度值各不相同，大多数最重要的食品腐败细菌所需的最低水分活度都在0.9以上，但是肉毒杆菌则在水分活度低于0.95时就不能生长。霉菌的耐旱性则优于细菌，在水分活度为0.8时仍生长良好。如水分活度低于0.65，霉菌的生长完全受到抑制。

（2）降低酶的活力　酶为食品所固有，它同样需要水分才具有活力。水分减少时，酶的活性也就降低，在低水分制品中，特别是在它吸湿后，酶仍会慢慢地活动，从而引起食品品质恶化或变质。只有干制品水分降低到1%以下时，酶的活性才会完全消失。

酶在湿热条件下处理时易钝化，如于100℃时瞬间即能破坏它的活性。但在干热条件下难以钝化，如在干燥条件下，即使用104℃热处理，钝化效果也极其微弱。因此，为控制干制品中酶的活动，就有必要在干制前对食品进行湿热或化学钝化处理，使酶失去活性。

2. 干制方法

干制方法很多，而干制方法的选择，应根据被干制食品的种类、对干制品品质的要求及干制成本的合理程度加以考虑。总的来说，干制方法可以区分为自然和人工两种方法，人工干制就是在常压或减压环境中以传导、对流和辐射传热方式或在高频电场内加热的人工控制工艺条件下干制食品的方法。

（1）自然干燥　主要包括晒干、风干等。为古老的干制方法，要求设备简单，费用低，但受自然条件的限制，湿度条件很难控制，大规模的生产很难采用，只是某些产品的辅助工序，如风干香肠的干制等。

（2）烘炒干制　亦称传热导干制，靠间壁的导热将热量传给与壁面接触的物料，由于湿物料与加热的介质（载热体）不是直接接触，又叫间接加热干燥。传热干燥的热源可以是水蒸气、热水、燃料、热空气等；可以在常压下干燥，亦可以在真空下进行，加工肉松都采用这种方法。

（3）烘房干燥　亦叫对流热风干燥。直接以高温的热空气为热源，即对流传热将热量传给物料，故称为直接加热干燥。热空气既是热载体又是湿载体，一般对流干燥多在常压下进行。因为在真空干燥情况下，由于气相处于低压，热容量很小，不能直接以空气为热源，必须采用其他热源。对流干燥室中的气温调节比较方便，物料不至于被过热，但热空气离开干燥室时带有相当大的热能，因此对流干燥热能的利用率较低。

（4）低湿升华干燥　在低温下，一定真空封闭的容器中，物料中的水分直接以冰升华为蒸汽，使物料脱水干燥。它比上述三种干燥方法不仅干燥速度快，而且最能保持产品原来的性质，加水后能迅速恢复原来产品的性质，保持原有的成分，很少发生蛋白质变性等优点。但设备较复杂，投资大。

（5）真空干燥　真空干燥主要就是要求在较低的温度下进行物料干燥。气压愈低，水的沸点也愈低，因此，只有在较低气压条件下才能有可能用较低的温度干燥物料。前面的冷冻升华干燥就是在高真空条件下使物料中的水分以冰结晶状态直接升华，是一种特殊的真空干燥方法。

（6）微波加热干燥　使湿物料在高频电场中很快被均匀加热。干燥过程中由于水的介电常数比固体物料要大得多，物料内部的水分总是比表面高，因此物料内部所吸收的电能或热能多，则物料内部温度比表面高。温度梯度和水分扩散的湿度梯度是同一方向的，所以促进了物料内部的水分扩散速率的增大，使干燥时间大大缩短。

第二节　干制品加工技术

一、儿童营养猪肉糜

1. 配方

新鲜猪后腿肉（肥瘦比为 1∶5）10kg，盐 1kg，味精 300g，白糖 600g，胡椒粉 40g，白酒 300g，红曲色素 1g。

2. 工艺流程

原料肉的选择及绞碎→调味腌制→抹片→烘烤→冷却→包装→成品

3. 操作要点

（1）原料肉的选择及绞碎　选择色泽、气味及组织状态都达到质量标准的一级肉，去皮和筋膜后，切成1cm见方的小块，肥瘦比为1∶5。将原料清洗干净，用绞肉机绞成泥状，注意绞肉时肉温的控制，要求肉温不超过10℃。

（2）调味腌制　将酱油和食盐拌入肉糜中，沿顺时针方向搅拌2～3min，再加入味精、白糖、胡椒粉、白酒，继续搅拌5～6min，整个搅拌过程中进行肉温控制，要求肉温不超过10℃，搅拌至肉糜黏滑细腻为止，4℃腌制1h。

（3）抹片　预先将金属烤盘洗净烘干，在盘内刷一层植物油，将适量的肉糜加入盘中，用抹刀将肉糜摊开抹平，厚度约2mm，表面要求平整光滑。

（4）烘烤　烤箱预热至90℃，将装有肉糜的浅盘放入，温度调至65℃，烘干3～4h，然后升温至150℃，烤制10～12min，至肉糜表面呈现棕红色即可出箱。

（5）冷却包装　将从烤箱中取出的浅盘，移入冷却间自然冷却，凉透后轻轻揭起肉糜，用压片机压平，再按一定规格切成小片，用真空包装机进行包装，即为成品。

4. 成品质量标准

（1）感官指标　色泽棕黄，微带黑色，咸甜适口，久嚼有味。

（2）微生物指标　菌落总数≤96个/g，大肠菌群≤30个/100g，致病菌不得检出。

二、猪肉脯

1. 配方

以10kg精瘦猪肉计。五香味腌制液配方如下。

第一组辅料：八角183g，甘草17g，桂皮27g，白胡椒11g，草果13g，山萘33g，丁香0.5g，老姜50g。

第二组辅料：硝酸钠3.5g，亚硝酸钠1g，焦磷酸钠35g，异抗坏血酸钠4g，食盐200g，白糖400g，红糖700g，酱油400g，味精25g，鸡蛋300g。

2. 工艺流程

原料肉→冷冻→切片→腌制→摊筛→烘干→烤制→冷却→包装→成品

3. 操作要点

(1) 原料肉的预处理 选择符合国家卫生标准的新鲜猪后腿瘦肉，去除脂肪、筋膜，流水冲泡1h（去除血渍），将精瘦肉沥干水分装入模中，送入冷冻库速冻，至中心温度达－2℃时出库，用切片机切成2.5mm厚的薄片。

(2) 腌制 将第一组辅料投放到锅中，加适量水熬煮1h左右过滤，将滤液浓缩至8kg左右；再将第二组辅料与其充分混匀配制成腌制液待用。将切片后的精瘦肉放入到预先配制好的腌制液中腌制20h左右，温度控制在6～8℃。

(3) 烘干 将腌制好的肉片平铺在擦抹植物油的不锈钢筛板上，送入干燥箱中进行干燥，干燥时间为5～6h，温度控制在60～85℃。中途进行倒筛、翻面等操作。此外，为了有利于干燥的进行，最好能将前半小时的干燥温度控制在80～85℃，以后将温度恒定在60～65℃。

(4) 烤制 将烘干冷却的肉片放入炉温为250℃的烤箱中烤5min左右，待肉质出油、呈棕红色、烤熟后即可出炉。

(5) 冷却、包装 将熟制的肉片进行冷却，用聚丙烯塑料袋进行真空抽气包装。

4. 成品质量标准

(1) 感官指标 肉质色泽均匀，呈棕红色，油润有光泽，肉脯厚薄一致，呈半透明体，味道纯正，咸淡适中。

(2) 理化指标 水分≤25%，食盐≤6%，亚硝酸盐≤20mg/kg。

(3) 微生物指标 菌落总数≤300个/g，大肠菌群≤30个/g，致病菌不得检出。

三、香辣猪肉干

1. 配方

猪瘦肉10kg，精盐200g，酱油400g，干红辣椒粉40g，白糖500g，白酒200g，味精20g，咖喱粉20g，桂皮50g，大茴香30g。

2. 工艺流程

原料整理→预煮切片→煮制→烘烤

3. 操作要点

（1）原料整理　选用卫生合格的新鲜猪瘦肉，剔除骨头、筋腱、脂肪，切成500g左右的肉块。肉块放在冷水中，浸泡1h，洗净后沥干。

（2）预煮切片　将洗好的肉块放在锅里，加水没过肉块加热煮至肉块六成熟时捞出冷却。然后，切成长方形肉片或肉丁。

（3）煮制　将煮好的肉块放在锅内，加入水2.5kg左右，再加入精盐、白糖、酱油、桂皮、大茴香、辣椒粉等佐料，加热煮沸。当汤汁快烧干时，进行翻炒，并加入白酒，一并炒干。最后加入味精、咖喱粉炒匀。

（4）烘烤　炒干的肉片出锅、摊晾后摆放在铁筛上，送入烘炉烘烤，每隔1h翻动1次。烘烤7h左右，肉片变硬时出炉，凉透后即为成品。

4. 成品质量标准

（1）感官指标　色泽棕黄，肉质干爽，辣香味浓，风味独特。

（2）微生物指标　菌落总数≤105个/g，大肠菌群≤23个/100g，致病菌不得检出。

四、猪肉松

1. 配方

福建肉松配料为：猪瘦肉50kg，白酱油9kg，砂糖3.2kg，红糟3.2kg，虾干2kg，净猪油0.35kg。

太仓肉松配料：猪瘦肉45kg，砂糖5kg，白酱油3.15kg，精盐0.75kg，生姜0.15kg，味精75g。

2. 工艺流程

选料→制坯→炒松→成品

3. 操作要点

（1）选料　新鲜的猪后腿肉，将纯瘦肉顺横纹切成约10cm长的条块，洗净沥干、备用。

（2）制坯　在铁锅中放入猪油烘沸，加红糟烘透，再加酱油及适量清水，用文火煮20min，去渣及浮沫把切好的肉料下锅煨烂，火力要适中，否则残油提不尽易使肉松变质。一直煨至锅内烧干，煨时用锅铲不断翻动，挤压肉块，使水分逐渐烤干，待肉纤维疏松不成团时即成肉坯。

（3）炒松　肉坯放入锅中，快速烘炒至肉五成干时，将酒、糟、味精、白糖溶化后倒入锅内，微火加热，用文火继续搓擦烘焙直到锅四周腾起细微肉末，用手揉擦觉纤维有弹性，无潮湿感，一般达成半干燥可以起锅。然后将肉抖散，使纤维蓬松，拣出凝聚肉块，另用猪油加热溶化为流体，倒入锅内，将凝聚肉块下锅继续炒焙搓擦至全部蓬松为止。炒时忌猛火，防止焙焦，特别是加糖后更要注意，炒松后晾4～5d包装。

4. 成品质量标准

（1）感官指标　金黄色，有光泽，呈絮状。

（2）微生物指标　菌落总数≤94个/g，大肠菌群≤27个/100g，致病菌不得检出。

五、靖江猪肉脯

1. 配方

以50kg猪瘦肉计，特制酱油4.25kg，白砂糖6.5kg，鸡蛋1.5kg，味精250g，白胡椒50g。

2. 工艺流程

原料的选择与修整→配料→腌制→烘烤→成品

3. 操作要点

（1）原料的选择与修整　选用新鲜猪后腿肉，除去脂肪、筋膜，装入模具中，在冷库中急冻。当肉中心温度达到－2℃时取出，切成宽8cm、长12cm、厚1～2cm的肉片。

（2）配料　根据配方配制腌制料。

（3）腌制　将以上配料与猪瘦肉片混匀，在0～4℃温度下腌制50min。

（4）烘烤　将腌制好的肉片平铺在抹了植物油的筛板上，放入65℃烘房中烘烤4～5h，取出冷却，放入炉温150℃的烤炉中，烤至肉出油，呈棕红色。用压平机压平，即为成品。

4. 成品质量标准

（1）感官指标　片状，棕红色，切片均匀。

(2) 微生物指标　菌落总数≤107 个/g，大肠菌群≤30 个/100g，致病菌不得检出。

六、鱼香猪肉干

1. 配方

猪瘦肉 100kg，食盐 3kg，味精 0.6kg，白糖 1kg，黄酒 0.5kg，新鲜葱、姜、蒜及泡海椒等适量。

2. 工艺流程

原辅材料处理→煮制→切条成型→熬煮→干燥→冷却→包装→成品

3. 操作要点

(1) 原辅材料处理　新鲜猪瘦肉洗净后除去脂肪、筋膜，沥干，切成 5～8cm 的方块，葱去根洗净后切成 5cm 长的小段，姜、蒜去皮洗净后切成 1cm 见方小丁。

(2) 煮制　将猪瘦肉放入锅内，加入沸水，水以浸没猪肉为度，煮制过程中随时捞出浮沫。保持沸腾状态 20min，捞出、沥干、冷却。

(3) 切条成型　用不锈钢刀将冷却后的肉块顺肌纤维的方向切成长约 4～5cm，宽厚各约 0.5cm 的肉条。

(4) 熬煮　取部分肉汤，将食盐、白糖、醋、黄酒等加入肉汤内，姜、葱、蒜、泡海椒用纱布包成小包放入汤内，煮沸，保持沸腾，当鱼香味大量逸出时，投入肉条，继续熬煮，并间隔 5min 搅拌一次。浓缩至汤汁快干时，停止加热。整个熬煮时间控制在 90min 左右。

(5) 干燥　将肉条取出，平铺于铁丝网上，置于烘房内，通入 50～55℃热风干燥，其间经常翻动。

(6) 包装　经检验合格后，用复合袋真空包装即得产品。

4. 成品质量标准

(1) 感官指标　肉干大小均匀，鱼香风味浓郁，无焦黄色。

(2) 理化指标　水分<6%。

(3) 微生物指标　菌落总数≤102 个/g，大肠菌群≤25 个/100g，致病菌不得检出。

七、新型猪肉干

1. 配方

猪肉100kg，盐3kg，白砂糖2kg，酱油2kg，白酒2kg，香料4kg，三聚磷酸钠200g，山梨酸钾50g，硝酸钠50g。

2. 工艺流程

原料肉的选择和整理→注射腌制、滚揉→初煮、冷却切坯→复煮→初步脱水→微波干燥→冷却、包装→成品

3. 操作要点

（1）原料肉的选择和整理　选择健康新鲜猪肉，以前、后腿肉为最佳。剔除皮、骨骼、筋腱、脂肪等非肌肉成分，分切成1kg左右的肉块，清洗后加清水浸泡0.5～1h，以去除血水和污物，充分漂洗干净后沥干。

（2）注射腌制、滚揉　将盐、硝酸钠和三聚磷酸钠配成腌制液，并用盐水注射器均匀注射到肉中，在4～6℃下腌制约24h，当肉块内部呈均匀的玫瑰红色即可。腌制的最后14h时，对肉进行滚揉，工作状态是每滚揉40min，间歇20min。

滚揉能破坏肌肉组织原有的结构，使其变得松弛；能促进可溶性蛋白的浸提，增强肉的保水性，提高肉的嫩度。同时，在腌制时加入三聚磷酸钠，能促进肉中肌动球蛋白的分解，解除肌纤维的收缩状态，使肉质变嫩。通过上述处理，制品嫩度高、咀嚼性好，在贮藏过程中失水量也少，品质较好。

（3）初煮、冷却切坯　将肉块放入锅中，加清水淹没肉面，加热，将肉煮至横切面呈均匀的粉红色、肉块发硬为止（40～60min），捞起冷却后，切成$1cm^3$的方丁（或成片、条），所切肉坯规格尺寸要尽可能一致。煮时，要随时撇去肉汤表面的浮沫。

（4）复煮　将初煮剩余的肉汤倒入另一锅中，加香料包（包中含胡椒、姜、八角、花椒等各适量）慢火煮10min，加入肉丁、适量糖、食盐，使肉面与水面持平，煮至肉已入味、有八成熟即可，汤汁快干时加入白酒。

（5）初步脱水　将复煮后的肉丁摊在烘筛上，送入（65±2）℃的烘房或干燥箱，每30min倒层一次，2h后取出。

（6）微波干燥　将初步脱水的肉丁送入900W、2450MHz、中高档火的微波干燥器中，继续干燥8～10min即可。

（7）冷却、包装　干制后的成品要及时冷却，采用相应的包装，并于干燥、洁净、通风良好的仓库中贮藏。

4. 成品质量标准

（1）感官指标　外表色泽绛红，成型整齐均匀。

（2）微生物指标　菌落总数≤90个/g，大肠菌群≤22个/100g，致病菌不得检出。

八、猪肉糕

1. 配方

猪肉100kg，盐3kg，白砂糖1.5kg，料酒500g，亚硝酸钠15g，异抗坏血酸钠50g，五香粉250g，味精700g，洋葱5kg，姜5kg，膨松剂200g，淀粉5kg，面粉20kg。

2. 工艺流程

原料肉的选择及整理→斩拌、调味→装模→烘烤→脱模、冷却、真空包装→成品

3. 操作要点

（1）原料肉的选择与整理　选择健康并经兽医卫生检验合格的猪肉为原料，各部位肉均可使用，但以后腿肉品质最佳。去除原料肉中的淤血、筋腱，剔去其中的碎骨、淋巴等影响产品质量的部分，清洗干净后，再经清水浸泡30～60min去除血污，漂洗沥干后切成小块，再用绞肉机绞成肉糜。

（2）斩拌、调味

① 斩拌要求。斩拌是肉糜的乳化工序，即通过机械作用破坏细胞结构，使肌肉组织中的盐溶性蛋白溶出，形成乳化状肉糜。斩拌是生产中至关重要的过程，此工序对各种工艺参数的要求相当严格，稍有差错便会导致产品出现一系列的质量问题。斩拌工序要求肉糜温度在6℃左右，所以原料肉在斩拌之前应先行预冷。斩刀要锋利，斩拌时间不宜过长，一般为5～10min。斩拌中，可采用添加冰水或碎冰块的方法以防温度上升。原料要分批加入，一次投料不宜太多。

② 调味方法。先将料酒、姜和洋葱倒入斩拌机内，再加入绞碎的肉糜，斩拌 2～3min，再均匀地加入盐、白砂糖、味精、五香粉等调料，继续斩拌 5～6min，最后加入面粉、淀粉、膨松剂搅拌均匀即可。

(3) 装模　成型模具可以为圆形模或方形模，且预先要在模内刷涂植物油，然后加入肉糜，压紧、抹平，厚度控制在 1cm 左右。

(4) 烘烤　将烘箱预先升温至 250℃，然后放入肉模，恒温烤制 15min 后降低温度至 190℃，恒温烤制 20min，再降温至 80～85℃，烘烤 1～2h，至肉糕表面呈微黄色。此时，肉糕已经干燥成型，取出肉模，将肉糕脱模翻面，再送入烤箱，控制温度在 80～85℃，烤制 1h，再升温至 250℃，烤至肉糕表面呈焦红色即可出箱。

(5) 脱模、冷却、真空包装　待肉糕完全冷却后，按照一定规格切成条、块等形状，最后进行真空包装即为成品。

4. 成品质量标准

(1) 感官指标　产品为棕红色，表面平整、光滑、无皱缩，切面细腻。

(2) 微生物指标　菌落总数≤75 个/g，大肠菌群≤20 个/100g，致病菌不得检出。

九、灯影猪肉

1. 配方

配方一：猪肉 100kg，盐 2～3kg，白糖 1kg，胡椒粉 300g，花椒粉 300g，白酒 1kg，香油 2kg（烤熟以后用），硝水 1kg（质量分数为 2%左右的硝酸钠），姜水 20kg（老姜 4kg，水 16kg），混合香料 200g（桂皮 50g，丁香 70g，荜拨 16g，八角 28g，甘草 4g，桂子 20g，山柰 12g，磨成粉状）。

配方二：猪肉 100g，盐 1kg，白糖 1kg，黄酒 10kg，姜 4kg，香油 1kg，花椒粉 600g，辣椒粉 1kg，五香粉 400g，味精 200g，熟菜籽油 50kg（实际约耗油 20kg）。

2. 工艺流程

原料肉的选择及整理→排酸→切片→配料→腌制→烤制→冷

却、包装→成品

3. 操作要点

(1) 原料肉的选择及整理　选取猪的里脊肉和腿心肉，约占整头猪总质量的20%。腿心肉以后腿部分的质量最佳，以肉色深红、纤维较长、脂肪和筋膜较少、有光泽、有弹性、外表微干不黏手的猪肉为原料。因为，有内筋的肉不能开片；过肥或过瘦的猪肉也不适于加工，过肥的肉出油多，损耗大，过瘦的肉会黏刀，烘烤时体积会缩小。因此原料选用至关重要，必须严格。将选好的猪肉剔除筋膜和脂肪，洗净血水，沥干后切成重量约250g的肉块。

(2) 排酸　排酸也就是发酵的过程，俗称“发汗”。发酵容器的选择，冬天气温低可用缸，夏天气温高可用盆，但均需洗净。将肉块从大到小、纤维从粗到细从容器底部码放到上部，码放完后用纱布盖好，等肉“发汗”后就切片。排酸时间为，春季12～14h，夏季6～7h，秋季16～18h，冬季22～26h。如冬季气温太低，可人工升温促进排酸过程。发酵排酸的最佳温度为10～12℃。

(3) 切片　排酸以后的肉很软，具有弹性，没有血腥味，便于切片。切片也有一定的讲究，先把案板和肉块用清水稍稍弄湿，避免肉在案板上滑动而影响操作；切片要均匀，厚度不要超过0.2cm，不能有破洞，也不要留脂肪和筋膜。因为，如果肉片太薄，不便于后面的烘烤，会从筲箕上滑落；如果太厚，烘烤时生熟不一，吃料也不均匀，会影响质量。

(4) 配料　灯影猪肉配方中的固体香料均要预先碾成粉末待用。

(5) 腌制　把除菜籽油以外的其他辅料与肉片拌匀，每次以肉片5kg为宜，以免香料拌和不匀或肉被拌烂。拌匀后，放置腌制10～20min。

(6) 烘烤　灯影猪肉的传统烘烤是把肉贴在筲箕上，入烘房烘烤。筲箕是四川当地的一种家用器具，多以毛竹篾编制而成。先在筲箕上刷一层菜籽油，以便于湿肉片烤干后脱落。再把肉片按照肉的纹路横铺在筲箕上，不要叠交太多，每片肉要贴紧筲箕。烘房内的铁架子分成上下两层，把铺好肉的筲箕先放在下一层（温度较高）进行烘烤，一般60～70℃最好。火力过猛容易烤煳、烤焦；

火力过小、烘烤温度过低，肉片难以变色。等烘到水气没有了，肉片由白色转到黑色，又转到棕黄色时，将筲箕转到上层去烘烤。在烘烤过程中，如发现颜色和味道不正常，要及时对备料过程进行检查。一般来讲，进房 3～4h 就可出烘房。

现在，灯影猪肉一般都改用烘箱烘烤，即将腌好的肉片平铺在钢丝网或竹筛上，钢丝网或竹筛先要抹一层熟菜籽油。铺肉片时，要顺着肌纤维方向，片与片之间相互连接，但不要重叠太多，且根据肉片厚薄施以大小不同的压力以使烤出的肉片厚薄均匀。然后，送入烤箱内，在 60～70℃下烘烤 3～4h 即可。

(7) 冷却、包装　将烤好的肉片冷却 2～3min，再淋上香油，即可取下。传统保藏方法是将成品贮于小口缸内，内衬防潮纸，缸口密封。现在，多装入马口铁罐或塑料袋内封口保藏。

4. 成品质量标准

(1) 感官指标　产品肉片薄如纸，色红亮，味麻辣鲜脆，细嚼之回味无穷。

(2) 微生物指标　菌落总数≤100 个/g，大肠菌群≤29 个/100g，致病菌不得检出。

十、胡萝卜猪肉脯

1. 配方

猪肉糜 100kg，盐 2kg，白糖 14kg，焦磷酸钠 40kg，胡萝卜泥 10～15kg，淀粉 5kg。

2. 工艺流程

胡萝卜→拣选→清洗、去皮→打浆
↓
原料肉的选择与处理→腌制→配料、混匀→抹片、成型→烘制熟化→冷却、包装→成品

3. 操作要点

(1) 原料肉的选择与处理　选择健康并经兽医卫生检验合格的猪肉为原料，各部分肉均可使用，但以后腿肉品质最佳。原料肉去骨、皮、脂肪、筋膜等非肌肉成分，清洗干净后，再经清水浸泡 30～60min 以去除血污，漂洗沥干后切成小块，再用绞肉机绞成肉糜。

(2) 腌制　向肉糜中添加盐、白糖及焦磷酸钠，拌和均匀后于

4～6℃下腌制12h。

（3）胡萝卜的选择及处理　胡萝卜的品种较多，各品种均可使用。选取新鲜胡萝卜，清洗干净，用刀切头去尾，并刮掉表面的须根、泥斑等，然后送入打浆机打成胡萝卜泥，也可切成小颗粒添加到肉脯中。

（4）配料、混匀　首先向猪肉糜中添加淀粉。淀粉的主要作用是作为黏合剂，增加混合原料的黏度，以利于产品成型。但淀粉的用量不宜过多，否则会导致肉脯色泽变淡、易碎，口感有淀粉粒感，且风味欠佳。淀粉拌匀后，加入胡萝卜泥（或胡萝卜颗粒），再次搅拌，使原料混合均匀。胡萝卜的添加量同样不能过多，否则会使胡萝卜味过重，掩盖猪肉的风味，同时会造成肉糜黏结困难，难以成型，肉脯易碎。

（5）抹片、成型　成型、抹片采用不锈钢金属浅盘，先用植物油将盘底刷一遍，以防止粘连，便于揭片。将腌制、混合好的猪肉糜平铺在盘内，用抹刀压紧并刮平表面，使肉片光滑平整、厚薄均匀，厚度控制在1.5～2mm。也可根据生产需要，选择不同形状的模具盒，生产出不同形状的肉脯产品。

（6）烘制熟化　将铺好猪肉糜的金属盘或模具盒送入鼓风电热恒温干燥箱，于85℃下烘烤3～4h，烘干后即为成品。肉脯的含水率为20%～25%。

（7）冷却、包装　将熟化的猪肉脯自然冷却，经过拣选后用聚丙烯薄膜袋进行真空包装即为成品。

4. 成品质量标准

（1）感官指标　具有典型的猪肉脯的品质特点，又有胡萝卜的特有风味。

（2）微生物指标　菌落总数≤77个/g，大肠菌群≤30个/100g，致病菌不得检出。

十一、发酵香辣猪肉干

1. 配方

发酵肉条100kg，盐8kg，味精2kg，酱油4kg，白糖6kg，姜4kg，蒜5kg，胡椒粉2kg，红辣椒8kg，十三香4kg。

2. 工艺流程

嗜热链球菌→活化→扩大培养
嗜酸乳杆菌→活化→扩大培养
↓
原料肉选择和处理→初煮→冷却→发酵→调味→复煮→烘干→冷却、包装→成品

3. 操作要点

(1) 原料肉的选择及处理　选择经兽医卫生检验合格，品质优良的新鲜猪肉。以前、后腿的瘦肉为最好，其他部位的肉也可用，但产品品质稍差。原料肉先行分割处理，剔除骨、皮、脂肪、筋膜等部分，然后切成0.5kg左右的肉块，于洁净的清水中浸泡2～4h(温度不超过10℃)，以除去肉中的血水和污物，最后用清水漂洗、沥干。将沥干的肉块顺纤维方向切成长2.0cm、宽0.7cm的肉条，力求规格尺寸均匀一致。

(2) 初煮　蒸煮锅内放水适量（以将肉块全部浸没为宜），加热沸腾后放入肉条，保持沸水煮制约30min。煮制期间，随时撇除肉汤上的浮沫。煮后，冷却待用。

(3) 发酵

① 发酵菌种的制备。选用发酵菌种为嗜热链球菌和嗜酸乳杆菌，菌种由于长期低温保藏而导致其活力下降，使用前，需先行活化。活化的方法是分别挑取以上两种菌种，在无菌操作下接种于已灭菌的肉汤培养基内，于37℃下恒温培养24h。反复接种培养3～4次，直至菌种活力达到要求，活力完全恢复的菌种要进行扩大培养，首先以3%的比例接种于三角瓶热汤培养基中，于(40±2)℃恒温培养24h。再根据实际生产的需要逐级扩大，直至发酵剂的量能满足生产的需要。实际生产时，按照嗜酸乳杆菌∶嗜热链球菌＝2∶1的比例组合成混合发酵剂。

② 接种发酵。煮后的肉条立即冷却至40～45℃，按照肉质量的比例添加食盐0.3%、胡萝卜汁2%、葡萄糖1%及混合发酵剂3%～5%，充分拌和均匀后送入发酵箱，控制在40℃恒温发酵32h。发酵接近结束时，取肉样，采用滴定法测定酸含量（以乳酸计)，当酸含量达到0.8%左右时结束发酵。若酸含量未达到要求则适当延长发酵时间。

(4) 调味、复煮　取初煮肉的清汤适量（为肉质量的20%～

30%)，将上述辅料加入，大火烧开，待辅料浓度有所增加后加入肉条，大火煮沸后改用小火，至汤汁快干时改用文火收汤。煮制期间，要不停地轻轻翻动肉条，防止粘锅或焦化。

(5) 烘干　复煮入味后的肉条要及时出锅，拣除碎末及焦煳的肉条，然后用不锈钢筛网摊开，送入干燥箱，控制温度在 90℃，烘烤 120～150min，至肉条发硬干燥，色泽棕红，含水量为 20% 左右时结束干燥。由于所用干燥温度较高，干燥过程中要勤翻肉条，并调换干燥箱内烘筛的位置 3～4 次，以避免肉条水分排出不匀导致的产品表面质地干燥而内部过湿的现象。

(6) 冷却、真空包装　干燥后的肉条要及时冷却，如有条件，可在密闭容器中均湿处理 4～6h 效果更好。最后，按相应的规格真空包装即为成品。

4. 成品质量标准

(1) 感官指标　产品色泽深红或棕红，均匀一致，有光泽，质地柔软，有韧性，酸甜适口，香辣可口。

(2) 微生物指标　菌落总数≤100 个/g，大肠菌群≤30 个/100g，致病菌不得检出。

十二、脆嫩肉脯

1. 配方

猪肉 100kg，木瓜蛋白酶 50g，盐 1.8kg，亚硝酸钠 10g，异抗坏血酸钠 50g，复合天然香辛料 100g，味精 300g，白砂糖 3kg，葡萄糖 2.5kg。

2. 工艺流程

原料肉的选择及修整→切片→腌制、嫩化→摊筛、干燥→蒸煮→二次干燥→包装→成品

3. 操作要点

(1) 原料肉的选择及修整　选用卫生检验合格的新鲜牦猪肉为原料，若为冷冻肉则需现行解冻。将原料肉冲洗干净，修去筋膜及脂肪，分割成适当大小的肉块后装模，送入冷冻间速冻至肉块中心温度达－5～－2℃，即可成型。

(2) 切片　块肉经冻结成型后，脱模取出肉块，用半自动切片

机或手工顺肌纤维方向切成厚度为2mm左右的薄片。

(3) 腌制、嫩化　腌制的基本目的是为了对制品起到防腐、稳定肉色、提高肉的保水性和改善肉品风味的作用，并通过木瓜蛋白酶的作用软化肌纤维及结缔组织，使肉质嫩度改善。所以，腌制时间和温度的选择应以适合木瓜蛋白酶的作用为依据。将肉片与各辅料充分拌和，放置在室温下，腌制20min。碎肉则在绞碎之后即行腌制，条件与肉片腌制一样。

(4) 摊筛、干燥　准备金属筛，先刷涂一层植物油，将肉片整齐摊放。然后送入烘箱，控制温度在45～55℃，烘干3～4h。此阶段干燥温度较低，主要目的是去除部分水分，使肉片干燥定型。

(5) 蒸煮　将干燥定型后的肉片送入蒸锅，蒸8～10min，目的是使肉片熟化，并通过高温蒸煮使部分结缔组织软化，使肉质的嫩度进一步得到改善。

(6) 二次干燥　将肉片摊筛铺放，入烘箱进行第二次干燥，使肉片的水分进一步脱出，达到成品水分含量的要求。二次干燥的温度为80～85℃，干燥时间为30～35℃，肉脯最终水分含量在20%以下。

(7) 包装　将干燥完成的肉脯移入冷却间冷却，真空包装后即为成品。为了提高产品的风味口感，也可在包装前再拌和一定量的调味料。

4. 成品质量标准

(1) 感官指标　呈棕红色，油润光亮，咸淡适中，口味香甜。

(2) 微生物指标　菌落总数≤33个/g，大肠菌群≤9个/100g，致病菌不得检出。

第八章 油炸制品

第一节 油炸制品简介

一、油炸制品概念

油炸作为肉制品熟制和干制的一种加工技术由来已久，是最古老的烹调方法之一。油炸肉制品是指经过加工调味或挂糊后的肉（包括生原料、成品、熟制品）或只经干制的生原料，以食用油为加热介质，经过高温炸制或浇淋而制成的熟肉类制品。油炸肉制品具有香、嫩、酥、松、脆、色泽金黄等特点。油炸方式主要有以下两种。

（1）挂糊上浆 即将原料在油锅中略炸，时间较短。油炸前，用淀粉或鸡蛋等调制成具有黏性的糊浆，把整形好的小块原料在其中蘸涂后进行炸制，称为挂糊。若用生粉和其他辅料加在原料上一起调制则称为上浆。由于原料表面附着一层淀粉糊浆，淀粉受热糊化产生黏性，附着在原料表面，使加工制成的肉制品表面光润柔滑；同时由于淀粉糊衣脱水结壳变脆，阻挡了原料水分的外溢，使蛋白质等营养成分受到的破坏程度很小，产品具有外脆里嫩的特点。

（2）净炸 即将原料投入含较多油的热油锅中，使其滚翻受热，加热作用的时间较长，使其发胀、松软，增加美感，改善风味。适用于大块原料的炸制。

二、油炸制品加工原理

油炸是将油脂加热到较高的温度对肉食品进行热加工的过程。

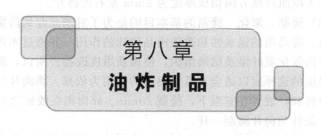

油炸制品在高温作用下可以快速熟制，营养成分最大限度地保持在食品内不易流失，赋予食品特有的油香味和金黄色泽。油炸工艺早期多应用在菜肴烹调方面，近年来则应用于食品工业生产方面，列为肉制品加工种类之一。

1. 油炸的作用

油炸制品加工时，将食物置于一定温度的热油中，油可以提供快速而均匀的传导热，食物表面温度迅速升高，水分汽化，表面出现一层干燥层，形成硬壳，然后水分汽化层便向食物内部迁移，当食物表面温度升至热油的温度时，食物内部的温度慢慢趋向100℃，同时表面发生焦糖化反应及蛋白质变性，其他物质分解产生独特的油炸香味。

油炸传热的速率取决于油温与食物内部之间的温度差和食物的导热系数。在油炸热制过程中，食物表面干燥层具有多孔结构特点，其孔隙的大小不等，油炸过程中水和水蒸气首先从这些大孔隙中析出。由于油炸时食物表层硬化成壳，使其食物内部水蒸气蒸发受阻，形成一定蒸汽压，水蒸气穿透作用增强，致使食物快速熟化，因此油炸肉制品具有外脆里嫩的特点。

2. 油炸的方式

(1) 传统油炸技术　在我国食品加工厂长期以来对肉制品的油炸大多采用燃煤或油的锅灶，少数采用钢板焊接的自制平底油炸锅。这些油炸装置一般都配备了相应的滤油设备，对用过的油进行过滤。

间歇式油炸机是普遍使用的一种油炸设备，此类设备的油温可以进行准确控制。油炸过滤机可以利用真空抽吸原理，使高温油炸通过助滤剂和过滤纸有效地滤除油中的悬浮微粒杂质，抑制酸价和过氧化值升高，延长油的使用期限及产品的保质期，明显改善产品外观、颜色，既提高油炸肉制品的质量，又降低了成本。为延长油的使用寿命，电热元件表面温度不宜超过265℃，其功率不宜超过$4W/cm^2$。

(2) 水油混合式油炸技术　水油混合式食品油炸工艺，是指在同一敞口容器内加入油和水，相对密度轻的油占据容器的上半部分，相对密度大的水则占据容器的下半部分，在油层中部水平位置加热器加热。经过特殊设计的加热器能够实现只在炸制食品的油层加温，温度可自行控制在150～230℃之间，在加热油层的容器外侧设置保温隔热层以提高热效率，在油层和水层的交界面水平设置冷却循环气筒，通过冷却装置强制风冷降温，温度可自动控制在50℃以下。炸制食品时产生的食物残渣则从油层中落下，积存在水层底部，食物残渣所包含的油遇水分离后又返回油层，容器下部的水层在油炸过程中具有滤油和冷却的双重作用。油炸过程中产生的油烟则通过脱排油烟装置自动排除。

(3) 真空低温油炸技术　真空油炸技术将油炸和脱水作用有机地结合在一起，使样品处于负压状态，在这种相对缺氧的条件下进行食品加工，可以减轻甚至避免氧化作用（例如脂肪酸、酶促褐变和其他氧化变质等）所带来的危害，并且具有保色、保香、降低油脂劣变程度的作用。

(4) 高压油炸技术　高压油炸技术是在一定的高压下（高于正常大气压）对肉原料进行炸制，炸制温度高于炸制用油的沸点，起源于美式肯德基家乡鸡的制作和加工。通常采用美式压力炸锅，此设备目前通过吸取国外先进技术已实现国产化，整体采用不锈钢材料，自动定时，自动控压排气，可用燃气或电力加热。

第二节　油炸制品加工技术

一、油炸猪肉丸

1. 配方

猪五花肉70kg，碎精肉30kg（肥瘦比为40：60），蔬菜20kg，鲜鸡蛋5kg，食用盐3.5kg，白砂糖3kg，玉米淀粉3kg，木薯淀粉3kg，生姜2kg，味精1kg，白酒1kg，大葱1kg，复合磷酸盐0.3kg，乙基麦芽酚0.1kg。

2. 工艺流程

原料验收→原料解冻→整理分切→配料腌制→绞碎→斩拌制馅→制丸→油炸→冷却→速冻→检验→称重包装→成品入库及贮存

3. 操作要点

(1) 原料验收 选自经兽医宰前检疫、宰后检验合格的猪肉，肉质新鲜，富有弹性，表面有光泽，具有鲜冻肉固有气味，不粘手、无血伤、不混有其他杂质。

(2) 原料解冻 去除外包装，入池加满自来水，用流动自来水进行解冻。依据池子容量大小确定解冻时间，夏季解冻时间 2～4h，春、秋季解冻时间 4～6h，冬季解冻时间 8～10h。

(3) 整理分切 解冻后沥干水分，放在不锈钢工作台上用刀逐块进行整理，去除肌腱、筋膜、血伤、淋巴结等杂质。

(4) 腌制 将修整好的原料，用切肉机分切条状，装入不锈钢盘内，按 100kg 肉块加食盐 3.5kg，力求拌匀，这样才能咸淡一致，置于 0～4℃的冷库内腌制 48h。

(5) 绞碎 用绞肉机（3cm 直径、圆眼的筛板）进行绞碎。

(6) 斩拌制馅 把绞碎腌制好的肉糜置于斩拌机内剁斩 3min，将调制好的辅料、蔬菜和 30kg 清水混合均匀后加入肉馅内，再继续斩拌 1min，肉馅具有相当的黏稠性和弹性即可停机出料。

(7) 制丸 锅内水温达到 85～90℃时，制丸机内装入肉馅，根据规格要求，调节机器模具，肉丸成型 1～2min 浮起后，再浸 2～3min 捞出。

(8) 油炸 用油水分离油炸机，锅内放油加温至 170℃时，分批放入肉丸稍炸 2～3min，色泽呈金黄色时捞起沥油。

(9) 冷却 油炸完工后，用不锈钢网筛在常温中进行冷却。

(10) 速冻 冷却后，进入全自动速冻流水生产线 45～60min，速冻成型；或进入－23℃左右的速冻冷库内，时间 12h 左右。

(11) 称重包装 按不同包装规格的要求准确计量称重，整齐排列在塑料袋或盒内，进行包装封口。

(12) 检验 按国家有关标准的要求检验，合格后方可出厂。

(13) 产品入库及贮存 经检验合格的产品装入彩袋或贴不干胶，封口打印生产日期，放入专用纸箱，标明名称、规格、重量等。包装好的产品转入－18℃冷冻库中存放，保质期 6 个月。运输车辆必须进行消毒和配备冷藏设施。

4. 成品质量标准

(1) 感官指标 色泽美观，红白分明，颗粒整齐、香酥可口，口感细腻。

(2) 微生物指标　菌落总数≤320个/g，大肠菌群≤60个/100g，致病菌不得检出。

二、挂糊油炸猪肉片

1. 配方

猪肉100kg，淀粉45kg，泡打粉1kg，食盐1.6kg，水-粉比为1.2∶1。

2. 工艺流程

辅料混匀→加水制糊→油炸→成品

3. 操作要点

(1) 糊的制备　准确称取面粉、淀粉、泡打粉和食盐等混匀后，添加一定量的去离子水调成糊。在搅拌器中，用500r/min搅拌3min，室温下（25℃）静置1h，备用（使用前将糊用搅拌器500r/min继续搅拌1min，混匀后立即使用）。

(2) 油炸　准确称取5g猪肉片并置于铝盒中；移取5mL按上述方法制备的糊，将糊包裹在猪肉片表面，静置2min。将样品在180℃的玉米胚芽油中初炸100s捞出、沥油，将油升至200℃，再次油炸60s。油炸过程中要不断翻动肉片，使肉片受热均匀。

(3) 成品　室温冷却5min后即为成品，可包装销售。

4. 成品质量标准

(1) 感官指标　外焦里嫩，香美可口。

(2) 微生物指标　菌落总数≤158个/g，大肠菌群≤54个/100g，致病菌不得检出。

三、香脆藏香猪肉片

1. 配方

藏香猪肉100kg，食盐2kg，味精0.5kg，白砂糖1.3kg，五香粉0.4kg。

糊的做法：泡打粉3kg，色拉油14kg，鸡蛋黄30kg，制糊用水103kg。

2. 工艺流程

原料的选择→原料预处理→预煮及炸制→复煮→切片→挂糊→炸制→成品

3. 操作要点

(1) 原料选择　选择非疫区、健康、育肥的藏香猪后腿肉。因藏香猪后腿肉较瘦，符合本产品要求。使用时需保证肉料新鲜，质量好的猪肉一般色泽鲜亮、颜色自然，肉质细腻有弹性，而质量差的猪肉大都色泽发暗，肉质粗糙发黏。

(2) 原料预处理　用小刀剔除瘦肉中的全部肥膘，并对其做初步的修整，称量。

(3) 预煮　将稍微沥干的肉块淹没在沸水中进行预煮 10min。预煮中加入适量的葱、姜、蒜并不断除去液面浮沫与污物，并适当翻滚。捞起预煮好的肉以备后用。

(4) 炸制　将预煮完全的肉冷却至室温，将肉放于 150℃的色拉油中炸制 30s。

(5) 复煮　将初煮、炸制好的成块藏猪肉冷却至 50℃，将配方中不溶解的辅料装入纱布袋内，加入其他辅料进行熬煮煮沸，并不断搅拌，使辅料溶解混合均匀，随后加入藏猪肉。先用大火煮制大约 5min，再改用小火煮制 30min，煮制成功后将肉块取出，放在滤器中冷却沥干。

(6) 切片　将复煮成功的藏猪肉进行切片操作，待其冷却至 40℃（手可以接触，不灼手），按照先前的块形，将其切成长×宽×厚为 30mm×25mm×2mm 大小，并对其进行斜切，但不至于切断，使肉片表面呈现鱼鳞状，此操作将有利于下一步的挂糊工艺。

(7) 挂糊　将已准备好的鸡蛋打碎，取蛋黄液于容器内搅拌。搅拌时沿顺时针方向搅拌，并逐渐加入初煮汤液和色拉油，搅拌均匀后再缓慢加入淀粉和面粉的混合粉，边加边搅，直至其呈现糊状，切勿出现面团状。最后再将肉片放于配好的糊中使其挂糊。

(8) 炸制　将已挂好糊的肉片分批放入 150℃左右的菜籽油中进行酥炸，油温应保持在 150～180℃之间，经 2min 左右炸至金黄发脆时捞出，沥油，对其进行自然冷却。

4. 成品质量标准

(1) 感官指标　咸味适宜，产品完整，呈现蓬松、酥脆的效果，滋味爽口，口感酥脆。

（2）微生物指标　菌落总数≤178个/g，大肠菌群≤39个/100g，致病菌不得检出。

四、香猪西式肉卷

1. 配方

香猪10～12kg，食盐0.3kg，白糖0.6kg，胡椒粉50g，三聚磷酸钠0.02kg，六偏磷酸钠0.02kg，焦磷酸钠0.03kg，维生素C 0.1kg，硝酸钠0.001kg，亚硝酸钠0.001kg，红曲红色素0.01kg，维生素E 0.05kg。

2. 工艺流程

填充肉→腌制→滚揉→填充
↓
香猪肉坯→切割→腌制→滚揉→卷紧→干燥脱水→加热固型及杀菌油炸→冷却检验→包装→成品

3. 操作要点

（1）香猪肉坯　带有脂肪层的肉坯，由外到内分别为皮层、脂肪层、瘦肉层，选用留有4～5mm厚脂肪层的肉坯进行肉卷的制作。

（2）肉的填充　填充肉的处理方式为肉条40%＋肉糜60%（60%瘦肉＋40%脂肪），在填充肉配方中添加10%的水，有利于盐类的溶解和渗透，并使成品率得以提高。

（3）腌制　按照配方所示比例，配好腌制料后于0～4℃低温腌制48h。

（4）滚揉　滚揉的操作温度为6～8℃，每12h滚揉1次。

（5）加热　汽蒸时先将水加热至沸腾，再把干燥脱水（60℃，5h）后的产品放入锅中蒸，蒸熟时间在1h左右，油温80℃炸制2～3min。

（6）冷却　将产品冷却至室温，包装即为成品。

4. 成品质量标准

（1）感官指标　产品色泽粉红，均匀一致，填充物紧密，弹性良好，咸淡适中。

（2）微生物指标　菌落总数≤70个/g，大肠菌群≤30个/

100g，致病菌不得检出。

五、冰糖圆蹄

1. 配方

腌制料：猪前后蹄膀肉 100kg，食用盐 5kg，五香粉 0.1kg，D-异抗坏血酸钠 0.1kg，亚硝酸钠 0.015kg。

煮制料：冰糖 6kg，酱油 5kg，黄酒 2kg，食用盐 1kg，味精 0.5kg，生姜 0.5kg，大葱 0.5kg，八角 0.1kg，花椒 0.1kg，肉桂 0.1kg，砂仁 0.1kg，丁香 0.05kg，白芷 0.05kg，双乙酸钠 0.3kg，乙基麦芽酚 0.15kg，红曲红 0.03kg，纳他霉素 0.03kg。

2. 工艺流程

原料验收→原料解冻→清洗整理→配料腌制→上色沥干→油炸→煮制→包装→称重包装→速冻→检验→成品入库及贮存

3. 操作要点

(1) 原料验收　选自经兽医宰前检疫、宰后检验合格的猪肉，肉质新鲜，富有弹性，表面有光泽，具有鲜冻肉固有气味，不粘手、无血伤、不混有其他杂质。

(2) 原料解冻　去除外包装，入池加满自来水，用流动自来水进行解冻。依池容量大小确定解冻时间，冬季解冻时间 2～4h，春秋季解冻时间 4～6h，冬季解冻时间 8～10h。

(3) 清洗整理　解冻后沥干水分，放在不锈钢工作台上用刀逐块进行整理，去除肌腱、筋膜、血伤、淋巴结等杂质。

(4) 腌制　将修正好的原料装入不锈钢盘内，按 100kg 肉块加食用盐 5kg 拌匀，置于 0～4℃的冷库内腌制 48h。

(5) 上色沥干　饴糖、大红浙醋加入 7kg 清水，搅拌均匀，蹄膀在里面浸一下，取出沥干。

(6) 油炸　锅内油温上升到 175℃时，放入里面稍炸大约 3～5min，呈金黄色时取出。

(7) 煮制　锅内加入 120kg 清水，香辛料和姜、葱分别用料袋装好、扎紧，放入锅内预煮 10min 左右，再放入蹄膀大火煮制，投入辅料，用文火焖煮 1h 左右，肉烂时取出沥卤。

(8) 冷却称重　冷却后，按不同包装规格的要求准确计量称重，进行真空包装。

(9) 真空包装　抽真空前先预热机器，调整好封口温度、真空度和封口时间，袋口用专用消毒的毛巾擦干（防止袋口有油渍）后封口，结束后逐袋检查封口是否完好，轻拿轻放摆放于冷冻专用周转筐中。

(10) 速冻　冷却后进入全自动速冻流水生产线45～60min速冻成型，或进入－23℃左右的速冻冷库中，时间12h左右。

(11) 检验　按国家有关标准的要求进行检验，合格后方可出厂。

(12) 成品入库及贮存　经检验合格的产品装入彩袋或贴不干胶，封口打印生产日期，放入专用纸箱，标明名称、规格、重量等。包装好的产品转入－18℃冷冻库中存放，保质期6个月。运输车辆必须进行消毒和配备冷藏设施。

4. 成品质量标准

(1) 感官指标　色泽红润，香甜酥烂，肥而不腻，回味悠长。

(2) 微生物指标　菌落总数≤100个/g，大肠菌群≤45个/100g，致病菌不得检出。

六、脆浆裹肉

1. 配方

猪五花肉100kg，香酥裹粉15kg，鸡蛋5kg，玉米淀粉5kg，白砂糖3kg，食用盐3kg，味精1kg，白酒1kg，五香粉0.01kg，复合磷酸盐0.3kg，红曲红0.03kg，纳他霉素0.03kg，亚硝酸钠0.015kg。

2. 工艺流程

原料验收→原料解冻→整理分块→搅拌腌制→成型→油炸→冷却→速冻→称重包装→检验→成品入库及贮存

3. 操作要点

(1) 原料验收、解冻、整理分块　可参见冰糖圆蹄。

(2) 搅拌腌制　将修正好的原料肉用切肉机分切条状，装入不锈钢盘内，按100kg肉块加食用盐3kg搅拌，力求拌匀，这样才能咸淡一致，置于0～4℃的冷库内，腌制48h。

(3) 成型 香酥裹粉放在工作台的盘中，取部分腌制的肉条在上面搅拌，使裹粉均匀沾在上面。

(4) 油炸 油炸用油水分离油炸机，锅内放油加温至 170℃时分批放入稍炸，色泽呈金黄色时捞起沥油。

(5) 冷却 油炸后，用不锈钢网筛在常温中进行冷却。

(6) 称重包装 按不同包装规格的要求准确计量称重，整齐排列在塑料袋或盒中，进行包装封口。

(7) 速冻、检验、成品入库及贮存 可参见冰糖圆蹄。

4. 成品质量标准

(1) 感官指标 外酥里嫩，鲜香味美，肥而不腻。

(2) 微生物指标 菌落总数≤93 个/g，大肠菌群≤52 个/100g，致病菌不得检出。

七、清炸肉脯

1. 配方

猪后腿精肉 100kg，白砂糖 12kg，鱼露 8kg，玉米淀粉 3kg，鸡蛋 3kg，生姜汁 0.5kg，味精 0.5kg，白酒 0.5kg，胡椒粉 0.15kg，双乙酸钠 0.3kg，D-异抗坏血酸钠 0.1kg，纳他霉素 0.03kg，红曲红 0.03kg，亚硝酸钠 0.015kg。

2. 工艺流程

原料验收→原料解冻→整理分切→绞碎→搅拌腌制→摊晒成型→烘干切片→油炸→冷却包装→检验→成品入库及贮存

3. 操作要点

(1) 原料验收、解冻、整理分切 可参见脆浆裹肉操作。

(2) 绞碎 用绞肉机（3cm 直径，圆眼的筛板）进行绞碎。

(3) 搅拌腌制 肉糜放入搅拌机中，投入辅料，反复搅拌均匀，在不锈钢盘中腌制 30min 左右。

(4) 摊晒成型 竹筛的表面涂少许色拉油，将肉糜均匀涂抹在竹筛上，厚度为 1.5～2cm，要求均匀一致。

(5) 烘干 摊平的肉脯进入到 60～65℃的烘房中，经 3～4h 干燥，从竹筛上取下肉脯，用刀和机械切成长 4cm、宽 2cm 长方形块状。

(6) 油炸　待油炸锅油温达到 70～120℃时，放入肉脯稍炸 1～2min，表面色泽红润，收缩时即可出锅沥油。

(7) 冷却　油炸完工后，进入到常温不锈钢网筛中进行冷却。

(8) 称重包装　按不同包装规格的要求准确计量称重，整齐排列在塑料袋或盒中，进行包装封口。

(9) 检验　按国家有关标准的要求进行检验，合格后方可出厂。

(10) 成品入库及贮存　经检验合格的产品装入彩袋或贴不干胶，封口打印生产日期，放入专用纸箱，标明名称、规格、重量等。包装好的产品进入成品库。

4. 成品质量标准

(1) 感官指标　色泽红润，有光泽，香脆可口，鲜香味美，回味浓郁。

(2) 微生物指标　菌落总数≤163 个/g，大肠菌群≤30 个/100g，致病菌不得检出。

八、软炸宝塔肉

1. 配方

猪五花肋条肉 100kg，香酥裹粉 15kg，糯米 10kg，白砂糖 4kg，莲子 3kg，酱油 3kg，食用盐 3kg，水发香菇 2kg，红枣 2kg，黄酒 2kg，梅干菜 2kg，味精 1kg，生姜汁 0.5kg，乙基麦芽酚 0.1kg，D-异抗坏血酸钠 0.1kg。

2. 工艺流程

原料验收→原料解冻→整理分切→配料腌制→成型→油炸→冷却包装→检验→速冻→成品入库及贮存

3. 操作要点

(1) 原料验收、解冻　可参见冰糖圆蹄。

(2) 整理分切　肋条肉去皮、骨、血伤等杂质，切成长 40cm、宽 10cm、厚 2cm 的长条，糯米洗净泡 12h，梅干菜、莲子、红枣、香菇发泡洗干净，切碎后和糯米拌匀，加入 0.25kg 盐、白砂糖 2kg，上笼蒸 20min 左右。

(3) 配料腌制　将修正好的原料肉用切肉机分切条状，装入不锈钢盘内，按 100kg 肉块加食用盐 2.75kg，力求拌匀，这样才能咸淡一致，置于 0～4℃的冷库内腌制 24h。

(4) 成型 用不锈钢宝塔模型盒，四周用五花肉平摊，中间装入糯米馅料压紧填实，放在蒸汽箱蒸熟定型，脱模后撒上裹粉。

(5) 油炸 油炸用油水分离油炸机，锅内放油加温至 170℃时分批放入稍炸，色泽呈金黄色时捞起沥油。

(6) 冷却 油炸后，用不锈钢网筛在常温中进行冷却。

(7) 称重包装、速冻、检验、成品入库及贮存 可参见脆浆裹肉。

4. 成品质量标准

(1) 感官指标 色泽红白分明，金黄灿烂，形如宝塔，香脆可口，回味悠长。

(2) 微生物指标 菌落总数≤73 个/g，大肠菌群≤21 个/100g，致病菌不得检出。

九、裹炸金银条

1. 配方

猪通脊肉 50kg，猪肥膘肉 50kg，面包糠裹粉 15kg，马铃薯淀粉 6kg，鲜鸡蛋 5kg，食用盐 3.5kg，白砂糖 2.5kg，味精 1kg，白酒 0.5kg，生姜汁 0.5kg，胡椒粉 0.1kg，复合磷酸盐 0.3kg，乙基麦芽酚 0.1kg，茶多酚 0.03kg，纳他霉素 0.03kg，红曲红 0.03kg，亚硝酸钠 0.01kg。

2. 工艺流程

原料验收→原料解冻→整理分切→搅拌腌制→预煮→成型→油炸→冷却→速冻→称重包装→检验→成品入库及贮存

3. 操作要点

(1) 原料验收、解冻 可参见冰糖圆蹄。

(2) 整理分切 去除筋膜、明显脂肪、血伤等杂质，切成长 15cm、宽 15cm、厚 2cm 薄片待用。

(3) 搅拌腌制 精肉片倒入搅拌机内，放入辅料，用中速搅拌 16min，倒出在盆中浸渍 30min。

(4) 预煮 肥膘肉切成长 10cm、宽 2cm、厚 2cm 长条，放入

100℃开水中预煮15～20min。

（5）成型　将精肉片平放在工作台上，中间放肥膘肉长条，从一端卷起呈圆桶形，放在装有面包糠裹粉盘中沾均匀。

（6）油炸　油炸用油水分离油炸机，锅内放油加温至170℃时，分批放入稍炸，色泽呈金黄色时捞起沥油。

（7）冷却　油炸后用不锈钢网筛进行冷却。

（8）速冻、包装称重、检验、产品入库及贮存　可参见脆浆裹肉。

4. 成品质量标准

（1）感官指标　色泽金黄，酥嫩爽口，香脆味美，肥而不腻。

（2）微生物指标　菌落总数≤100个/g，大肠菌群≤42个/100g，致病菌不得检出。

十、洛阳猪肉干

1. 配方

猪肉5kg，八角2g，小茴香2g，花椒3g，草果2g，白芷2g，陈皮2g，良姜3g，桂皮1g，丁香1g，盐160g，动植物油适量（以驴油最好）。

2. 工艺流程

原料肉的选择与处理→浸泡→预煮→煮制→切坯→卤浸→脱水→成品

3. 操作要点

（1）原料肉的选择与处理　选择符合卫生检验标准的嫩猪肉为原料，并将选好的猪肉除去筋膜、骨等杂质后，再切成500g的方块肉。

（2）浸泡、预煮　将切好的猪肉块放入清水中浸泡，夏季浸泡4h，春、秋、冬季泡24h，中间换水1次，浸泡好后捞出沥去水分，然后将沥好水分的肉块放入沸水锅中预煮，捞出后再沥干水。

（3）煮制　将预煮后的猪肉块与所有辅料一起下锅，加老汤，用箅子将肉块压在汤内，用大火把汤烧沸，煮1h，撇去浮沫，再用微火煮4～5h，煮至七成熟时捞出晾干。

（4）切坯、卤浸　把晾干后的猪肉切成1cm的方丁，然后把切好的肉丁放入原卤煮锅内，用原卤浸 30min 捞出，沥干水分。

(5) 脱水 把干猪肉丁放入沸油内炸干，即为成品。

4. 成品质量标准

(1) 感官指标 色泽美观，食感爽口，香味久长，醇香耐嚼。

(2) 微生物指标 菌落总数≤100 个/g，大肠菌群≤55 个/100g，致病菌不得检出。

十一、炸里脊肉

1. 配方

猪通脊肉 100kg，裹粉 15kg，鲜鸡蛋 5kg，食用盐 3.5kg，白砂糖 3kg，玉米淀粉 3kg，马铃薯淀粉 2kg，味精 1kg，白酒 1kg，生姜汁 0.5kg，胡椒粉 0.2kg，复合磷酸盐 0.3kg，D-异抗坏血酸钠 0.15kg，红曲红 0.03kg，亚硝酸钠 0.015kg。

2. 工艺流程

原料验收→原料解冻→预整理→分切→搅拌腌制→上裹料→油炸→冷却→速冻→称重包装→检验→成品入库及贮存

3. 操作要点

(1) 原料验收 选自经兽医宰前检疫、宰后检验合格的猪肉，肉质新鲜，富有弹性，表面有光泽，具有鲜冻肉故有气味，不黏手、无血伤、不混有其他杂质。

(2) 原料解冻 去除外包装，入池加满自来水，用流动自来水进行解冻。依池容量大小确定解冻时间，夏季解冻时间 2～4h，春、秋季解冻时间 4～6h，冬季解冻时间 8～10h。

(3) 预整理 解冻后沥干水分，放在不锈钢工作台上用刀逐块进行整理，去除肌腱、筋膜、血伤、淋巴结等杂质。

(4) 分切 用全自动切条机，把精肉切成长 5cm、宽 3cm、厚 3cm 长条状。

(5) 搅拌腌制 将修整好的原料用切肉机分切条状，装入不锈钢盘内，按 100kg 肉块加食用盐 3.5kg，力求拌匀，这样才能咸淡一致，置于 0～4℃的冷库内，腌制 48h。

(6) 上裹料 把裹粉放在工作台上，腌制的原料肉分撒在上面，反复翻动，使每块肉条均匀沾上粉料，放在不锈钢网筛中抖动，去掉剩余的粉料。

(7) 油炸　油炸用油水分离油炸机，锅内放油加温至170℃时，分批放入稍炸2～3min，色泽呈金黄色时捞起沥油。

(8) 冷却　油炸后用不锈钢网筛在常温中进行冷却。

(9) 速冻、称重包装、检验、产品入库及贮存　可参见脆浆裹肉。

4. 成品质量标准

(1) 感官指标　色泽红润、有光泽，里嫩外酥，鲜味美，回味悠长。

(2) 微生物指标　菌落总数≤78个/g，大肠菌群≤16个/100g，致病菌不得检出。

十二、炸狮子头

1. 配方

猪五花肉60kg，碎精肉40kg（肥瘦比为40∶60），鲜鸡蛋5kg，食用盐3.5kg，白砂糖3kg，玉米淀粉3kg，木薯淀粉3kg，米粉2kg，黄酒2kg，味精1kg，生姜1kg，大葱1kg，复合磷酸盐0.3kg，D-异抗坏血酸钠0.15kg，乙基麦芽酚0.1kg，纳他霉素0.03kg。

2. 工艺流程

原料验收→原料解冻→预整理→配料腌制→绞碎→斩拌制馅→制丸→油炸→冷却→速冻→称重包装→检验→成品入库及贮存

3. 操作要点

(1) 原料验收、解冻、预整理　可参见炸里脊肉。

(2) 腌制　将修整好的原料用切肉机分切条状，装入不锈钢盘内，按100kg肉块加食用盐3.5kg，拌匀，置于0～4℃的冷库内，冷藏腌制48h。

(3) 绞碎　用绞肉机（3cm直径、圆眼的筛板）进行绞碎。

(4) 斩拌制馅　把绞碎腌制好的肉糜，置于斩拌机内，剁斩3min将调制好的辅料和30kg清水混合均匀后加入肉馅内，再继续斩拌1～2min，原料辅料充分拌匀，肉馅具有相当的黏稠性和弹性，即可停机出料。

(5) 制丸 待水锅内水温达到85～90℃时，制丸机内装入肉馅，根据规格要求，调节机器模具肉丸成型1～2min浮起，再浸2～3min捞出。

(6) 油炸 用油水分离油炸机，锅内放油加温至170℃时，分批放入肉丸稍炸2～3min，色泽呈金黄色时捞起沥油。

(7) 冷却 油炸后，用不锈钢网筛在常温中进行冷却。

(8) 速冻 冷却后，进入全自动速冻流水生产线45～60min速冻成型，或进入－23℃左右的速冻冷库中，时间8h左右。

(9) 称重包装、检验、产品入库及贮存 可参见脆浆裹肉。

4. 成品质量标准

(1) 感官指标 色泽金黄，酥香味美，咸淡适中，肥而不腻。

(2) 微生物指标 菌落总数≤128个/g，大肠菌群≤30个/100g，致病菌不得检出。

十三、油炸双色肉丸

1. 配方

猪五花肉70kg，碎精肉30kg（肥瘦比为40：60），蔬菜20kg，鲜鸡蛋5kg，食用盐3.5kg，白砂糖3kg，玉米淀粉3kg，木薯淀粉3kg，生姜2kg，味精1kg，白酒1kg，大葱1kg，复合磷酸盐0.3kg，乙基麦芽酚0.1kg。

2. 工艺流程

原料验收→原料解冻→整理分切→配料腌制→绞碎→斩拌制馅→制丸→油炸→冷却→速冻→检验→称重包装→成品入库及贮存

3. 操作要点

(1) 原料验收、解冻、整理分切、腌制、绞碎 可参见炸狮子头。

(2) 斩制拌馅 把绞碎腌制好的肉糜置于斩拌机内剁斩3min，将调制好的辅料、蔬菜和30kg清水混合均匀后加入肉馅，再继续斩拌1min，肉馅具有相当的黏稠性和弹性即可停机出料。

(3) 制丸 锅内水温达到85～90℃时，制丸机内装入肉馅，根据规格要求调节机器模具，肉丸成型1～2min浮起后再浸2～3min捞出。

(4) 油炸　用油水分离油炸机，锅内放油加温至170℃时，分批放入肉丸稍炸2～3min，色泽呈金黄色时捞起沥油。

(5) 冷却　油炸完工后，用不锈钢网筛在常温中进行冷却。

(6) 速冻、称重包装、检验、产品入库及贮存　可参见脆浆裹肉。

4. 成品质量标准

(1) 感官指标　色泽金黄，香酥味美，松软醇香。

(2) 微生物指标　菌落总数≤220个/g，大肠菌群≤30个/100g，致病菌不得检出。

十四、酥炸肉卷

1. 配方

猪通脊肉或精肉100kg，蔬菜20kg，面包糠粉10kg，白砂糖10kg，食用盐3.4kg，香菇3kg，玉米淀粉3kg，木薯淀粉3kg，大豆分离淀粉1kg，味精1kg，生姜汁0.5kg，胡椒粉0.15kg，复合磷酸盐0.3kg，乙基麦芽酚0.1kg，迷迭香提取物0.03kg，纳他霉素0.03kg，亚硝酸钠0.015kg

2. 工艺流程

原料验收→原料解冻→预处理→分切→搅拌腌制→成型→油炸→冷却→称重包装→速冻→检验→成品入库及贮存

3. 操作要点

(1) 原料验收、解冻、预整理　可参见炸里脊肉。

(2) 分切　原料肉切成长25cm、宽15cm、厚2cm左右的肉片。

(3) 搅拌腌制　将肉片放入搅拌机中，加入清水20kg、辅料与食品添加剂等混合，搅拌10min左右后取出，在腌制盘中腌制30min左右。

(4) 成型　肉片平摊在工作台上，香菇末和蔬菜放在上面，从一端卷起肉卷，放在面包糠粉的盘中沾均匀。

(5) 油炸　选用油水分离油炸机来油炸，锅内放油加温至170℃时，分批放入稍炸1～2min，色泽呈金黄色时捞起沥油。

(6) 冷却　油炸完工后用不锈钢网筛进行冷却。

(7) 速冻、称重包装、检验、产品入库及贮存　可参见脆浆裹肉。

4. 成品质量标准

(1) 感官指标　色泽金黄色，香酥脆嫩，美味可口，香味浓郁。

(2) 微生物指标　菌落总数≤100 个/g，大肠菌群≤34 个/100g，致病菌不得检出。

第九章
罐藏制品

第一节　罐藏制品简介

一、罐藏制品概念

罐藏制品就是将食品密封在容器中，经高温处理使绝大部分微生物消灭掉，同时在防止外界微生物再次侵入的条件下，借以获得在室温下长期贮存的保藏方法。凡用密封容器包装并经高温杀菌的食品称为罐藏制品。

1. 肉类罐头根据加工方法分类

（1）清蒸类　将处理后的原料直接装罐，在罐中按不同品种分别加入食盐、胡椒、洋葱和月桂叶等而制成的罐头产品。如清蒸猪肉、原汁猪肉等罐头。

（2）调味类　将经过处理、预煮或烹调的肉块装罐后加入调味汁液而制成的罐头产品。这类罐头按烹调方法不同又可分成红烧、五香、浓汁、油炸、豉汁、咖喱、沙茶等不同类别。如红烧猪肉、五香牛肉、浓汁排骨等罐头。

（3）腌制类　将处理后的原料经混合盐（食盐、亚硝酸钠、砂糖等按一定配比组成的盐类）腌制而制成的罐头产品。如火腿、午餐肉，咸牛、羊肉等罐头。

（4）烟熏类　将经处理后的原料再预腌制烟熏而制成的罐头产品。如火腿蛋、烟熏肋肉等罐头。

（5）香肠类　处理后原料经腌制、加香辛料斩拌成肉糜装入肠衣，再经烟熏（烘烤）制成的罐头产品。如香肠、对肠等罐头。

(6) 内脏类 以猪、牛、羊等内脏及副产品为原料，经处理、调味或腌制后加工成的罐头产品。如猪舌、卤猪杂等罐头。

2. 根据罐头的包装容器分类

马口铁罐、玻璃罐、铝合金罐等装制的硬罐头；复合塑料袋装、盘装等装制的软罐头。

二、罐藏制品加工原理

罐藏法是将食品装入马口铁罐、玻璃罐等罐藏容器中，经排气、密封、杀菌的食品贮藏方法。由于食品的原料和罐头品种不同，各类罐头的生产工艺各不相同，但基本原理是相同的。

1. 原料肉的选择和处理

牛肉、羊肉、猪肉和家禽肉以及屠宰副产品等都可供制作肉品罐头之用，此外如灌肠、腌肉、火腿等肉制品也可作为罐头食品的原料。

2. 食品的装罐

根据食品的种类、物性、加工方法、产品规格和要求以及有关规定，选用合适的容器。由于容器上附着微生物、残留油脂和污物等有碍卫生，因此在装罐之前必须进行洗涤和消毒。

按肉类罐头的规格标准，将肉、肉汤、调料装入罐头内，为了使成品符合规格，装罐时应注意以下要求：应及时装罐；装罐时需留一定的顶隙；按规定标准的块数装入罐内；装罐时应合理搭配；装罐时保持罐口清洁；装罐完毕后要进行注液。

装罐方法有人工装罐和机械装罐两种。一般鱼、肉、禽块等目前仍用人工装罐，这种方法简单，但劳动生产率低，偏差大，卫生条件差，而且生产过程的连续性较差，但能减少机械性摩擦，特别对经不起机械摩擦、需要合理搭配和排列整齐的肉类罐头适用。

颗粒体、半固体和液体食品常用机械装罐。机械装罐的优点是劳动生产率高并适于连续性生产。午餐肉采用机械装罐。

3. 罐头的预封和排气

预封是指某些产品在进入加热排气之前，或进入某种类型真空封罐机封罐之前，所进行的一道卷封工序，即将罐盖与罐身筒边缘稍稍弯曲勾连，其松紧程度以能使罐盖可沿罐身旋转而不脱落为度，使罐头在加热排气或真空封罐中，罐内的空气、水蒸气及其他气体能自由逸出。

排气是食品装罐后密封前将罐内顶隙间的、装罐时带入的和原料组织内的空气尽可能从罐内排除的技术措施，从而使密封后罐头顶隙内形成部分真空的过程。

目前，罐头食品厂常用的排气方法大致可以分为三类：热力排气法、真空封罐法和喷蒸汽封罐法。热力排气法是罐头工厂使用最早，也是最基本的排气法。真空封罐法后来发展起来，并有普遍采用的趋势。蒸汽喷射封罐法最近才出现，国内罐头食品厂也开始采用。

4. 罐头的杀菌和冷却

罐头杀菌与医疗卫生、微生物学研究方面的“灭菌”的概念有一定区别，它并不要求达到“无菌”水平，不过不允许有致病菌和产毒菌存在，罐内允许残留有微生物或芽孢，只是它们在罐内特殊环境中，在一定保存期内不至于引起食品腐败变质。

杀菌操作过程中罐头食品的杀菌工艺条件主要由温度、时间、反压三个主要因素组合而成。在工厂中常用杀菌式表示对杀菌操作的工艺要求。

5. 罐头的检查、包装和贮藏

罐头在杀菌冷却后，必须经过检查，衡量其各种指标是否符合标准，是否符合商品要求，并确定成品质量和等级。罐头经封罐之后，表面常附着油脂或其他汁液，虽经洗涤，但杀菌之后也仍然有少量油脂和带有腐蚀性的汁液。一般在杀菌冷却之后立即用洗罐机清洗，然后擦干罐头表面的水渍。

罐头的包装主要是贴商标与装箱。商标对于商品具有重要意义，商标的图案及彩色具有吸引力，图案应反映罐头品种的特色，商标应表明产国、公司名称、厂名、品名、注册商标、净重、等级，必要时还应附注成分和食用方法。

罐头在销售前需要专门仓库贮藏，仓库应干燥、排水良好，仓库内必须有足够的灯光，以便于检查。库温以20℃左右为宜，勿使受热受冻，并避免温度骤然升降。库内保持良好通风，相对湿度一般不超过80%。

运输罐头的工具必须清洁干燥，长途运输的车船须遮盖，一般不得在雨天进行搬运，搬运时必须轻拿轻放，防止碰伤罐头。

第二节 罐藏制品加工技术

一、夹心猪耳软罐头

1. 配方

（100kg料汤的配制）花椒140g，八角160g，小茴香140g，陈皮100g，高良姜60g，桂皮120g，砂仁80g，食盐4kg，味精1.2kg，绵白糖2kg，焦糖色2kg，料酒2kg，酱油3kg，葱3kg，姜2kg，红曲米粉500g。

2. 工艺流程

猪耳朵→焯煮→净化→卤煮调味（熬制老汤）→调味猪耳朵→冲洗定型干燥（海带切块调味后夹入猪耳间定型）→包装→封口→杀菌→检验→成品

3. 操作要点

（1）原料预处理　鲜猪耳原料冷藏后再解冻，采用流水解冻法，解冻后去耳根、浸泡和清洗。把清洗好的猪耳朵放入烧开的水中，猪耳朵与水的重量比为1∶2，等水再次开后计时，焯煮5～10min。修去残毛和白皮，将处理干净的猪耳朵清洗、沥水备用。海带清洗后切块备用。

（2）配料　根据配方制备料汤。称取100kg水煮沸，放入料袋煮30～90min，海带汁8kg、圆葱汁3kg、鲤鱼汁1kg煮20～30min备用。

（3）卤煮调味　将汤料加热至沸，把猪耳朵放入，烧沸停止加热。停止加热后加入海带，温度维持在80℃，90min。

（4）冲洗定型干燥　将煮好的猪耳朵和海带捞出后沥干，将海带放入两片猪耳朵之间，冷却定型。

（5）包装杀菌　将定型后的猪耳朵整形，以包装袋为容器，装入固形物的含量为200g真空封口后杀菌，杀菌温度为115℃，时间为45min。

（6）检验　在37℃的温度下放置10d检查是否出现胀袋、破袋和渗漏等现象，并检测其理化指标和微生物指标，均合格后即为成品。

4. 成品质量标准

（1）感官指标　枣红色，形状饱满，入口轻柔，肉质细腻，咸香适口，肉香味浓厚。

（2）理化指标　符合GB/T 23586—2009的要求。

（3）微生物指标　菌落总数≤10个/g，大肠菌群＜3个/g，致病菌不得检出。

二、闽台风味三丝罐头

1. 配方

瘦肉丝8kg，三层肉丝2kg，肥膘丝1.5kg，笋丝27kg，湿香菇丝2.25kg，红辣椒丝0.5kg，精制植物油1kg，白砂糖1kg，精盐0.6kg，味精0.4kg，红辣椒油3.2kg，肉汤1kg。

2. 工艺流程

竹笋丝→清洗→挑选
↓
冷鲜肉→切块→预煮→切丝→配料→炒制→装罐→封口→杀菌→冷却入库
↑
香菇→浸泡→挑选→切丝

3. 操作要点

（1）猪肉处理　瘦肉切成厚度为100mm的块状，预煮45min，去皮三层肉切成厚度为100mm的块状，预煮30min，煮熟的肉块切成长20～50mm、宽5～7mm的肉丝。背脊也切成长20～50mm、宽5～7mm的丝。

（2）笋丝处理　采用新鲜的竹笋丝，要求组织嫩脆、不粗老、呈淡黄色或白色，风味正常。笋丝长20～50mm、宽4～6mm，笋丝生产前必须漂除盐分，剔除片笋、杂笋等不符合质量要求的原料。

（3）香菇处理　将干香菇浸泡于清水中，浸水过程应不断搅拌，用搓洗的方法去污去砂，香菇浸泡到全部吸水变软时捞起（大约浸泡2～3h），剪去菇柄，用切丝机切成3～5mm宽的丝。

（4）红辣椒丝处理　选取色泽鲜红的辣椒，红辣椒去蒂去籽后切成宽 3mm 的长丝，红辣椒丝用清水洗净。

（5）炒制　将辣油、精制植物油热锅，然后倒入笋丝、瘦肉丝、三层肉丝、肥膘丝、湿香菇丝及肉汤等其他配料，用 0.3MPa 蒸汽压力炒至近干，出锅要求三丝温度达 80℃以上，最后加入味精，搅拌均匀后即可出锅，出锅时汤、油应分离。

（6）装罐　空罐用 82℃以上热水喷淋清洗，沥干备用。装罐量 150～153g，加油量 17～20g，汤加至总量 198g，标准固重 171g。

（7）封口　封口真空度应达 0.04MPa 以上，封口后逐罐检查二重卷边外观质量是否良好，拣除不良罐。

（8）杀菌　杀菌公式 15min—45min/121℃反压冷却。

（9）冷却　冷却至罐中心温度 40℃以下。

（10）入库　罐头擦水时应轻拿轻放，防止伤罐，擦干水分入库贮存。

4. 成品质量标准

（1）感官指标　笋丝呈淡黄色，辣椒呈红色，香菇、猪肉色泽正常；具有炒三丝罐头应有的滋味及气味，笋丝嫩脆。

（2）理化指标　三丝和汤重量之和不低于净重的 90%，食盐 1%～2%。

（3）微生物指标　菌落总数≤10 个/g，大肠菌群≤7 个/100g，致病菌不得检出。

三、软包装红烧圆蹄

1. 配方

蹄膀 100kg，葱 180g，生姜 150g，大料 20g，酱油 200g，白酒 150g。

2. 工艺流程

选料→拔毛→喷烧→刮洗→去骨→修整→预煮→抹糖液→油炸→调汤→真空包装→无菌→成品

3. 操作要点

（1）选料　选择健康猪屠宰后卸下的前后腿，要求无伤痕、无淤血、不破皮的前后腿作加工原料。

（2）拔毛　选用无毒、不损害腿的方法拔净腿上的毛。

（3）喷烧　用酒精喷灯喷烧腿上的残留毛，直到无毛为止。

（4）刮洗　喷烧后的腿立即进行刮洗，把腿上残留下来的污物刮洗干净。

（5）去骨　从腿的大头开始下刀剥骨头，沿着骨头一点一点地剥离。要求不带碎骨，骨头上不带肉或尽量少带肉，不刮破皮，保持皮的完整。肉和皮连在一起，成整块。

（6）修整　去骨后腿应进行修整，皮应比肉长2.5mm，便于整型时能包住肉。修整后的每只蹄膀控制在380～400g，若是前腿，则每只为390～410g。不能太大，太大了不便于真空包装。

（7）预煮　将配方中的调味料用纱布包好，投入沸水中煮20min后，再加入酱油200g、蹄膀100kg、白酒150g同时煮40min左右，煮至肉皮发黏为止。预煮后产品率控制在82%为好。

（8）抹糖液　预煮后的蹄膀立即抹上糖液。糖液的配制法是酱油：白酒：糖＝1：2：4的比例混合而成。

（9）油炸　将抹上糖液的蹄膀投入200～210℃油中炸1min左右，炸至蹄膀表皮呈均匀的酱红色为止。捞出冷却。

（10）调汤　取预煮肉汤100kg、酱油20kg、盐4kg、白酒5kg、砂糖7kg、味精200g、生姜500g、葱500g，将上述料在锅中煮沸5min左右。酒和味精在临出锅时再加入汤中，然后过滤汤汁，每次得汤约133kg，作为装袋时添汤用。

（11）真空包装　取耐蒸煮的透明塑料袋，每袋装入蹄膀300g，加汤汁97g，每袋净重为397g，然后真空包装。

（12）灭菌　采用常压灭菌，即把真空包装好的透明袋放入沸水中煮30min，然后捞出来迅速冷却30min，再放入沸水中继续煮30min。捞出晾凉。

（13）成品　经过1周存放试验后，把漏气、胀袋的不合格产品剔除，剩下的均为合格产品可以销售。

4. 成品质量标准

（1）感官指标　软烂甘香，味醇适口，色泽鲜艳，油而不腻。

（2）微生物指标　菌落总数≤11个/g，大肠菌群≤5个/100g，致病菌不得检出。

四、软包装卤制小肚

1. 配方

腌制液（猪小肚 100kg 计）：食盐 5kg，白砂糖 1kg，山梨酸钾 100g，维生素 C 100g，复合磷酸盐 400g，D-葡萄糖-δ 内酯 100g，味精 1kg，硝酸盐 30g。

卤制液（以 100kg 原料计）：食盐 2kg，白砂糖 1kg，味精 1kg，葱、姜适量。

2. 工艺流程

原料→解冻→剪口→醋酸浸泡→用白酒食盐反复搓洗→加明矾并搅拌→腌制→预煮→卤制→油炸→装袋→封口→杀菌→检验→入库

3. 操作要点

（1）解冻　原料出库后，立即用循环水冲洗，使其尽快解冻。

（2）剪口　从尾部剪开一条小口，剪口后均要求将小肚翻转过来，这样既可使产品有两个月以上的保质期，又使外观整齐，而且产品的出品率也较高。

（3）浸泡及除味处理　用 4%左右的醋酸溶液浸泡约 20min，并不停地搅拌，以除去悬浮物。浸泡后将水沥干，加 2%的盐、1%的白酒，并不停地揉搓约 10min。加 0.3%左右的明矾水，在搅拌机中搅拌约 5min。按腌制液的配方比例，并加适量葱、姜、黄酒腌制约 24h。

（4）预煮　原料在沸水中煮 10min，以除去腥味和血水。

（5）卤制　出水后马上进行卤制，卤制时，加入香料包、调味料及糖色，卤制时间为 40～50min。

（6）油炸　油炸是为了使产品表面色泽均匀，并可脱去部分水分以延长货架期。油料比为 3∶1 左右，油的初温为 130℃左右，油炸时间约为 1min。

（7）装袋封口　采用真空封口，真空度需达 0.09MPa 以上。

（8）杀菌　采用高温高压杀菌，杀菌公式 10min—20min—10min/121℃

（9）检验入库　37℃的恒温实验，合格方可入库、销售。

4. 成品质量标准

(1) 感官指标　呈深红棕或棕褐色，切面为浅玫瑰色，具有卤制品应有的香味及小肚特有的酯香，口感绵实，软硬适度，不腻口。

(2) 理化指标　盐3%～5%，水分40%～55%，亚硝酸盐≤30mg/kg。

(3) 微生物指标　菌落总数≤15个/g，大肠杆菌≤8个/100g，致病菌不得检出。

五、软硬包装烟熏培根

1. 配方

猪肋条肉50kg，盐3.5kg。

2. 工艺流程

原料选择→切块→腌制→烟熏→切片→包装→装罐→杀菌→贮存

3. 操作要点

(1) 原料选择　选择经检疫和检验合格的生猪胴体作为加工原料。加工烟熏培根软硬包装产品的原料，必须是去皮去骨的猪肋条肉。

(2) 切块　将肉切成宽9～11cm、厚2.6～5cm的条肉，切块前认真清洗检查，严防毛、骨渣等杂质混入。

(3) 腌制　100kg肉条加3.5kg食盐，均匀抹涂肉面，整齐放于腌制缸内，在2～5℃腌制72h后翻缸，再加入7.5%食盐水30kg，继续腌制6～7d。腌制时要求轻压，防止肉露出水面。

(4) 烟熏　腌制结束后将肉块清洗干净沥干水分，进行烟熏。首先使用明火烧烤10～12h，温度为65～85℃，其次用明火烧烤10h，温度55～75℃，最后采用50℃左右烟熏5h左右，使腌制原料表面呈金黄色或红褐色为止。

(5) 切片　烟熏后的肉条冷却后在无菌室内切片，片块要求长8～9cm、宽2～5cm、厚0.2～0.3cm的薄片。

(6) 包装　包装材料采用硫酸纸，尺寸按客商要求标准或40cm×17cm，使用前需消毒灭菌。

(7) 装罐　若采用铁听装罐密封，可选用304号缸型，内容物284g；软包装按照包装规格及商家要求设计。

(8) 杀菌　铁听304号罐型杀菌式5min—115min/75℃冷却；软包装真空封口杀菌5min—65min/80℃进行。

(9) 贮存　杀菌后的产品迅速送入保温间，擦去污物，剔除废次品，按品字形重叠成堆，38℃环境下保温7d，合格后入库。

4. 成品质量标准

(1) 感官指标　无浓重的烟熏味和焦煳味，具有烟熏培根的天然风味与滋味，内容物块形整齐，软硬适度。

(2) 理化指标　食盐≤1.8%。

(3) 微生物指标　菌落总数≤10个/g，大肠菌群≤3个/100g，致病菌不得检出。

六、猪排软罐头

1. 配方

猪肉排100kg，白砂糖1.8kg，精盐1.2kg，味精0.45kg，黄酒0.8kg，香葱（或大葱）1.2kg，老姜1.3kg，八角0.09kg，五香粉0.06kg，茴香0.01kg，桂皮0.05kg。

2. 工艺流程

原料选择→清洗→成型（切块分段）→腌制→预煮→油炸→浸渍调味料→风干→装袋→封口→杀菌→冷却→检验→成品

3. 操作要点

(1) 原料选择　原料必须经兽医卫生检疫检验合格的肉品原料的肋排、脊椎排、软骨作加工原料，原料必须无杂质、异味等。禁止使用黄膘猪、公母猪以及贮藏太久的劣质原料，否则将严重影响产品的质量与风味。

(2) 清洗　将肉排清洗2～3次，以去除黏附的血污、碎骨及其他杂质等，然后捞出沥干，以备下工序使用。

(3) 成型（切块分段）　将排骨切分成2～2.5cm的小段。操作中要求排骨切分均匀，且碎骨少，同时要防止骨肉分离。

(4) 腌制　采用湿腌法，即用7%～10%的食盐水浸腌25～30min，要求排骨与盐水比例约1∶1，在此期间搅动2～3次，然后沥干备下道工序用。

（5）预煮　将排骨原料置于沸水中煮5～10min，同时在预煮过程中要适时去除浮沫，然后捞出沥干待用。

（6）油炸　在油炸锅中将油温升至165℃以上，再将沥干水的排骨投入油锅中。一般投料量为油量的15%～20%为宜。油炸时间为2～4min左右，要求脱水率3%～8%即可，炸完后捞出将油沥干备用。

（7）浸渍　调味液配方按配制100kg调味液进行。调味液的熬制方法：首先按配方称料，然后把生姜、大葱及其他香料适当切碎，一起用纱布包扎好，放入夹层锅中加热至沸，最后加入黄酒、味精，取出后经过滤调至规定重量。将调味液温度保持在90℃以上，再将炸好的排骨投入调味液中保持几分钟，使调味液被充分吸收，然后捞出将排骨放在不锈钢摊晾网上，用排风扇吹干即可。

（8）计量装袋并封口　用耐高温蒸煮袋包装，每袋重量120g（也可根据市场要求而定）。再用真空封口机进行热合封口，封口时真空度在0.1MPa以上，且封口牢固。

（9）杀菌及冷却　杀菌公式15min—20min—10min/121℃，杀菌后反压冷却至室温。

（10）检验　冷却出锅后风干或擦干袋表面水分，在37℃条件下保温7d，经检验合格方可出厂。

4. 成品质量标准

（1）感官指标　肉排色泽呈深棕褐色，肉质软硬适度，不干硬。

（2）理化指标　食盐2%～5.5%，固形物不低于净重的95%。

（3）微生物指标　菌落总数≤12个/g，大肠杆菌≤3个/100g，致病菌不得检出。

七、红烧排骨罐头

1. 配方

酱油14kg，砂糖5kg，黄酒0.6kg，精盐2.4kg，味精0.24kg，生姜0.3kg，八角茴香0.02kg，花椒0.02kg，桂皮0.01kg，肉汤

78kg，糖色酌定。

2. 工艺流程

原料选择→原料处理→预煮→油炸→配汤→装罐→封口→杀菌→入库→包装

3. 操作要点

(1) 原料选择 选择经检疫检验合格的肉品原料肋排、脊椎排、软骨作加工原料，原料须无杂质、异味等。

(2) 原料处理 将附着一定猪肉的肋排划成条，切成4～6cm小块，将背椎排切成2～2.5cm片块，将软骨切成4～6cm小块。

(3) 预煮 将切块后的原料置于沸水中煮30～40min，然后捞起。

(4) 油炸 将原料投入180～210℃左右的油炸锅中油炸3～5min。

(5) 配汤 根据配方制作汤汁，将生姜、八角茴香、花椒、桂皮加水熬煮1～2h左右，将其他辅料置入夹层锅加热，出锅前加入黄酒，将其过滤备用，食盐添加量为5.5%～6%。

(6) 整理装罐 将油炸后的肉块修整成型，平整装入罐内，原料应配搭均匀后加入汤汁，装罐量962型397g，净重为280～285g。

(7) 封口 排气中心温度在88～92℃间，时间约为20min，真空59.8～63.8kPa。

(8) 杀菌、排气 15min—85min/118℃/反压0.18～0.21MPa。真空，15min—90min/118℃/反压180～210Pa。

(9) 擦洗 经洗罐液处理后送入成品擦水入库，库温37～38℃，时间7昼夜。

(10) 包装 按相关标准或市场需求执行。

4. 成品质量标准

(1) 感官指标 呈酱红色，红烧排骨独特风味，内容物完整美观。

(2) 理化指标 固形物重达到60%，食盐含量1.5%～1.8%。

(3) 微生物指标 菌落总数≤10个/g，大肠菌群≤4个/100g，致病菌不得检出。

八、香菇猪脚腿罐头

1. 配方

肉块（腿肉 67.5%，猪脚 32.5%）100kg，酱油 9.7kg，酱色 0.085kg，黄酒 1.35kg，砂糖 1.085kg，味精 0.085kg，骨汤 32.5kg，五香粉 0.16kg。

2. 工艺流程

原料处理→预煮→上色油炸→切块→复炸→装罐→排气密封→杀菌冷却→保温检查→成品

3. 操作要点

(1) 原料处理　刮净猪前后腿和猪脚爪上的毛，洗净，然后分别剔骨，要求不出现碎肉。把脚爪和前后腿分开放置。

(2) 预煮　经处理后的前后腿和猪脚爪分别进行预煮，在骨汤中进行，每 100kg 汤中加生姜、鲜葱各 200g。脚爪沸煮 20min，得率约 95%，前后腿沸煮 30min，得率约 90%。

(3) 上色油炸　把经卤煮的腿肉趁热揩干表面，涂上上色液（上色液的配比：红酱油 1kg，黄酒 2kg，饴糖 2kg，混合拌匀而成），皮部向上晾干后，放入油温为 180～190℃的植物油（以花生油为佳）中炸 25～35s，使皮色呈酱红色。脚爪煮后即浸入上色液中约 1min。捞出稍晾后在油温 160～170℃的植物油中炸 25～35s，使皮色呈酱红色。

(4) 切块　初炸后的腿肉切成 3～4cm 见方的小块，块形大致均匀。猪爪纵切后再横切 2～4 块，视大小不同，一般切成脚尖、脚趾、脚节 3 块。若太小，可把脚尖和脚趾相连成一块。

(5) 复炸　切小块后再在约 180℃油温中复炸 25～30s，得率控制在 90%～92%。

(6) 汤汁配制　香菇浸水 10min，洗去杂质，切去菇柄，视大小分块。板栗先在顶部削去一薄片（或割成“十”字形），在沸水中煮约 5min，刀割处自然裂开，剥去壳膜后，栗仁洗净，备装罐。肉块先和酱油、酱色及香料水炒 3min。然后加入砂糖焖煮 10～15min，应不断搅拌，最后加入黄酒及味精搅拌均匀。肉块得率 90%～94%，汤汁约得 40～43kg。出锅。

(7) 装罐　罐号7103，净重397g。猪脚爪120g，肥肉130g，汤汁120g，香菇10g（约3～4块），栗子17g（约3～4粒）。

(8) 排气密封　中心温度不低于85℃，或抽气真空度66.5kPa（500mmHg），封罐机及时封口。

(9) 杀菌冷却　杀菌式15min—60min反压冷却/118℃（反压0.15MPa）。如采用真空封罐机封罐，杀菌时间应适当延长。

(10) 保温检查、包装　冷却后的成品擦干罐身、罐盖水分和油污，入35～39℃保温库7d进行敲检等，装入包装箱待售。

4. 成品质量标准

(1) 感官指标　呈酱红色至红褐色，香菇为棕褐色，块形均匀，肉块软硬适度。

(2) 理化指标　肉、油、栗子和香菇不低于净重的70%，食盐1%～2%。

(3) 微生物指标　菌落总数≤11个/g，大肠菌群≤3个/100g，致病菌不得检出。

九、黄豆排骨罐头

1. 配方

番茄酱73.2kg，洋葱末14.6kg，精盐6.7kg，精炼油24.4kg，白胡椒粉0.036kg，砂糖14.6kg，月桂叶0.037kg，肉汤100kg。

2. 工艺流程

原料预处理→调料配制→装罐

3. 操作要点

(1) 原料预处理　黄豆先用分选机分级，再人工挑除杂色豆、虫蛀豆、僵豆及其他杂质。用10～12℃的清水浸泡10～20h，以豆粒膨胀饱满不发芽、不变质为准。水与豆的比例为3∶1，水温95℃时将豆下锅，水沸后再煮10～30min，煮至豆中心无豆腥味。煮后的黄豆应立即投入冷水中浸泡冷却，最好用长流水冷却。挑除豆瓣、豆皮，用清水漂净。原料肉选用猪肋排、软肋，洗净切成4～6cm小块，在水中煮沸1～2min，至无血水时捞出备用。

(2) 调料配制　先将精炼油放入锅中加热，再放入洋葱末炸锅，然后加入其他辅料煮沸10min，过滤备用。

（3）装罐 以7114号罐净重425g为例，黄豆210g，排骨50g，油10g，汤汁155g左右。其中汤汁量以封口后不低于净重、不超过正公差为准，汤汁温度不低于85℃，浇汁后立即封口。在-0.053MPa负压下，抽气密封，在121℃高温杀菌15～17s，在0.1MPa负压下冷却至罐中心40℃左右。保温（37±2）℃7昼夜，打检后包装。

4. 成品质量标准

（1）感官指标 产品最大限度地保持了原料肉特有的色泽和风味，产品清淡，食之不腻。

（2）微生物指标 菌落总数≤10个/g，大肠菌群≤6个/100g，致病菌不得检出。

十、板栗猪尾软罐头

1. 配方

猪尾10kg，色拉油350g，食盐6g，白砂糖10g，鸡精33g，花椒5g，干红辣椒7g，生姜70g，大葱6g，水淀粉124g（1∶1的混合液）。

2. 工艺流程

原料挑选→清洗→去毛、去杂→成型→预煮→配制汤汁→过滤→煮制→装袋→真空密封→杀菌→冷却→保温检查→成品

3. 操作要点

（1）原料选择 猪尾选用经兽医卫生检验检疫合格的原料肉，必须无杂质、无异味，禁止使用贮藏太久的劣质原料肉。板栗要求圆而饱满，新鲜，无虫眼，无霉变腐烂，无异味。

（2）原料预处理 猪尾在温水中清洗干净，用小刀刮除表面污物，用火焰烧净猪毛，用清水洗干净。将清洗干净的猪尾分切成2.5～3.0cm的小段，直径大于3.0cm的沿截面分成两半。将分切好的猪尾投入沸水中预煮2min，打去油沫，捞出沥干水分。板栗放于70℃水中浸泡5min，捞出去皮，置于冷水中。花生仁用温水清洗一次，放于70℃水中浸泡10min，待用。

（3）配调味汤 味汤调配的原料配方具体方法为，首先将菜油

烧热后加入配料表中的葱段、蒜末、姜末、干辣椒、花椒和豆瓣酱同时搅拌炒出香味，加入水烧开，再添加配方中的鸡精、食盐、白糖后边搅拌边加入水淀粉。在汤汁调配过程中，测量其浓度和盐度，合格后过滤待用。

（4）预煮、过滤　将猪尾在调好的汤汁中预煮（85～90℃煨制5min）后，过滤出汤汁待用。

（5）装袋　装袋时防止袋口污染。包装配比是猪尾110g、板栗75g、花生仁35g、汤汁100g。

（6）真空密封　抽真空充氮气，相对真空度－0.05MPa条件下封口。

（7）杀菌　产品封口后及时杀菌，杀菌采用分阶段连续杀菌。第一阶段，升温时间15min，杀菌时间10min，温度100℃；第二阶段，升温时间5min，杀菌时间10min，温度110℃；第三阶段，升温时间5min，杀菌时间10min，温度121℃。

（8）冷却　加反压0.15MPa，冷水喷淋快速冷却至40℃以下之后出锅。

（9）保温检查　随机抽样，在（37±2）℃条件下保温7d后检查、检验，微生物等指标合格后产品装箱入库。

4. 成品质量标准

（1）感官指标　呈红褐色，有光泽，具有板栗猪尾特有的滋味和浓郁的香味，形状完整。

（2）理化指标　固形物含量≥30％，食盐含量≤0.35％。

（3）微生物指标　菌落总数≤17个/g，大肠菌群≤8个/100g，致病菌不得检出。

十一、卤猪杂罐藏产品

1. 配方

猪肚经煮时，每100kg加入青葱1kg，生姜200g，黄酒1kg，八角茴香200g，桂皮200g（八角、茴香、桂皮、生姜可加水熬成香料水）。

2. 工艺流程

原料处理→预煮→切块→配料→装罐→排气封口→杀菌→擦水

保温→成品

3. 操作要点

(1) 原料处理

① 猪舌的处理。修去舌根软骨、淋巴和油肉，在温水中（水温90℃以下）烫1min后取出，用刀刮去舌苔。

② 猪心的处理。修去油筋与血管，用刀纵向切开，挖去凝血块用清水冲洗干净。

③ 猪腰的处理。去除白膜及油筋，纵剖后去除尿管及油筋，同时用清水洗净。

④ 猪肚的处理。去除油筋，翻转肚的内壁，加入4%左右精盐搓擦15min左右后，再用清水冲洗干净。将清水中加入0.2%的钾明矾（可配成1%左右溶液）继续进行搓擦。将原料用清水冲洗干净后，再在沸水中煮10min取出，用小刀刮去肚内黏膜以及其他杂质。

(2) 预煮

① 猪肚、猪舌、猪心、猪腰制罐原料经处理洗净后，分别将其送入不锈钢锅中（二层锅）进行预煮，加水比例以浸没原料为准。

② 预煮时间。猪肚预煮30～40min，其得率约70%；猪舌须煮20～30min，其得率约65%；猪心预煮8～10min，其得率约60%。

(3) 切块　将原料分别预煮之后，按照产品销售对象的要求进行切块。外销（出口产品）切成宽1～1.2cm，长4.5～6cm条块。内销产品切块按客户要求的质量标准，制订具体加工工艺执行。

(4) 配料　猪肚40kg，猪心11kg，猪舌20kg，猪腰4kg，精盐0.255kg，酱油5.4kg，砂糖2.25kg，黄酒1kg，味精0.6kg，精制植物油2.25kg，清水10kg。先将植物油放入双层锅中加热，然后加入猪肚、猪舌、猪心、调味料等炒拌20min左右，再加入猪腰炒拌2～4min后取出，炒拌后猪杂的得率为58～62kg，汤汁得量8～9kg为宜。

(5) 装罐　将炒拌后的猪原料起锅置入不锈钢盆等容器之中，然后按照工艺要求标准均匀置入空听内，每罐中应均有以上4种原料，其比例按原料投入比例适应制定。装罐量，罐型 854，净重 227g；装入猪杂原料 200～205g，汤汁 19～24g，麻油约 3g。

(6) 排气封口 该产品一般采取排气封口执行，不用真空封口。若排气困难，可用抽气 46.5～53.3kPa 标准执行。排气前，对罐听进行假封，假封结束，投入排气箱进行排气 12～15min，然后取出，投入手扳封口机封口。排气温度控制在 88～92℃。

(7) 杀菌 将已封口的罐头产品错开平叠于罐装篓箱中。封口结束，尽快投入杀菌。排气封口杀菌式 10min—65min/120℃/自降温后投入冷却池中冷却，冷却至 37～38℃，自降温时间约 15min，反压降温待泄气阀出水压力降至 0 即可开启锅盖。反压时压力不得高于 0.12MPa。

(8) 擦水保温 擦净罐身、盖之水分及污物，迅速进入保温库中，错开堆码，在 37℃左右室温中保温处理 7 昼夜，继而进入包装处理。

4. 成品质量标准

(1) 感官指标 色泽鲜艳，味香，浓厚不腻，汤味鲜美。

(2) 微生物指标 菌落总数≤10 个/g，大肠菌群≤3 个/100g，致病菌不得检出。

十二、红烧扣肉罐头

1. 配方

鲜肉 100kg，葱姜各 200g，黄酒 6kg，饴糖 4kg，酱色 1kg。

2. 工艺流程

原料→解冻→预煮→上色→油炸→切块→复炸→加调味液→排气、密封→杀菌、冷却→揩罐、入库

3. 操作要点

(1) 预煮 将整理好的肉放在沸水中预煮，预煮时间为 35～55min，煮到肉皮发软带有黏性、肉块中心无血水为度；预煮时，每 100kg 加新鲜葱和经拍碎的姜各 200g（葱、姜均用纱布包好）；预煮时，加水量与肉量之比为 2∶1，肉块必须全部浸没于水中。预煮得率为 90%左右。预煮是形成红烧扣肉表皮皱纹的重要工序，必须严格控制。

(2) 上色　将经预煮后的肉表皮水分揩干，在皮面上涂抹一层上色液，稍停几秒钟，再抹一次，以使着色均匀。上色液配方为黄酒 6kg、饴糖 4kg、酱色 1kg。进行上色操作时，注意不要涂到瘦肉的切面上，以免炸焦。

(3) 油炸　上色后要立即油炸。当油温加热到 190～210℃时，将上色过的肉块投入到油锅中，油炸时间 45～60s。炸至肉皮呈棕红色、发脆、瘦肉转黄色即可捞起。稍滤油后投入冷水中。冷却 1～2min，待肉皮回软后即可捞出。时间不宜过长，以免成品油炸风味降低。

(4) 切块　切块时要求厚薄均匀，块形整齐，皮肉不分离，并修去焦煳边缘。

(5) 复炸　将切块后的肉倒入油温 190～210℃的油锅中，复炸 30%左右。复炸时，要小心翻动，且于炸后立即放入冷水中浸 1min 左右，以避免肉块黏结，并可冲去焦屑。

(6) 加调味液　装罐前应配制好调味液，调味液中的骨汤要事先准备好。

骨汤熬制方法：取肉骨头 150kg，猪皮 30kg，加水 300kg 焖煮，时间不少于 4h，经过滤后备用。

调味液配方：骨汤 100kg，酱油 20.6kg，盐 2.1kg，白砂糖 6kg，80%味精 0.15kg，黄酒 4.5kg，青葱 0.45kg，姜（切碎）0.45kg。

调味液配制方法：除黄酒、味精外，其他各料放入夹层锅中（香辛料用纱布包好）煮沸 5min，出锅前加入黄酒和味精，搅匀过滤备用。

(7) 装罐　装罐时，肉块大小、色泽要大致均匀，肉块皮面朝上，排列整齐，填充肉可衬在底部。

(8) 排气、密封、杀菌、冷却　装罐后要立即排气、密封。加热排气，罐头中心温度应 65℃以上；真空密封，真空度为 43～53kPa。密封后，应尽快进行杀菌，杀菌温度为 121℃，杀菌时间为 65min。杀菌后，要立即冷却到 40℃以下。

4. 成品质量标准

(1) 感官指标　肉色呈酱红色，有光泽，汤汁略有混浊，瘦肉软硬适度，表皮皱纹明显。

(2) 微生物指标　菌落总数≤12 个/g，大肠菌群≤3 个/100g，致病菌不得检出。

十三、烟熏火腿罐头

1. 配方

原料配方：修割整形后的猪腿肉 278kg，注射盐水 50g，琼脂适量。

混合盐配方：盐 98kg，亚硝酸钠 500g，白砂糖 1.5kg。

混合盐水配方：混合盐 9kg，香叶 40g，味精 50g，冷开水 31kg，胡椒粒 100g。

三聚磷酸钠溶液配方：三聚磷酸钠 1.25g，冷开水 8.75kg。

2. 工艺流程

原料肉的选择→修割整形→腌制→烟熏→拆骨→压膜、预煮→排气、烘干→保温检验→成品

3. 操作要点

(1) 原料肉的选择　选用刚屠宰的健康生猪的前后腿，并经冷却排酸，不得使用冻猪腿，每只猪腿应在 4kg 以上。

(2) 修割整形　将猪腿斩去脚爪后修割成琵琶状。

(3) 腌制　腌制前，将混合盐、胡椒粒、香叶、水放入夹层锅中加热煮沸，最后加入味精，取出后用绒布过滤，再用冷开水调整至 40kg，迅速冷却，即为含盐量 22.5%的混合盐水。同时取三聚磷酸钠放入不锈钢容器中，加入冷开水 8.75kg，待全部溶解后调整至 10kg，即成三聚磷酸钠溶液。最后，取混合盐水 40kg，三聚磷酸钠含量为 2.5%的注射盐水，配置后迅速冷却到 10～12℃，即可供注射用。然后，用注射器将 18%的注射盐水注入修割整形的猪腿，注射时，从血管中注射入肉的内层，再放入不锈钢桶中，在桶中加入含盐量为 12%左右的混合盐水（由原含量 22.5%的混合盐水稀释到 12%左右），浸没猪腿，放在 4～6℃室中腌制 8～10d。腌制后，腿肉切面应呈均匀一致的淡红色，要求制品的含盐量 2%左右。

(4) 烟熏　用冷水冲净腌制后猪腿的表面污物，沥干水分后挂入烟熏室中，先用明火烘干，温度控制在 70℃左右，时间 1～2h，

然后用熏材烟熏，烟熏时间为2～3h，温度保持在70℃左右。烟熏完毕，取出后拆骨。

(5) 拆骨 将烟熏好的猪腿切去膝部，去骨、去除关节处软骨、粗筋，表面肥肉过厚的也要切除，将肥肉厚度控制在0.5cm左右。

(6) 压膜、预煮 按马蹄形罐的外形进行修整、称量，控制每块肉在445～460g，再装入模子中，皮部向下，要求肉面平整、形态完整。然后，用盖压紧，放入82～85℃的热水中，预煮2.5h脱水。取出后，再将盖压紧，放入0℃冷室中存放12h。取出后，放入热水中稍烫片刻，倒出火腿，进行修整、装罐。空罐采用马蹄形异型罐，先进行清洗、消毒、沥干，罐底放一张硫酸纸，纸上面稍放一些琼脂。

(7) 排气、密封 按定量装入整块火腿和琼脂，然后进行加热排气，温度为80～85℃，时间为20min。排气后，立即用异型封罐机密封。

(8) 杀菌冷却 密封后，立即杀菌。杀菌式15min—17min(反压冷却)/118℃（反压120kPa），杀菌后立即冷却到40℃以下。

4. 成品质量标准

(1) 感官指标 色泽紫红，皮烂肉嫩，香软醇厚，有烟香滋味。

(2) 微生物指标 菌落总数≤11个/g，大肠菌群≤4个/100g，致病菌不得检出。

第十章 调理肉制品

第一节 调理肉制品简介

调理肉制品是以畜禽肉为主要原料，添加适量的调味料或辅料，经适当加工，以包装或散装形式在冷冻（－18℃）或冷藏（7℃以下）或常温条件下贮存、运输、销售，可直接食用或经简单加工、处理就可食用的肉制品。

调理肉制品实质上是一种方便肉制品，有一定的保质期，其包装内容物预先经过了不同程度和方式的调理，食用非常方便，并且具有附加值高、营养均衡、包装精美和小容量化的特点，深受消费者喜爱，现已成为国内城市人群和发达国家的主要消费肉制品之一。

随着人们生活水平和肉食消费观念的提高以及冷链的不断完善，调理肉制品的消费量逐步增加，成为当今世界上发展速度最快的食品类别之一。在美国、日本、欧洲等发达国家和地区，调理肉制品在调理食品中占有重要比重，不仅是快餐业、饭店和企业及高校食堂的重要原料，而且已经成为大众家庭消费不可缺少的部分。由于市场需求量大，加工企业重视产品加工技术研发，已经形成规范化大规模发展趋势。

目前调理肉制品正越来越多地渗入中国大众的家庭消费，市场发展潜力巨大。伴随着冷藏链、冰箱、微波炉的普及，调理肉制品不仅满足了消费者的饮食需求，而且大大缩短了消费者的备餐时间。目前市场上常见的调理肉制品油炸类如炸鱼排、炸大虾、炸鸡块等；烧烤类如炭烤腿肉串、烤牛肉串、川香烤鸡翅等；菜肴类如鱼香肉丝、宫保鸡丁、酸菜鱼等；乳化类如鱼肉丸、羊肉丸、鸡肉丸等；汤羹类如滋补鸡汤、羊肉汤、鱼汤等；肉酱类如酱香鸡肉酱、羊肉酱、香菇肉酱等。

调理肉制品按其加工方式和运销贮存特性，分为低温调理类和常温调理类。

（一）常温调理肉制品

1. 罐头食品

罐头肉制品具有以下显著特征。

（1）卫生安全性高，保质期长，有利于流通和经营。

（2）无需冷藏，在常温下贮运流通和销售。

（3）完全调理，开罐即食，比较方便，尤其适用于野外和军队膳食供应。

（4）高温烹煮对某些鲜食产品的风味造成极大破坏，如质地软烂、香气异变、色泽晦暗，完全丧失新鲜度，某些肉类制品的质地变劣、口感下降、切片性变差。

（5）高温下热敏性成分维生素被破坏，蛋白质变性凝固，某些氨基酸含量下降。

（6）难以获得日常烹饪方式使食品具有的色、香、味。

由此可见，罐头食品在拥有许多优点的同时，却在品质和风味上存在缺陷，值得重视和解决。

2. 软罐头食品

指以优质复合材料热封而成的容器包装经预处理后的食品原料，严密封口后在100℃以上的湿热条件下处理以达到商业无菌要求的食品。软罐头食品的原料主要是畜禽肉类、水产品，用它们单独或配合生产的熟制方便食品种类繁多，一般按包装形式分为袋装食品、盘装食品和结扎食品。在严格灭菌、调理加工方面与罐头食品很相似。

（二）低温调理肉制品

低温调理肉制品现在已经被大众广为接受，究其原因，除了其本身所具备的耐贮存、易调理、口味多样等特性十分符合现代消费需求外，家用冰箱、微波炉的日渐普及，以及低温调理食品所依存贩售的超市、大卖场呈现清洁舒适的购物环境等因素也有催化的作用。低温调理类又包括冷冻调理肉制品和冷藏调理肉制品。

(1) 冷冻调理肉制品　人工制冷技术的问世催生了冷冻调理肉制品，各种冷冻调理肉制品给人们的生活带来了极大的方便，使一日三餐丰富多彩。现在多为速冻调理肉制品。这类肉制品的主要特点如下。

① 在调理加工完毕后进行包装并立即冻结，产品必须在－18℃的条件下贮运、销售，风味和品质都能很好保持。

② 一般不存在加热过度的情况，调理方式更灵活多变。

③ 在生产过程中易被微生物污染，包装后不再灭菌，存在着卫生安全方面的隐患。

④ 必须构建配套完善的冷链流通系统，才能保证产品品质和经济效益。

(2) 冷藏调理肉制品　冷藏调理肉制品是采用新鲜原料，经一系列的调理加工后真空封装于塑料或复合材料包装物中，经巴氏杀菌、快冷，再低温冷藏的新型方便肉制品。与软罐头肉制品相比，它的最大优势是在100℃以下灭菌，可最大限度地保持肉制品的色、香、味、营养成分和组织质地，使产品具有良好的鲜嫩度和口感。除此之外，还有以下优点：真空封装，以控制肉制品成分的氧化和好氧性微生物的生长繁殖；先包装后灭菌，避免了二次污染；灭菌后快速冷却，低温保存和流通。

第二节　调理肉制品加工技术

一、贵州瘦肉巴

1. 配方

猪肉50kg，川盐2kg，酱油1kg，白糖1kg，硝酸钠25g。

2. 工艺流程

原料预处理→调料→腌制→烘烤→成品

3. 操作要点

(1) 原料预处理　将经卫生检验合格的猪瘦肉修割干净后，切成厚度不超过2cm的长条或圆形、方形，用温开水洗净。

(2) 调料腌制　加入所有调料拌均匀，腌制2d，取出烘烤。

(3) 烘烤　烘烤方法与贵州小腊肉相同，烘烤时间为16h左右，烘干即成。

4. 成品质量标准

(1) 感官指标　色泽金黄，甘香浓郁，鲜嫩不腻。

(2) 微生物指标　菌落总数≤75个/g，大肠菌群≤30个/100g，致病菌不得检出。

二、金华家乡南肉

1. 配方

新鲜猪肉5kg，盐800g。

2. 工艺流程

原料修整→敷盐→堆放、腌制→成品保存

3. 操作要点

(1) 原料修整　将猪肉剥掉板油和碎肉，切成片。

(2) 敷盐　里外用盐擦遍（盐内要加少许硝酸钠），一般用盐量为15%左右，而且要分三次敷盐。第一次叫擦盐，用3%～4%的盐放在肉上用手擦遍，使盐分渗入内部，促使血水排出。第二次敷盐在第一次擦盐2d以后进行，用7%～8%的盐。第三次叫复盐，在第二次敷盐7～8d后进行，用盐量为5%～6%，这次用盐是在将肉上下翻换后加入的。

(3) 堆放、腌制　敷盐后，将肉平叠堆放，一批压一批，正中间既不能凸出，也不能凹进，要使盐卤不致流出来，每片肉中间都有盐。并且要注意室温，如果气温过高，要及时翻堆加盐，使肉堆内温度正常。大约腌25d便成。

(4) 保存　腌好后放在咸肉池或缸内，灌入卤水，可以保持品质不变，颜色红润，不生虫，不发黄不腐烂，但要经常检查卤水是否清洁，咸肉是否全部浸在卤水内。由于采用分次加盐，因此肉质淡而鲜，这也是家乡肉风味与众不同的原因。

4. 成品质量标准

(1)感官指标　外表干燥清洁，质地紧密而结实，肌肉呈红色。

(2) 微生物指标　菌落总数≤100个/g，大肠菌群≤23个/100g，致病菌不得检出。

三、蜜汁猪肉卷

1. 配方

鲜猪五花肉100g，食盐1.5g，白砂糖12g，酱油5g，味精1g，黄酒5g，姜、葱、八角、花椒适量。

2. 工艺流程

原辅料选择→原料预处理→切片→配料→腌制→制卷→煮制→成品包装

3. 操作要点

(1) 原料肉选择及预处理　选择好的五花肉，可用手摸，略有湿滑的感觉，肉上无血，肥肉、瘦肉红白分明，颜色鲜艳。

(2) 切片　将原料肉切成约长6cm宽4cm厚0.3cm的形状备用。

(3) 腌制　将切好的原料肉与调味料混合均匀后于0～4℃腌制。

(4) 制卷　将腌制好的猪肉卷卷成卷，并用牙签穿好固定。

(5) 煮制　将肉卷放入沸腾的水中煮制0.5～1h，直至汤汁熬尽。

4. 成品质量标准

(1) 感官指标　成品色泽光亮，口感滑嫩，呈浅褐色，有五花肉固有的香味及滋味。

(2) 理化指标　水分≤30%，白砂糖≤12%，食盐≤1.5%，蛋白质≥15%。

(3) 微生物指标　菌落总数≤300个/g，大肠杆菌总数≤20个/g，致病菌不得检出。

四、老巴克及敖克那

1. 配方

老巴克的原料是猪前腿肉，敖克那的原料是猪后腿肉；辅料按每50kg水配料计算：白糖375g，精盐6.25～7kg，肉果面50g，胡椒粒50g，丁香25g，桂皮25g，香叶50g，硝酸钠25g。

2. 工艺流程

原料预处理→腌制→烟熏→成品

3. 操作要点

(1) 原料预处理　原料如果使用的是鲜腿肉，则要经过24h通风凉透，使其排酸成熟。如果使用的是冻腿肉，则应事先进行自然回化透彻。然后进行修整，去掉猪前、后腿上的浮面骨、油、毛、污物等随之把肉面片圆、片平后进行腌制。

(2) 腌制　腌制是制作火腿的重要工序之一，腌制的好坏对火腿的质量有很大的关系。腌制火腿首先是搓盐，原料肉50kg搓上3.5～4kg的精盐，搓好后放入透孔的容器内存放在腌制间里，室温一、四季度10～14℃，二、三季度8～12℃腌24h，使肉内血液及水分排除干净。然后进行盐液注射，盐液的配合比例：精盐占水量的14%，白糖占0.25%，硝酸钠25g，使盐液达到“波美”14度，按此比例用热水溶解后凉透使用，每只火腿可注射5～7针，注射时侧重于瘦肉部位，以促使肉质迅速腌透，盐水注射后的猪前、后腿肉放进较大的容器里，把辅料用小布袋装好后也同时放在容器里，上面压上透孔木板并加一定重量的物体腌制，在腌制过程中，每隔六七天翻动一次，经15～17d左右，肉质已变为深红色，取出用清水洗刷干净，再次进行整理，并把腿棒拴线绳系好，穿杆挂起，把水分完全控净，再放入熏炉内进行烟熏。熏烟使用硬木板子20%、锯末80%，把锯末铺在木板上然后点燃，炉内温度35～40℃，约经过40h即可熏好。将熏好的火腿挂在通风室内，室温18～20℃，干燥5～10d，颜色呈枣红色，即为成品。

4. 成品质量标准

(1) 感官指标　肉呈粉红色，色泽均匀一致，组织致密，有弹性，有清淡的肉香味。

(2) 微生物指标　菌落总数≤89个/g，大肠菌群≤27个/100g，致病菌不得检出。

五、肉卷的加工

1. 配方

猪肉50kg（25kg猪五花肉、25kg瘦猪肉），肉果面100g、胡椒面100g，鲜豌豆750g，精盐1.5～1.75kg，硝酸钠25g。

2. 工艺流程

原料预处理→腌制→斩拌→灌制→烘烤→煮制→成品

3. 操作要点

(1) 原料预处理　原料选择必须是经兽医卫生检验合格的猪肉。经修割去掉皮、骨、筋、腱、污物等。将一部分五花肉片成若干个大片，一部分五花肉切成6mm见方的肉丁，猪瘦肉切成拳头大小的肉块。

(2) 腌制　用拌和均匀的精盐和硝酸钠与修割好的原料瘦肉搅拌均匀，放入2～4℃的腌制间腌2～3d，使猪瘦肉腌制呈玫瑰红色，五花肉用精盐腌制。

(3) 斩拌　将腌好的猪瘦肉用1mm刀篦子的绞肉机或斩拌机绞碎或斩剁成肉糜。再将绞碎或斩剁好的肉糜与五花肉丁及部分辅料搅拌均匀。

(4) 灌制　将经过盐腌的五花肉大片上放一些肉果面，然后将搅拌好的肉馅摊在五花肉片上卷起来，装入牛拐头内系扎好。

(5) 烘烤　随即用烤炉烤2h。

(6) 煮制　烘烤结束后，开水下锅煮3h左右，煮熟后用压力压扁即为成品。

4. 成品质量标准

(1) 感官指标　呈枣红色，不带烟熏味，肉色棕黄，清香爽口。

(2) 微生物指标　菌落总数≤90个/g，大肠菌群≤22个/100g，致病菌不得检出。

六、什锦卷肉

1. 配方

猪瘦肉31kg，五花肉19kg，肉果面65g，胡椒面65g，鸡蛋4kg，牛舌5kg，豌豆750g，香精2kg，味精65g，硝酸钠25g。

2. 工艺流程

原料预处理→腌制→斩拌→灌制→烘烤→煮制→成品

3. 操作要点

此产品的加工方法与肉卷的加工方法相同，稍有不同的是肉馅里的丁是用猪瘦肉切成5mm见方的丁10kg，鸡蛋煮熟切成5mm见方的丁，把腌制过的五花肉片成30cm宽、60cm长、3～4mm厚，然后把搅拌均匀的肉馅摊在五花肉片上，卷起后装入牛拐头内，用线绳结扎好捆起，线绳的间距为1.5cm，捆好挂炉烤2h左右，下锅煮3h，凉透后即为成品。

4. 成品质量标准

(1) 感官指标　香味浓郁，肉质丰满，切面肉色鲜红。

(2) 微生物指标　菌落总数≤66个/g，大肠菌群≤17个/100g，致病菌不得检出。

七、泰国灌猪脚

1. 配方

鲜猪肉100kg，猪皮20～30kg，盐5kg，磷酸盐1kg，酱油0.6kg，碎冰或冰水5～10kg。

2. 工艺流程

猪瘦肉→清洗→切肉→配料→搅拌均匀→低温腌制→搅拌（滚揉)→灌制→煮制→冷却→成品

3. 操作要点

(1) 原料选择　猪脚从膝关节处切下，去骨、肉、脂后在切口处串线制成口袋状。去骨、肉、脂时不能划破猪皮。

(2) 清洗　把猪瘦肉用清水清洗干净。

(3) 切肉　猪瘦肉切成1～1.5cm大小的方块。将猪瘦肉与盐、磷酸盐和少量碎冰或冰水搅拌均匀，置于0～5℃下腌制12～24h，但不能结冰。

(4) 搅拌（滚揉）　搅拌滚揉时加入备用熟猪皮（切成3cm×1cm左右的条状）和碎冰或冰水，搅拌（滚揉）1～2h，使混合物成饱和状即可。搅拌滚揉过程中温度应控制在14℃以下。

(5) 灌制　灌制时要松紧适度，防止空气进入，否则煮制时猪脚制成的皮袋易破裂。灌好的猪脚用两根筷子从前后夹住并用线捆紧，以防止加热时猪脚收缩变形。

(6) 煮制 把灌好的猪脚放入 80～90℃ 的水中，保持水温 78～80℃，煮至中心温度为 70℃ 即可，一般要 1.5～2h。水中另外加入适量的酱油和其他香料。

4. 成品质量标准

(1) 感官指标 皮色为棕黄或棕褐色，猪脚横切面暗红色，组织结构致密结实而富有弹性，气味醇香。

(2) 微生物指标 菌落总数≤80 个/g，大肠菌群≤20 个/100g，致病菌不得检出。

八、贡丸

1. 配方

原料肉（瘦肉 75%，肥肉 25%）100kg，食盐 2～3kg，糖 1kg，味精 0.8kg，聚合磷酸盐 0.1～0.3kg。

2. 工艺流程

原料预处理→绞肉→打浆→成型水煮→冷却包装

3. 操作要点

(1) 原料预处理 将瘦肉去除筋腱，脂肪切成方块，同时也把肥肉切成方块分别冻结。

(2) 绞肉 将冻结过的瘦肉和肥肉分别以 3mm 孔径的钢板绞碎机绞碎。

(3) 打浆 先将绞细之瘦肉置于搅打器中并加入食盐、聚合磷酸盐、糖、味精等搅打成浆。加入绞细的肥肉，继续搅拌使成为乳浊液状态。

(4) 成型水煮 手上沾少许水，抓一把肉馅，用虎口挤出一个一个小丸子，用勺子将丸子取下放在盘子中或直接下锅，以 80℃ 左右的水煮 20min。

(5) 冷却、包装 产品冷却至室温后即可真空包装，如久藏则将包装好的制成品冻结。

4. 成品质量标准

(1) 感官指标 外观红润而有光泽，弹性良好，风味浓郁。

(2) 微生物指标 菌落总数≤10000 个/g，大肠菌群≤30 个/100g，致病菌不得检出。

九、超薄肉燕皮

1. 配方

瘦猪肉 28～30kg，淀粉 68～70kg，精盐 0.2～0.4kg，碱液 1kg，熟糯米适量。

2. 工艺流程

预处理→配料→制肉泥→压碾→晾干→包装

3. 操作要点

（1）预处理　选择健康肥壮生猪的前后腿瘦肉，肉质新鲜红润、肌肉紧缩、有弹性，最好是从刚宰杀的生猪中趁热取出，并去掉皮骨、筋头和肥膘，切成 2～3cm 厚的肉块，摊开。若新鲜猪瘦肉缺乏，也可以精牛肉代替。

（2）配料　淀粉以洁白无杂质的优质甘薯粉为好，使用前碾成细末过筛；碱液最好采用树木或竹类烧灰提炼的碱土，按每千克土碱兑 5kg 清水的比例溶化，以置于舌中有点刺激感为度。

（3）制肉泥　将准备好的肉块用绞肉机绞碎，随后配以精盐、碱液和熟糯米，放入磨浆机内碾磨成细腻无颗粒的泥浆状物质。用盐量的多少视肉质和气温情况而定，含水量高的肉质，或是天气暖和的季节，可以适当多放些盐；若遇到寒冬或干燥凉爽时的气候，用盐量相应要减少些。

（4）压碾　先取瘦肉泥 1kg 左右置于硬木砧板上，再取淀粉 2.2kg 左右置于瘦肉泥周围。肉泥在砧板上铺开后，从旁边取一部分淀粉和入，用手轻轻打压使其逐渐扩大成肉饼状；然后将肉饼分切为 2～3 块，分别摊平，一面撒入淀粉，一面以小木棒反复碾压，使其均匀融合，如此 8～10 次，直至碾成薄如纸的片状。

（5）晾干　碾薄的鲜肉片切成大小约为 8cm 见方，置于清洁卫生、通风干燥处晾干。注意不可放在日光下暴晒，因暴晒会使其出现裂痕，影响外观。干后的肉燕皮待稍有回潮就要包装。

（6）包装　检验合格后的肉燕皮按 200g 或 250g 一袋密封包装。保管过程中须防潮、防重压、防暴晒。烹饪时将干的肉燕皮铺开并少量喷水，使其回潮变软即可包裹馅料食用。

4. 成品质量标准

（1）感官指标　柔软滑润、细腻爽口、富有燕窝风味。色泽洁白，薄如纸张。

（2）微生物指标　菌落总数≤90 个/g，大肠菌群≤16 个/100g，致病菌不得检出。

十、闾山玫瑰肉片

1. 配方

100kg 肉片。

香辛料：丁香 50～80g，砂仁 50g，花椒 50g，八角茴香 50g，桂皮 50～70g，肉蔻 50g，山萘 50g，草果 50g，木香 50g，白芷 50g，陈皮 20g，葱 500g，姜片 500g，大蒜 2 头切片。

2. 工艺流程

原料选择→切肉片→干腌制→热加工→冷加工→品质检验

3. 操作要点

（1）原料选择　选取经兽医卫生检验合格的猪精瘦肉为原料。

（2）切肉片　将原料肉冲洗干净，控干水分，切成 3～4cm 菱形厚度不超过 3mm 的小肉片。

（3）干腌制　称取 0.003g/kg 的亚硝酸盐和 1.5%的食盐混合均匀后与肉拌匀，腌制 1～2d，每天上下翻动 1～3 次。

（4）热加工　将腌制好的肉片用水冲洗至不见血色水为止，控干水分。将腌肉片放入 170～190℃的植物油锅内炸至金黄色，外酥内嫩有香味时捞出摊晾。先将香辛调料袋和葱、姜、蒜调味袋放入锅内煮开 30min，再加入红曲米粉水（即每 100kg 肉片取红曲米粉 3～5kg，用沸水泡开后过滤，取其滤液），再次煮开。放入炸好的肉片，烧开后立即加入黄酒 1kg/100kg，文火焖煮 10～30min，尽量把汤煮干（未煮干的汤倒出留着下次再用）。倒掉汤取出调料袋即放白糖 4～5kg/100kg，搅拌 5～10min，再加味精 50～70g，拌匀出锅装盒。

（5）冷加工、包装、冷贮　将煮制好的肉片装入 15cm×10cm×5cm 的铝制饭盒，每盒装 150g 送入－6～－1℃的冷却间冷却至肉中心温度达到 5℃为止。把冷却后的肉块采用无菌真空包装即为成品。成品入－18℃冷库保存，可保存 1～3 个月。

(6) 品质检验　感官检验闾山玫瑰肉片呈菱形或长方形，发出玫瑰色泽亮光，具有特殊浓厚香味，食之有香、甜、酥、嫩的感觉。

4. 成品质量标准

(1) 感官指标　呈菱形或长方形，发出玫瑰色泽亮光，具有特殊浓厚香味。

(2) 理化指标　水分<57%，蛋白质>20%，脂肪<16%，盐2%，亚硝酸盐<1mg/kg。

(3) 微生物指标　菌落总数≤80 个/g，大肠菌群≤14 个/100g，致病菌不得检出。

十一、低脂皮花肉

1. 配方

猪瘦肉 90kg，猪肥膘 10kg，分离蛋白 2kg，变性淀粉 5kg，卡拉胶 0.5kg，冰水 40kg，食盐 2kg，白糖 2kg，味精 0.3kg，8607 排骨香精 0.3kg，8108 猪肉香精 0.3kg，红曲红 4kg，诱惑红 1kg，味香源 0.1kg，香葱油 0.1kg，博邦 CL-1 滚揉腌制剂 2.4kg，亚硝酸钠 12g，博邦防腐王-1 防腐剂 0.4kg，异抗坏血酸钠 0.1kg，肉蔻粉 0.1kg，白胡椒粉 0.3kg。

2. 工艺流程

猪皮处理→漂白中和→腌制→绞肉滚揉→装模蒸制

3. 操作要点

(1) 猪皮处理　经卫生检验合格的鲜猪皮，清洗除去污物和毛根等并刮去脂肪层，放入 4%碳酸钠和 0.1%氢氧化钠混合液中浸泡。将其完全淹没浸泡 15h，捞出猪皮进行二次刮脂，除毛根和异物，直到干净为止。

(2) 漂白中和　用 1%双氧水在碱性环境中漂白，然后水浴（温度 40℃，时间 30min）。把漂白的猪皮冲洗后，放入 pH 值为 2.3 的盐酸液中中和 1h，使其呈中性。

(3) 肉的腌制　把解冻后的猪肥膘和猪瘦肉用浓度为 50mg/kg 消毒剂浸泡 30min 进行消毒，用 3%的食盐腌 72h 以上，腌制温度控制在 0～5℃。配料时减去腌肉的盐。

(4) 绞肉滚揉 猪瘦肉冷却到温度3℃后，用16mm的绞篦子绞制。把绞碎的猪瘦肉、肥膘和全部辅料投入滚揉机中，加入40kg冰水，抽真空到0.08MPa，间歇工作4h，每工作20min停止10min。滚揉间温度控制在0～5℃。出馅温度控制在6～8℃。

(5) 装模蒸制 先把塑料布铺在模具内，按一层肉皮一层肉馅摆满为止，压紧模具，然后蒸15min。待蒸好的产品冷却后切割，进行真空包装即为成品。

4. 成品质量标准

(1) 感官指标 肉色红润，香气浓郁，香甜可口，外皮洁白，弹性好。

(2) 微生物指标 菌落总数≤100个/g，大肠菌群≤21个/100g，致病菌不得检出。

十二、低脂脆肉丸

1. 配方

以1kg鲜肉计，需水300～500g，淀粉100～150g，改良剂5g，盐10～25g，味精及其他调料适量（配方中淀粉的用量可调整至500～800g，但随着淀粉量的增加，成品风味也相应降低）。

2. 工艺流程

原料→配料→制浆→出丸

3. 操作要点

(1) 原料 新鲜猪（牛、羊）瘦肉或碎杂肉或符合卫生标准的冻瘦肉。

(2) 配料 根据配方配制各种调味料。

(3) 制浆

① 手工制浆 先将原料洗干净，去掉大筋，放入冰柜冷冻一下取出，将肉平放在菜板上，用木棒或刀背有节奏地擂溃排斩（注意：切不可用刀刃斩剁），使肉全部成泥。将肉泥放入容器，先加入少许水（冰水更好）和改良剂（改良剂可用鸡蛋清代替，但口味略差），用竹筷将肉泥搅拌成糊状后，放入其他调料及淀粉，顺一个方向用力搅拌，使肉泥与其他调料充分融合，至肉泥膨大一倍左右即可。

② 肉丸机制浆　先把肉筋剔干净，放进冰柜急冻（冻肉可直接加工），取出用刀将肉块切小，在肉丸机的冷却桶上放进冰块和水，把切好的肉放进肉桶里，加进改良剂和少许水，开机打20s，然后加入味精及其他调料，再打20s，最后加入淀粉和水再打10～20s。

(4) 出丸　备洁净盆一个，盛40～50℃温水，左手攥肉泥（将肉泥放入冰柜冷至0℃再出丸，口味更佳），从虎口处挤出肉丸，右手拿边缘光滑的羹匙接住，放入温水中，浸10～15min。然后放锅内煮熟，煮丸水温度控制在90℃左右，把熟丸捞入冷水中迅速降温，捞起沥干水分即可烹饪或出售。也可将肉浆捞入模具内，蒸煮熟透成有弹性的肉丸，切片烹食。

4. 成品质量标准

(1) 感官指标　风味独特，口感鲜香脆嫩，久煮不散丸。

(2) 微生物指标　菌落总数≤100个/g，大肠菌群≤16个/100g，致病菌不得检出。

十三、芭蕉叶蒸肉

1. 配方

鲜猪肉500g，芭蕉叶500g，葱花10g，大、小芫荽各10g，金芥10g，老姜10g，大蒜30g，小米辣50g，食盐适量。

2. 工艺流程

原料预处理→调配→蒸制→成品

3. 操作要点

(1) 原料预处理　将猪肉切细捣碎做成肉末待用。

(2) 调配　将上述主料、配料及调料充分混合均匀，用芭蕉叶包成长方形。

(3) 蒸制　置蒸笼中蒸10min即可。

4. 成品质量标准

(1) 感官指标　肉酥透，肥而不腻，渗透芭蕉叶清香。

(2) 微生物指标　菌落总数≤100个/g，大肠菌群≤30个/100g，致病菌不得检出。

十四、橄榄皮“剁生”

1. 配方

净瘦肉500g，橄榄树枝（或条）一截，大、小芫荽各10g，香料5g，花椒5g，大蒜5g，辣椒10g，食盐适量。

2. 工艺流程

原料预处理→混合调配→蒸制→成品

3. 操作要点

(1) 原料预处理　将瘦肉切碎，把橄榄枝除去表面粗皮，刮下内层绿皮100g，用刀背捣碎待用。

(2) 混合调配　将瘦肉和橄榄树内层绿皮混合，加入各种配料，搅拌均匀。

(3) 蒸制　置蒸笼中蒸10min即可。

4. 成品质量标准

(1) 感官指标　清香不腻，酥糯可口。

(2) 微生物指标　菌落总数≤55个/g，大肠菌群≤30个/100g，致病菌不得检出。

十五、竹筒煮肉

1. 配方

五花肉500g，番茄、竹笋各100g，小米辣20g，缅芫荽5g，姜叶2g，胡椒叶2g，香柳1g，金芥1g，食盐、葱适量。

2. 工艺流程

原料预处理→预煮→微炒→煮制→成品

3. 操作要点

(1) 原料预处理　选取优质五花肉切成块状。

(2) 预煮　五花肉先整块煮至三分熟，取出后切成薄片待用。

(3) 微炒　番茄、大笋切碎下锅放少许油微炒。

(4) 煮制　竹筒中放上肉片注入清水及调料煮制10min，出香味即可食用。

4. 成品质量标准

(1) 感官指标　鲜咸适中，余有笋香。

（2）微生物指标　菌落总数≤100个/g，大肠菌群≤17个/100g，致病菌不得检出。

十六、泡猪耳

1. 配方

猪耳100kg，加碘食盐4kg，糖2.5kg，味精3kg，生姜1kg，干辣椒0.6kg，花椒0.3kg，八角0.2kg，胡椒0.5kg。

2. 工艺流程

原料→修整→清洗→预煮→漂洗→入罐发酵→真空包装→杀菌→成品

3. 操作要点

（1）原料选择　猪耳原料必须经卫生检查符合要求，色泽均匀白嫩，无淤血，无掐痕，舍弃脓耳和淤血较重的猪耳。

（2）发酵液制作　玻璃坛中加入凉开水，按照一定比例加入食盐、糖、味精及西芹、生姜、干辣椒、花椒、八角等香辛料。将切为条状的西芹和胡萝卜放入坛中，盖好坛盖，并在坛沿注满水并加微量食盐，发酵三天后得发酵液，测定其pH值。

（3）预煮　将猪耳除去残毛、污物，用清水清洗干净，切去耳根处的厚肉后在沸水中煮制15min，以猪耳朵断生且有黏性为佳。煮的时间过长会影响发酵后的品质，使其脆嫩耐嚼的口感下降；时间太短，猪耳不熟且脆骨硬而不易咀嚼。

（4）漂洗和切分　洗去经过预煮后猪耳表面的油脂及杂质，以猪耳最宽处为水平线，居中垂直将猪耳切为两半。

（5）入罐发酵　将切分好的猪耳放入玻璃坛，使其完全浸没在发酵液中进行发酵，盖好坛盖，密封槽里加满水，并加入少量食盐，发酵时间为23～35h。

（6）真空包装和杀菌　将发酵好的猪耳捞起，沥干水分，装入聚丙烯/聚乙烯复合薄膜袋，在0.08MPa的真空度进行真空包装。然后在沸水中加热20min，迅速冷却到室温，即为成品。

4. 成品质量标准

（1）感官指标　色泽均匀洁白，形态完整，有典型泡菜风味，口感脆嫩。

（2）微生物指标　菌落总数≤100 个/g，大肠菌群≤23 个/100g，致病菌不得检出。

十七、层层脆猪耳

1. 配方

猪耳 10kg，大茴香、桂皮、花椒各 20g，丁香、陈皮各 10g，用纱布包好；葱、姜各 200g，红曲色素 50g。

2. 工艺流程

原料选择→原料预处理→调制料汤→料汤煮制→装盒消毒

3. 操作要点

（1）原料选择　猪耳原料必须经卫生检查合格，且不宜过大，否则成品外形不美观。

（2）原料预处理　用刀刮去猪耳上的残毛，除去污秽，割去病灶部，清水冲淋。用饱和食盐溶液腌渍 4h。

（3）调制料汤　按配方将上述调料放入锅内一起熬制，煮沸 10min 后，除去浮沫及污垢杂物。

（4）料汤煮制　先将腌制好的猪耳用水冲洗干净放于锅内，加水预煮沸后再用清水将猪耳冲洗干净。然后将猪耳放入料汤中，开始用大火煮 30min 后加入黄酒 100g 和糖 60g，再用小火煮 1h，除去多余的料汤，放入味精 5g，即收汤起锅。

（5）装盒消毒　用不锈钢或铝制模盒装盒。装盒前先在模盒内装好衬袋，这样可以避免拆盒包装时污染。装盒时一片片猪耳竖立起来排放，排得愈紧愈好，当模盒填塞好后加盖压紧即成。将装好猪耳的模盒放于锅内，再放入开水至淹没模盒为止，然后煮沸 30min。亦可用蒸汽消毒 30min，冷却即成，冷却最终温度为 2～4℃。

4. 成品质量标准

（1）感官指标　着色均匀，有光泽，香味纯正，切面有大理石状花纹，结构紧密，有弹性。

（2）微生物指标　菌落总数≤100 个/g，大肠菌群≤30 个/100g，致病菌不得检出。

十八、五香猪骨松肉丸

1. 配方

猪骨 100kg，食盐 2kg，酱油 4kg，白砂糖 3.5kg，曲酒 1kg，五香粉 0.4kg，姜粉 2kg，胡椒粉 0.2kg。

2. 工艺流程

原料预处理→细磨→煮制→烘制→制丸→油炸→成品

3. 操作要点

(1) 原料预处理　选用新鲜健康的猪骨，带肉率以骨料重量计不能超过 5%，否则会影响骨糜机寿命。

(2) 细磨　用骨糜机将骨细磨后，细化到小于 100 目的骨糜制品。

(3) 煮制　在水中加入调料煮沸 10min，待调味出来后加入骨糜煮 1～2h，需经常翻动，防止烧焦，待汤汁快干时改为小火，熬至汤干液净。煮制时所使用调料应呈粉状，如不是粉状应用纱布包裹。

(4) 烘制　将骨糜倒入瓷盘内放入烘箱（房）烘烤 2～3h，温度控制在 80～85℃，每半小时翻动一次，1h 开始搓松，用手或机器将骨糜团搓散。

(5) 制丸　每 100g 五香猪骨粉加玉米淀粉 50g、盐 1g、味精 0.1g，再加入适量水，制成小丸。

(6) 油炸　在 160～180℃油锅中炸 2～2.5min，产品呈金黄色时即可出锅。

4. 成品质量标准

(1) 感官指标　呈金黄色，香脆。

(2) 微生物指标　菌落总数≤35 个/g，大肠菌群≤12 个/100g，致病菌不得检出。

十九、骨泥烤肠

1. 配方

骨泥 30kg，瘦肉糜 40kg，肥肉粒 30kg，淀粉 8kg，白糖 0.5kg，味精 80g，胡椒 120g，维生素 C 20g，三聚磷酸钠 100g。

2. 工艺流程

骨料→冷冻→初破碎→加冰片→细破碎→粗磨→加冰水搅拌→细磨→骨泥

猪肉分割→腌制→绞肉→拌馅（加骨泥）→灌肠→烘烤→煮制→再烘烤→包装→成品

3. 操作要点

(1) 选用骨料　将肉类加工车间剔肉后的脊椎骨、肋骨、扇骨、软骨收集起来，剔除外观畸形、色泽不正常及污染变质的骨头。保证骨料上无血污、无猪毛、无杂质，不能将肉块夹放在骨料中。然后将选好的新鲜骨放在铝盘中，运至冷库急冻。

(2) 冷冻　将符合卫生要求的骨料送入冷库置于－35～－23℃冻结 20h，骨料中心温度低于－15℃。再转冷藏间－18℃条件下冷藏。通过冷冻，使骨头的脆性提高，骨上所带韧性较大的结缔组织易被破碎，同时可以防止机械加工过程中升温过高影响骨泥质量。

(3) 初破碎　采用 XGJ-200-Ⅱ型鲜骨浆机。开机前应对初碎机与食品接触部位进行一次彻底的消毒清洗，不得有残留的骨渣、肉料。然后将冷冻的骨料均匀地放入投料口，骨料经初碎机切成 10～30mm 的碎块，这时碎块骨料温度控制在－8～－5℃。

(4) 加冰屑　初破碎后的骨料中加入 50%重量的冰屑，并进行搅拌均匀。

(5) 细破碎　开机前必须保证设备清洁，将粗破碎的骨料送入细碎机（又称精碎机），通过三道轧辊进行辊轧，进一步切碎，使骨料粒度达到 1～5mm，温度控制在－5～－2℃。如果温度过高，会影响骨料质量，给下一道工序加工带来困难。

(6) 粗磨　细破碎的骨料均匀地加入粗磨机研磨两次。通过调整粗磨机定、转齿之间的间隙控制粒度，第 1 次粒度可适当大一些。通过二次研磨，出来的骨料用手摸略有粗糙感，温度控制在 6～8℃。

(7) 加冰水搅拌　粗磨后的骨料中加入鲜骨重 40%的冰水，搅拌均匀。

(8) 细磨　将细磨机定、转齿间距调到要求的范围内，将粗磨的骨料进行细磨。细磨后温度控制在 18℃以内，粒度 70～80μm（小于 100 目），手感细腻，无硬颗粒感，添加在食品中，不影响正常口感。细磨后骨泥呈粉红色，稠度适中。盛放在塑料盒里供拌馅用，但存放时间不应超过0.5h。若加工的骨泥量较多，应及时送冷库冷藏备用。

(9) 猪肉分割　取宰后新鲜肉酮体，进行剔骨、去皮、去肥肉、去筋络及血污、淋巴结等处理，再将瘦肉和肥肉分别切成5～6cm见方的小块。如果取冻肉，应解冻后进行分割。剔骨应在25℃以下进行。

(10) 腌制　配制混合盐，精盐98kg、白砂糖1.5kg、亚硝酸盐0.5kg混合后备用。剔骨切块后的瘦肉和肥肉分别腌制，每100kg肉中加入2.7kg混合盐，在搅拌机中拌和均匀，在2～6℃低温中，瘦肉腌制24h，肥肉腌制12h。

(11) 绞肉　用2mm孔径的绞肉机（双刀双绞板）将腌好的瘦肉搅碎成糜状，另将腌制好的肥肉用孔径3mm的绞肉机绞成颗粒状，存放备用。

(12) 拌馅　根据配方调配各种调味料，开动搅拌机将配料搅拌均匀，控制温度不超过20℃。若肉馅的温度较高，可在拌和时加入少量冰屑以调节温度。

(13) 灌肠　灌肠前必须将直径38～40mm的肠衣洗净，肠衣内的水分要去掉，防止异味。灌肠需采用真空灌肠机，要求灌肠坚实，肠内无空气，灌毕肠外洗后上架，即时送入烘房。

(14) 烘烤　采用蒸汽烘烤，开始烘烤温度以80℃为宜，随后温度逐渐降低。经30min烘烤，使肠子表面干燥光滑，色泽发红，即可转入煮制工序。

(15) 煮制　将烘烤好的肠子放入95℃水中（水中投放0.2%的食用胭脂红），下锅后温度逐渐下降，要求在1h后肠子中心温度达到82℃，用手检查肠身发硬、弹性良好，即可出锅送入第二烘房（若制成湿肠出售，冷却后即可包装为成品，煮制时可不染色）。

(16) 再烘烤　当肠子出锅上架时，保持肠子之间的间距；采用蒸汽烘，开始控制温度以85℃为宜，逐步下降，5h后为60℃，以后逐步自然冷却。

(17) 包装　每个塑料袋装5或6根肠子，每20kg装一纸箱，箱内用塑料袋将各小袋进行内包装。

(18) 保管 将打包后的成品进入冷库冷却保存，温度5～10℃。

4. 成品质量标准

(1) 感官指标 肠衣表面呈红色，切面无气泡，肉质鲜嫩，有弹性，呈粉红色，咸淡适口，味鲜美。

(2) 理化指标 水分≤45%，蛋白质12%～15%，脂肪28%～30%，亚硝酸钠<50mg/kg。

(3) 微生物指标 菌落总数≤21个/g，大肠菌群≤10个/100g，致病菌不得检出。

二十、休闲猪血肉糕

1. 配方

猪碎肉40kg，菜籽油10kg，水30kg，脱色猪血酶解液20kg，盐0.8kg，白糖1.2kg，味精0.2kg，复合磷酸盐0.3kg，胡椒粉0.1kg，姜粉0.1kg，大豆分离蛋白3.5kg，乙酰化二淀粉磷酸酯淀粉6kg，谷氨酰转氨酶0.1kg，海藻酸钠0.2kg，红曲红0.003kg，亚硝酸钠0.005kg。

2. 工艺流程

原料→斩拌→分盘装模→蒸煮→冷却→分切→干燥→卤制→冷却→包装→杀菌→装箱

3. 操作要点

(1) 原料预处理 猪碎肉去皮、去骨、去淤血等杂质后，用6mm孔板绞制成肉粒。

(2) 配料 按照配方称取各种原辅料。

(3) 斩拌 将绞碎的猪肉和酶解脱色后猪血按配方准确称取后投入斩拌机中，并按顺序加入各种辅料和冰水，真空高速(3500r/min)斩拌4～5min，真空度小于-0.08MPa，馅料出机温度不高于14℃。

(4) 分盘装模 斩拌后料馅应尽快装模，避免料馅变稠而造成平整困难、气泡多气泡难排出。

(5) 蒸煮 第一步，50℃，时间30min；第二步，温度75℃，时间30min。

(6) 卤制 产品冷却脱模后用切片机切成3cm×6cm片状，在

85～90℃卤制30min。

（7）干燥　在90℃下干燥时间为40min。

（8）包装　采用真空连续包装机进行包装，要求封口平整，真空抽尽，无假封现象。

（9）杀菌　杀菌温度为110℃，时间25min。

4. 成品质量标准

（1）感官指标　口感弹脆，无血腥味和苦味，具有浓郁天然香辛料酱卤风味。

（2）理化指标　水分≤70%，食盐≤3.5%，亚硝酸盐≤30mg/kg。

（3）微生物指标　菌落总数≤37个/g，大肠菌群≤18个/100g，致病菌不得检出。

二十一、猪血圆子

1. 配方

以豆腐为主要原料，配以适量的猪肉和新鲜猪血，鸭、鸡、鹅血也可。其配料比是10∶3∶1，即10kg豆腐配3kg肥肉、1kg鲜猪血。辅助料食盐1.5kg，五香、八角粉各10g，辣椒粉适量。

2. 工艺流程

原料预处理→烘烤→冷却→成品

3. 操作要点

（1）原料预处理　豆腐置于白布包内，悬挂高处晾1d。晾干后倒入铝盆或铁锅中，用双手把豆腐捏成糊状，以豆腐内手感无颗粒即可。将鲜猪肉去皮，切成玉米粒大小，以小火炒至肉将出油即可。豆腐、猪肉、猪血、食盐、五香粉、八角等配料混匀，按每个圆子重0.3～0.4kg，逐个捏成椭圆形球状。若已成型的猪血圆子呈淡红色，可在其外部蘸鲜猪血，以深红色为佳。

（2）烘烤　最好采用柴火或炭火烘烤猪血圆子，以产生自然浓香，亦可用电烤或晒烤。批量加工，应建造烘干房及准备相关的设备。采用柴火烘烤时，猪血圆子全部转成黑色后，再烘烤3～5d即可，悬挂于灶膛上，待烟味消失便可食用。炭火烘烤操作方法可参照柴火烘烤。电力烘烤时将盛有猪血圆子的炕筛放置于电烤箱内即可，温度以38～40℃为宜，其他操作程序与炭火烘烤相同。晒烤是将盛有猪血圆子的炕筛或炕板白天在日光下暴晒，晚上可参照上述烘烤方法进行。

(3) 冷却、成品 烘烤完成后，冷却至室温即可包装出售。

4. 成品质量标准

(1) 感官指标 表面均匀光滑，软嫩适口，咸淡适中，有肉香味。

(2) 微生物指标 菌落总数≤100个/g，大肠菌群≤10个/100g，致病菌不得检出。

二十二、糟皮筋

1. 配方

煮制料（猪皮100kg计）：食用盐2kg，白酒1kg，生姜1kg，大葱0.5kg，八角0.1kg，花椒0.1kg，小茴香0.05kg，白芷0.05kg。

浸泡料（冷开水80kg计）：香糟卤20kg，黄酒5kg，食用盐3kg，白砂糖1kg，味精0.5kg，双乙酸钠0.3kg，D-异抗坏血酸钠0.15kg，乙基麦芽酚0.1kg，乳酸链球菌素0.05kg，山梨酸钾0.0075kg。

2. 工艺流程

原辅料验收→原辅料贮存→原料解冻→清洗整理→焯沸→整理分切→煮制→浸泡→沥卤称重→真空包装→杀菌冷却→沥干→检验→外包装→成品入库

3. 操作要点

(1) 原辅料验收 选择产品质量稳定的供应商，向供应商索取每批原料的检疫证明、有效的生产许可证和检验合格证，对原料肉、白砂糖、食用盐、白酒等原辅料进行验收。

(2) 原辅料的贮存 原料在−18℃条件下贮存，辅助材料在干燥、避光、常温条件下贮存。

(3) 原料解冻 原料在常温条件下解冻，解冻后在22℃下存放不超过2h。

(4) 清洗整理 用流动自来水刮洗表皮上的小毛，去骨、血伤等杂质。

(5) 焯沸　锅内放入 150kg 清水大火烧沸，投入猪皮，预煮 5min 左右，取出用清水再次刮洗干净。

(6) 整理分切　用流动水清洗，第二次刮洗去小毛，分切成长 8cm、宽 4cm 的长条状。

(7) 煮制　清水 120kg 大火烧沸，放入香辛料包和生姜、大葱料包，煮 10min 左右，原辅料入锅，投入清洗干净的猪皮大火煮沸，改用文火焖煮 20min 左右，八成熟取出。

(8) 浸泡　取 80kg 冷开水，放入浸泡料搅拌均匀后投入原料，在 0～4℃冷藏库中浸泡 24h 取出沥卤。

(9) 称重包装　按不同规格要求进行切块，准确称重。

(10) 真空包装　抽真空前先预热机器，调整好封口温度、真空度和封口时间，袋口用专用消毒的毛巾擦干（防止袋口有油腻）后封口，结束后逐袋检查封口是否完好，轻拿轻放摆放于杀菌专用周转筐中。

(11) 杀菌冷却　采用微波杀菌，打开微波电源盒按钮，设备自行运转，物料平放在进料平台上，不能重叠，同时调整好温度和加热时间，中心温度为 85～90℃，再用巴氏杀菌，85℃、水浴 40min，流动自来水冷却 30～60min，最后取出沥干水分、晾干。

(12) 检验　检查杀菌记录表和冷却是否彻底凉透，送样到质监部门按国家有关标准进行检验。

(13) 外包装　按批次检验合格后下达检验报告单，打印批号同生产日期必须严格对应，打印的位置应统一，字迹清晰、牢固。

(14) 成品入库　按规格要求定量装箱，外箱注明品名、生产日期，方可进入成品库。

4. 成品质量标准

(1) 感官指标　爽滑不腻，清香适口，肉嫩味鲜。

(2) 微生物指标　菌落总数≤60 个/g，大肠菌群≤30 个/100g，致病菌不得检出。

二十三、猪皮膨化食品

1. 配方

新鲜猪背脊皮 100kg。

腌制液配比：食盐 2kg，食糖 0.3kg，味精 0.05kg，生姜粉 0.05kg，胡椒粉 0.1kg。

2. 工艺流程

新鲜猪皮→刮净皮下脂肪→修整→脱脂处理→漂洗→高压蒸煮→调味腌制→干燥→切条→复干燥→均湿→微波膨化→包装→成品

3. 操作要点

(1) 猪皮预处理　将新鲜猪背脊皮用清水漂洗 0.5h 后，将皮下残余的脂肪尽量刮干净，并对皮张加以修整。将处理干净的猪皮用一定浓度的碱液浸泡 5h，使猪皮充分吸水胀润。

(2) 漂洗　猪皮经碱处理后，需要进行充分漂洗，使残留的碱液尽量溶出。漂洗至闻不出明显碱味，截面 pH 为 7 左右。漂洗如果不充分，将导致膨化产品碱味较重，风味不良。

(3) 高压蒸煮　将漂洗处理好的肉皮置于钢托盘中，不加水、加盐及其他调味料，用普通高压锅进行隔水高压蒸煮，时间以 1h 为宜。

(4) 调味腌制　采用真空低温腌渍，可加快调味料的渗透速度，降低胶原蛋白在腌制过程中的溶出。腌制液与猪皮比例为 2∶3；真空操作腌制 0.5h，然后常温常压腌制 3h 左右。

(5) 干燥、切条、复干燥　将腌制好的大块肉皮摊在垫有粗绢布的筛中，表面撒上熟芝麻或者烤紫菜丝，使其黏附于肉皮表面，以增加产品风味。再将肉皮置于鼓风式干燥箱内于 (50±2)℃下进行低温干燥 2h 左右，至猪皮表面干爽不粘手及垫布时，再将其切成约 10cm 长、0.8cm 宽的细条，于 (50±2)℃下再进行复干燥至一定水分含量。

(6) 均湿　将干燥完的猪皮条装进塑料袋中进行均湿处理。均湿时间一般控制在 12h 左右。

(7) 微波膨化　将均湿好的猪皮条排放在容器中，尽量不要堆积，以免膨化后产品黏结成团，破坏感官效果。膨化时间应视微波炉功率及微波处理量而定。

(8) 包装　膨化后的产品具有强吸湿性，应立即用真空袋进行包装，并加放干燥剂，避免产品吸湿收缩、软化，影响口感。

4. 成品质量标准

(1) 感官指标　颜色呈乳白色或乳黄色，香气诱人，味道酥脆，酥咸适中，气味芳香。

(2) 理化指标　水分≤7%。

(3) 微生物指标　菌落总数≤40 个/g，大肠菌群≤20 个/100g，致病菌不得检出。

二十四、皮肚加工

1. 配方

新鲜干猪脊皮 10kg，花生油适量。

2. 工艺流程

选料→去油脂→去毛垢→初煮→冷却→再加工去毛去油→切块造型→烘干（晒干)→油炸→检验→称重→分装→贮存

3. 操作要点

(1) 选料　经宰前宰后检验合格，选用脱毛猪分割肉加工的中段大排脊皮。要求品质新鲜，无皮炎、湿疹。

(2) 去油脂　平放于台板，刮净皮下脂肪。

(3) 去毛垢　平放于台板，用刀刮净毛根和油污及杂质。

(4) 初煮　在 95～100℃热水中初煮 5～7min，约 6～8 成熟(呈透明状)。

(5) 冷却　平放于容器中，让其自然冷却，或在预冷间内冷却。

(6) 切块造型　机器或人工将其切成 1.2cm×8cm 长条状，一端打叉 4.5cm 深度。

(7) 烘干或晒干　在 40～60℃烘房内 24h 可烘干，或在日光下照射，夏季 2d，冬季 3～4d 可干。要求薄层摊放，以防下层变质变味。

(8) 油炸　先在温油 80～90℃中浸泡 90min 左右，让其完全泡软后在滚油中（200℃）起发，在油多皮少的情况下进行，起鼓打泡上浮为油发成熟。要求经常更换炸油，不可长期使用陈油。

(9) 包装　采用无毒（聚乙烯、聚丙烯）塑料薄膜包装，包装箱应注明生产日期、净重、厂名和产品名称等。

(10) 贮存　低温贮存，时间6个月。若贮存时间过长，可能哈败走油，色泽发黄，体积缩小，不可食用。

4. 成品质量标准

(1) 感官指标　色泽乳白，有弹性，不断不弯。

(2) 微生物指标　菌落总数≤70个/g，大肠菌群≤16个/100g，致病菌不得检出。

二十五、即食麻辣猪肺

1. 配方

新鲜猪肺100kg，10%食盐水20kg，花椒粉1kg，辣椒粉4kg，味精0.8kg。

2. 工艺流程

猪肺→清洗→预煮→清洗→盐腌→烘干→油炸→调味→包装→杀菌→贮藏

3. 操作要点

(1) 原料预处理　购买新鲜的猪肺，体表鲜红色，气味正常，大小尽量一致。用清水自肺管处灌入，洗净血水泡沫。

(2) 预煮　煮沸水中放入猪肺，添加适当的姜片和大葱，捞出泡沫，煮20～30min即可把肺捞出，再次清洗、沥干。

(3) 盐腌　将预煮冷却后的猪肺切成厚5cm、长8cm的肺块，放入浓度10%的盐水调味液中浸泡2h，沥干备用。

(4) 烘干　将盐渍后的猪肺切成长5cm、厚2cm的片状，放入60℃烘箱内脱水12h。

(5) 油炸　130℃油炸5min。

(6) 调味　按油炸肺重量计，加入花椒、辣椒粉、味精经植物油熟化后与油炸猪肺混合均匀，冷却备用。

(7) 包装　以每袋80g的量装入蒸煮袋中，用真空包装机抽空封装，要求封口严实。

(8) 灭菌　将封装好的产品放入高压灭菌锅中，关紧锅盖，通入蒸汽，升温至121℃（约0.11MPa），灭菌20min，反压冷却或缓慢自然冷却。

(9) 质检　将灭菌好的产品从高压灭菌锅中取出，逐袋检查有无破袋漏气，计算正品率，并从正品中随机抽取2～6袋放入恒温培养箱中保温7d，商业无菌后方可入库、出厂销售，保质期可达6个月。

4. 成品质量标准

（1）感官指标　色泽棕黄、鲜艳一致，口感酥脆，麻辣爽口。

（2）理化指标　食盐≤5%，亚硝酸盐≤30mg/kg，过氧化值≤0.25mg/100g。

（3）微生物指标　菌落总数≤160个/g，大肠菌群≤30个/100g，致病菌不得检出。

二十六、松花肉

1. 配方

猪舌25kg，酱油10kg，八角茴香180g，桂皮150g，花椒150g，生姜500g。

2. 工艺流程

原料选择→预处理→腌制→卤煮→熏制

3. 操作要点

（1）原料选择　原料必须是经检验合格猪的肥膘、舌、大肠头。

（2）预处理　从合格猪头上完好无损地取出舌放进62～75℃的热水中浸烫至刮下舌体上的黏膜层中刺为好，洗净备用。肥膘最好采用脊膘，将其切成30cm宽、2～3cm厚的长条状备用。大肠头选用完整无损伤的直肠，将其翻过来反复冲洗黏膜上的粪便，并用食醋和食盐揉搓，除去黏膜上的粪味，翻回原状，从末端取30～35cm直肠备用。

（3）腌制　将初步加工的猪舌，切去舌根较粗部分，使舌尖、舌体粗细相差不大，舌长控制在13～15cm，然后腌入事先按比例配好辅料的缸内，腌制室温度控制在6℃为宜，腌5～7d捞出，不定期检查腌制程度，并将腌品上下翻动，撒上适量味精、料酒及添加剂，搅拌均匀后用竹筷子从舌根中央向舌尖穿直加以固定，再放入清水锅中煮到五成熟捞出，凉后用初步加工整理好的肥膘片包住，装入大肠头内，用线绳靠舌体扎紧，剪掉线外多余的大肠，但线绳不能脱落，即为半成品。

（4）卤煮　将加工好的半成品放入卤煮锅的老汤中，加糖着色至成品呈褐黄色，卤煮2h捞出，凉后送熏房。

（5）熏制　在80～90℃的熏房中熏制70min即为成品。入库时，每个成品表面均匀地抹上一层香油，以防在销售过程中因干燥而跑味。

4. 成品质量标准

（1）感官指标　外观呈藕瓜状、完整，色泽呈均匀的褐黄色，有光泽，具有正常的五香味。

（2）微生物指标　菌落总数≤140个/g，大肠菌群≤27个/100g。

二十七、米粉蒸肉

1. 配方

猪五花肉100kg，粗粒米粉（炒熟）30kg，白砂糖5kg，食用盐3.5kg，味精1kg，生姜0.5kg，白酒0.5kg，D-异抗坏血酸钠0.15kg，乙基麦芽酚0.1kg，山梨酸钾0.0075kg。

2. 工艺流程

原料验收→原料肉解冻→整理分切→搅拌腌制→蒸煮成型→脱模冷却→冷却称重→真空称重→杀菌冷却→检验→外包装→成品入库

3. 操作要点

（1）原料验收　选用经兽医检验合格的猪肉原料，向供应商索取每批原料的检疫证明、有效的生产许可证和检验合格证。

（2）原料肉解冻　原料肉在常温条件下解冻，解冻后在22℃下存放不超过2h。

（3）整理分切　原料肉去除血伤等杂质，用切肉机切成2cm×3cm的小块。

（4）搅拌腌制　按配方要求配置各种辅料和食品添加剂，腌制桶内放入原辅料，再加入30kg清水，混合均匀进行15min搅拌，取出放入腌制盆中腌制1～2h入味。

（5）蒸制成型　用不同规格的塑料模型（碗、盒），装入定量的原料（肉、米粉），在蒸锅中蒸制2h左右。

(6) 脱模冷却　从蒸制锅中取出，热脱模后在常温下或18℃左右的空调间冷却。

(7) 冷却称重　将产品摊放在不锈钢工作台上冷却，按不同规格要求准确称量（正负在3～5g）。

(8) 真空包装、杀菌冷却、检验、外包装　可参见糟皮筋。

(9) 成品入库　按规格要求定量装箱，外箱注明品名、生产日期，方可进入0～4℃冷藏成品库。

4. 成品质量标准

(1) 感官指标　具有荷香味浓，鲜香味美，咸淡适中，肥而不腻。

(2) 微生物指标　菌落总数≤106个/g，大肠菌群≤30个/100g，致病菌不得检出。

二十八、泡椒猪爪

1. 配方

煮制料：猪爪100kg，食用盐3kg，白砂糖1kg，味精0.5kg，白酒0.5kg，生姜0.5kg，大葱0.5kg，八角0.1kg，花椒0.1kg，白蔻仁0.05kg，白芷0.05kg。

浸泡料：野山椒10kg，食用盐6kg，白醋6kg，白砂糖2kg，味精1kg，乳酸1kg，复合磷酸盐0.3kg，D-异抗坏血酸钠0.1kg，脱氢乙酸钠0.05kg，乳酸链球菌素0.05kg，双乙酸钠0.03kg。

2. 工艺流程

原辅料验收→原辅料贮存→原料肉解冻→清洗整理→焯沸→煮制→冷却→浸泡→沥卤称重→真空包装→杀菌冷却→沥干→检验→外包装→成品入库

3. 操作要点

(1) 原辅料验收　选择产品质量稳定的供应商，向供应商索取每批原料的检疫证明、有效的生产许可证和检验合格证，对原料猪爪、白砂糖、食用盐、白酒、味精等原辅料进行验收。

(2) 原辅料的贮存　原料猪爪在－18℃条件下贮存，辅助材料在干燥、避光、常温条件下贮存。

(3) 原料肉解冻　原料猪爪在常温条件下解冻，解冻后在

22℃下存放不超过2h。

(4) 清洗整理 猪爪从中间剖开，平放在工作台上，火焰燎毛，去除爪尖部位的黑斑、血伤、小毛等杂质，在清水中用刀刮洗干净后沥干水分。

(5) 焯沸 在100℃沸水中浸烫5min左右，取出用清水再次刮洗干净。

(6) 煮制 清水120kg大火烧沸，放入香辛料包和生姜、大葱料包，煮10min左右，其他辅料入锅，再投入清洗干净的猪爪，大火煮沸后改用小火焖煮30min左右，七成熟取出。

(7) 冷却 放在冷开水中浸泡，温度降到常温下即可。

(8) 浸泡 取100kg冷开水，放入浸泡料搅拌均匀后投入猪爪，在0～4℃冷库中浸泡24h取出沥卤。

(9) 称重 按规定要求准确称重。

(10) 真空包装、杀菌冷却、检验、外包装、成品入库 可参见米粉蒸肉。

4. 成品质量标准

(1) 感官指标 椒香味浓，皮脆爽口，鲜香味美，回味浓郁。

(2) 微生物指标 菌落总数≤100个/g，大肠菌群≤22个/100g，致病菌不得检出。

二十九、糟八件

1. 配方

腌制料：原料猪前后腿肉、蹄膀、猪头、耳、舌、肚、尾共计100kg，食用盐5kg。

煮制料：食用盐2kg，白砂糖1.5kg，生姜1kg，大葱0.5kg，白酒0.5kg，八角0.15kg，肉桂0.1kg，双乙酸钠0.3kg，乙基麦芽酚0.1kg，脱氢乙酸钠0.05kg，山梨酸钾0.0075kg。

糟制料：香糟卤35kg，黄酒5kg，白砂糖2kg，食用盐1kg，味精0.5kg，生姜汁0.5kg。

2. 工艺流程

原料验收→原料肉解冻→清洗整理→焯沸→煮制→糟制→称重包装→杀菌冷却→检验→外包装→成品入库

3. 操作要点

(1) 原料验收、解冻 可参见米粉蒸肉。

(2) 清洗整理 用流动自来水刮洗表皮上的小毛，去骨、血伤等杂质。

(3) 焯沸 锅内放入150kg清水大火烧沸，投入猪八件等原料，预煮5min左右，取出用清水再次刮洗干净。

(4) 煮制 清水120kg大火烧沸，放入香辛料包和生姜、大葱料包，煮10min左右，辅料入锅，再投入清洗干净的猪八件，大火煮沸后改用文火焖煮30min左右，八成熟取出。

(5) 糟制 取30～40kg煮制清汤加入糟制料混合均匀，缸中放入预煮原料，再放入混合糟制卤液，上面用重物压紧，盖口密封7d左右，中途上下翻动两次，糟制成熟即可出缸。

(6) 称重包装 按不同规格要求切块，准确称量。

(7) 真空包装、杀菌冷却、检验、外包装、成品入库 可参见米粉蒸肉。

4. 成品质量标准

(1) 感官指标 色泽洁白，糟香浓郁，回味悠长。

(2) 微生物指标 菌落总数≤100个/g，大肠菌群≤20个/100g，致病菌不得检出。

三十、醇香猪耳

1. 配方

猪耳100kg，白砂糖3kg，食用盐2kg，酱油1.5kg，味精1kg，白酒0.5kg，生姜汁0.15kg，复合磷酸盐0.3kg，D-异抗坏血酸钠0.15kg，乙基麦芽酚0.1kg，红曲红0.02kg，亚硝酸钠0.015kg，山梨酸钾0.0075kg。

2. 工艺流程

原辅料验收→原料肉解冻→清洗整理→配料→腌制滚揉→称重→真空包装→杀菌→冷却→检验→外包装→成品入库

3. 操作要点

(1) 原辅料验收 选择产品质量稳定的供应商，向供应商索取每批原料的检疫证明、有效的生产许可证和检验合格证，对每批原料进行感官检查，对原料猪耳、白砂糖、食用盐、白酒、味精等原辅料进行验收。

(2) 原料肉解冻 原料猪耳在常温条件下解冻，解冻后在22℃下存放不超过2h。

(3) 清洗整理 猪耳平摊在工作台上，用火燎毛，再用清水刮洗干净，去除血伤等杂质。

(4) 配料 按原料100%计算所需的各种不同的配料，用天平和电子秤准确称重，配制调味料和食品添加剂。

(5) 滚揉腌制 滚揉机内投入原料和配制的各种辅料，盖上桶盖，启动电源，按运行真空键，真空度达0.08MPa，再按滚揉键进行工作（滚揉总时间为24h，中途每滚揉20min，间歇10min）。

(6) 称重包装 按不同规格要求切块，准确称重。

(7) 真空包装 抽真空前先预热机器，调整好封口温度、真空度和封口时间，袋口用专用消毒的毛巾擦干（防止袋口有油渍）后封口，结束后逐袋检查封口是否完好，轻拿轻放摆放于杀菌专用周转筐中。

(8) 杀菌

① 杀菌操作按压力容器操作要求和工艺规范进行，升温时必须保证有3min以上的排气时间，排净冷空气。

② 采用高温杀菌，10min—20min—10min（升温—恒温—降温)/121℃，反压冷却。

(9) 冷却 排净锅内水，剔除破包，出锅后应迅速转入流动自来水池中，强制冷却1h左右，上架、平摊、沥干水分。

(10) 检验 检查杀菌记录表和冷却是否彻底凉透，送样到质检部门按国家有关标准进行检验。

(11) 外包装 按批次检验合格后下检验报告单，打印批号同生产日期必须严格对应，打印的位置应统一，字迹清晰、牢固。

(12) 成品入库 按规格要求定量装箱，外箱注明品名、生产日期方可进入成品库。

4. 成品质量标准

(1) 感官指标 色泽红润，香脆爽口，回味浓郁。

(2) 微生物指标 菌落总数≤87个/g，大肠菌群≤24个/

100g，致病菌不得检出。

三十一、腐乳扣肉

1. 配方

腌制料：猪五花肋肉条100kg，食用盐5kg，亚硝酸钠0.015kg。

煮制料：红腐乳10kg，白砂糖3kg，食用盐1kg，味精1kg，白酒1kg，生姜1kg，大葱0.5kg，八角0.15kg，桂皮0.1kg，D-异抗坏血酸钠0.15kg，乙基麦芽酚0.1kg，红曲红0.03kg，山梨酸钾0.0075kg。

2. 工艺流程

原料验收→原料肉解冻→整理分切→配料腌制→油炸上色→煮制→冷却称重→真空包装→杀菌冷却→检验→外包装→成品入库

3. 操作要点

(1) 原料验收　选用兽医检验合格的猪肉为原料，向供应商索取每批原料的检疫证明、有效的生产许可证和检验合格证。

(2) 原料肉解冻　原料肉在常温条件下解冻，解冻后在22℃下存放不超过2h。

(3) 整理分切　用流动自来水清洗刮去肉表面杂物，分切成25cm×25cm的方形肉块。

(4) 配料腌制　按配方要求，用天平和电子秤准确称重（香辛料用文火煮30min左右）。辅料和食品添加剂分别加入到原料中，搅拌均匀，在0～4℃腌制间腌制24h左右，中途翻动2次，使咸味均匀。

(5) 油炸上色　饴糖加入10kg清水搅拌均匀，肉块在里面浸下、取出沥干，待油炸锅里温度达到175℃时，分批放入肉块进行2～3min油炸，表皮有皱纹、色泽红褐色时出锅沥油。

(6) 煮制　按原料的重量配制各种辅料，锅内放入120kg清水，大火烧开投入肉块，烧开后改用文火焖煮20～30min，取出沥卤冷却。腐乳放在熟制肉中和肉块一起搅拌均匀。

(7) 冷却称重　产品摊放在不锈钢工作台上冷却，按不同规格要求准确称重。

(8) 真空包装　抽真空前先预热机器，调整好封口温度、真空度和封口时间，袋口用专用消毒的毛巾擦干（防止袋口有油渍）后封口，结束后逐袋检查封口是否完好，轻拿轻放摆放于杀菌专用周转筐中。

(9) 杀菌　杀菌公式 15min—25min—15min（升温—恒温—降温)/121℃，反压冷却。

(10) 冷却　用流动自来水冷却 1h 后取出沥干。

(11) 检验、外包装、成品入库　可参见醇香猪耳。

4. 成品质量标准

(1) 感官指标　色泽红润，乳香味醇，肥而不腻。

(2) 微生物指标　菌落总数≤96 个/g，大肠菌群≤20 个/100g，致病菌不得检出。

三十二、香糟蹄膀

1. 配方

猪前后蹄膀肉 100kg。

腌制料：食用盐 5kg。

煮制料：食用盐 2kg，白砂糖 1kg，生姜 1kg，大葱 0.5kg，白酒 0.5kg，八角 0.1kg，肉桂 0.1kg，乙基麦芽酚 0.1kg，山梨酸钾 0.0075kg。

糟制料：香糟卤 30kg，黄酒 5kg，白砂糖 2kg，食用盐 1kg，味精 0.5kg。

2. 工艺流程

原辅料验收→原料肉解冻→清洗整理→腌制→焯沸→煮制→糟制→称重包装→杀菌冷却→检验→外包装→成品入库

3. 操作要点

(1) 原辅料验收　选择产品质量稳定的供应商，向供应商索取每批原料的检疫证明、有效的生产许可证和检验合格证，对原料肉、白砂糖、食用盐、白酒、味精等原辅料进行验收。

(2) 原料肉解冻　原料肉在常温条件下解冻，解冻后在 22℃下存放不超过 2h。

(3) 清洗整理、腌制　用流动自来水刮洗表皮上的小毛，去血伤等杂质，用腌制剂腌制，搅拌均匀，在 0～4℃下腌制 24h。

(4) 焯沸　锅内放入150kg清水大火烧沸，投入猪蹄膀预煮5min左右，取出用清水再次刮洗干净。

(5) 煮制　清水120kg大火烧沸，放入香辛料包和生姜、大葱料包，煮10min左右，再投入清洗干净的猪蹄膀，大火煮沸后改用文火焖煮30min左右，七成熟取出。

(6) 糟制　取30～40kg煮制汤加入糟制料混合均匀，缸中放入预煮蹄膀，再放入混合糟制卤液，上面用重物压紧，盖口密封7d左右，中途上下翻动2次，糟制成熟即可出缸。

(7) 称重包装　按不同规格要求切块，准确称重。

(8) 真空包装、杀菌冷却、检验、外包装、成品入库　可参见米粉蒸肉。

4. 成品质量标准

(1) 感官指标　色泽洁白，香酥肉嫩，酒香浓郁，肥而不腻。

(2) 微生物指标　菌落总数≤105个/g，大肠菌群≤30个/100g，致病菌不得检出。

三十三、梅干菜虎皮肉

1. 配方

猪五花肋条肉100kg，食用盐5kg，亚硝酸钠0.05kg。

煮制料：梅干菜50kg，白砂糖8kg，饴糖5kg，酱油5kg，食用盐3kg，黄酒2kg，味精1kg，生姜0.5kg，大葱0.5kg，八角0.15kg，肉桂0.15kg，丁香0.05kg，白芷0.05kg，乙基麦芽酚0.15kg，山梨酸钾0.0075kg。

2. 工艺流程

原辅料及包装材料验收→原辅料及包装材料贮存→原料肉解冻→整理分切→配料腌制→油炸上色→煮制→冷却称重→真空包装→杀菌→冷却→检验→外包装→成品入库

3. 操作要点

(1) 原辅料及包装材料验收　选择产品质量稳定的供应商，对新的供应商进行原料安全评价，向供应商索取每批原料的检疫证明、有效的生产许可证和检验合格证，对每批原料进行感官检验，对原料肉、白砂糖、食用盐、味精、食品添加剂等原辅料及包装材料进行验收。

(2) 原辅料及包装材料贮存 原料肉在－18℃条件下贮存，贮存期不超过 6 个月。辅助材料和包装材料在干燥、避光、常温条件下贮存。

(3) 原料肉解冻 原料肉在常温条件下解冻，解冻后在 22℃下存放不超过 2h。

(4) 整理分切 用清水刮洗去除血伤等杂质，分切成 20cm×25cm 长方形肉块。

(5) 配料腌制 按配方要求，用天平和电子秤准确称重（香辛料用小火煮 30min 左右）。辅料和食品添加剂分别加入到原料中，搅拌均匀，在 0～4℃腌制间腌制 24h 左右，中途翻动 2 次，使咸味均匀。

(6) 油炸上色 饴糖加入 10kg 清水搅拌均匀，肉块在里面浸下取出沥干，待油炸锅温度达到 175℃时，分批放入肉块进行 2～3min 油炸，表皮有皱纹、色泽呈红褐色时出锅沥油。

(7) 煮制 按原料的重量配制各种辅料，锅内放入 120kg 清水，大火烧开投入肉块，烧开后改用小火焖煮 20～30min，取出沥卤冷却。梅干菜用清水浸泡 2h 左右，清洗干净沥水，放在煮制卤中，浸泡 20min 入味，取出沥卤。

(8) 冷却称重、真空包装、杀菌、冷却、检验、外包装、成品入库 可参见腐乳扣肉。

4. 成品质量标准

(1) 感官指标 色泽红润，表面皱纹清晰，干菜味醇，肥而不腻，回味浓郁。

(2) 微生物指标 菌落总数≤112 个/g，大肠菌群≤23 个/100g，致病菌不得检出。

参考文献

[1] 姜亚，姚波，张胜男等．多指标优化酸肉发酵工艺．食品科技，2014(6)：138~140.
[2] 刘洋，王卫，王新惠等．微生物发酵剂对四川腊肉理化及微生物特性的影响．食品科技，2014(6)：124~129.
[3] 王勤志，滕建文，王海军．扣肉油炸加工工艺的优化．食品科技，2013(4)：121~123.
[4] 高翔，师文添．捆蹄加工工艺的研究．食品科技，2012(3)：152~154.
[5] 林玉桓．苏州传统腌腊肉加工贮藏中的品质变化．食品科技，2011(3)：132~135.
[6] 岳晓禹，安晓兵．烧烤肉制品配方与工艺．北京：化学工业出版社，2008.
[7] 曾洁，刘骞．酱卤食品生产工艺和配方．北京：化学工业出版社，2014.
[8] 戈非．卤味大全．北京：中国华侨出版社，2014.
[9] 于新，李小华．肉制品加工技术与配方．北京：中国纺织出版社，2011.
[10] 高海燕，张建．香肠制品加工技术．北京：科学技术文献出版社，2013.
[11] 曹阳，张丽芳．胡萝卜火腿肠的研制．安徽农业科学，2011(27)：16990~16991.
[12] 张立栋，张坤生，任云霞．混合肉发酵香肠工艺研究．食品科学，2008(8)：298~302.
[13] 汤定明．低盐腌腊瘦肉条生产技术．肉类工业，2015(7)：12~14.
[14] 王新惠，张崟，王卫等．四川腌腊肉制品食用安全性分析．食品工业科技，2014(24)：49~52.
[15] 贾娟，浮吟梅．香菇灌肠工艺的研究．食品科技，2012(5)：109~111.
[16] 尹蓉学，王卫，张崟等．添加畜禽皮火腿肠工艺及其产品原料配比优化．成都大学学报(自然科学版)，2011(4)：307~309.
[17] 张天翼．杏鲍菇灌肠工艺配方的研究．安徽农业科学，2010(14)：7520~7521.
[18] 满娟娟，卢进峰，祝恒前等．熏烧烤肉生产加工工艺研究．肉类工业，2011(2)：28~30.
[19] 师文添，周辉，闫跃文．一种新型烧烤香肠的研制．肉类工业，2010(1)：20~22.
[20] 岳晓禹．北京特色烧烤肉制作技艺．农产品加工，2010(12)：14~15.
[21] 胡永懋．酱卤肉制品定量卤制工艺研究．食品安全导刊，2015(18)：120~121.
[22] 林坤，周永昌．酱卤猪头肉加工技术的研究．肉类工业，2015(7)：5~6.
[23] 刘洋，王卫，庄蓉等．酱卤肉制品猪拱嘴加工工艺优化研究．中国调味品，2014(12)：63~66.
[24] 严文慧，盛本国，陈兴等．酱卤猪蹄的加工工艺研究．肉类工业，2014(1)：9~10.
[25] 李大龙，李海滨，刘尔卓等．低盐低固醇型酱猪蹄加工工艺．肉类工业，2013(1)：17~18.
[26] 李茂顺，魏跃胜，易中新等．传统猪肉鱼肉复合肉丸的配方优化．肉类研究，2015(6)：11~14.

[27] 尹茂文，高天，康壮丽等．预熟制对油炸猪肉丸品质的影响．食品科学，2015（15）：20～23.
[28] 李茂顺，魏跃胜，许睦农等．猪肉鱼肉复合肉丸配方的研究．中国食物与营养，2015（10）：63～65.
[29] 张令文，鄂正博，计红芳等．远红外辅助油炸对挂糊油炸猪肉片食用品质的影响．湖北农业科学，2014（2）：404～406.
[30] 辜雪冬，吴洪，谢磊等．藏香猪卷肉包加工技术研究．中国食品添加剂，2011（5）：163～167.
[31] 黄现青，韩娇娇，海丹等．油炸温度和时间对牛肉丸品质的影响．肉类工业，2016（2）：19～26.
[32] 陈宇飞，杨柳．发酵香肠干制过程中理化及微生物指标的变化．粮油加工，2014（6）：80～83.
[33] 鞠斌，巴吐尔·阿不力克木，刘雅娜．响应面法优化青豆复合鸡肉香肠的工艺条件．肉类研究，2015（4）：26～30.
[34] 张国荣．卤香烤肠的研制．肉类工业，2015（6）：8～10.
[35] 林坤，周永昌．酱卤猪头肉加工技术的研究．肉类工业，2015（7）：5～6.
[36] 王新惠，李俊霞，谭茂玲等．复合发酵剂对发酵猪肉干品质的影响．食品工业科技，2015（17）：165～169.
[37] 张立峰，宁海凤，刘元丽等．风味卤猪蹄生产工艺研究．肉类工业，2014（1）：3～6.
[38] 朱桂林，邱春强．京式香肘生产加工工艺的研究．肉类工业，2014（3）：7～10.